流域生态补偿机制与
管理方法研究

鲁仕宝 魏明华 赵 辰◎著

U0226341

经济管理出版社
ECONOMY & MANAGEMENT PUBLISHING HOUSE

图书在版编目（CIP）数据

流域生态补偿机制与管理方法研究/鲁仕宝，魏明华，赵辰著 . —北京：经济管理出版社，2020. 11

ISBN 978 - 7 - 5096 - 7759 - 9

Ⅰ. ①流… Ⅱ. ①鲁… ②魏… ③赵… Ⅲ. ①流域—生态环境—补偿机制—研究—中国 Ⅳ. ①X321. 2

中国版本图书馆 CIP 数据核字（2020）第 194969 号

组稿编辑：张莉琼

责任编辑：张莉琼

责任印制：张莉琼

责任校对：张晓燕

出版发行：经济管理出版社

（北京市海淀区北蜂窝 8 号中雅大厦 A 座 11 层　100038）

网　　　址：www. E - mp. com. cn

电　　话：（010）51915602

印　　刷：唐山玺诚印务有限公司

经　　销：新华书店

开　　本：720mm×1000mm/16

印　　张：17. 25

字　　数：300 千字

版　　次：2020 年 12 月第 1 版　　2020 年 12 月第 1 次印刷

书　　号：ISBN 978 - 7 - 5096 - 7759 - 9

定　　价：88. 00 元

序　言

　　流域生态补偿机制作为一种新型的资源环境管理模式，是流域生态补偿实践的关键。通过明确流域内相关主体的权、责、利，建立流域生态补偿机制可以有效解决资金供求矛盾。本书研究流域水污染补偿总量的确定方法，针对不同的区域范围建立域间水污染经济补偿标准的计算模式，构建流域水污染经济补偿实现体系，提出补偿方法与构建流域补偿机制等相关政策建议。

　　本书综合运用一般均衡分析、比较分析、数学模型等方法，从流域水生态补偿理论介绍出发，引出具体的生态补偿标准及模式阐述，通过归纳现有生态补偿的方式及途径可找到目前实施中存在的问题，包括尚未构建起统一、完善、成熟的流域生态补偿制度，地方政府开展生态补偿的内在动力不足，外在制度保障不充分等。本书在实证分析中选择具有代表性的新安江、辽河流域、太湖等地区进行流域水污染损失赔偿计算，针对不同案例的实证研究提出具体的政策建议，进而比较国内外水污染补偿的特点和工作重点，总结并提出完善的流域生态补偿政策建议。

　　目前，我国的生态补偿制度仍停留在政策和行政法规零星规定的理论层面，因此，在完善流域生态补偿机制和政策管理方面可以借鉴国外流域生态补偿运作的先进模式以及国内部分省市试点工作的成功经验，本书提出了以下几点流域管理和生态补偿的政策建议：

　　（1）完善流域生态补偿保障机制。制定流域生态补偿专门性法规，作为实施流域水资源生态补偿的专门性法律依据，规范有关流域水资源生态补偿的机构、组织和个人行为等。加强流域水资源管理与保护立法，加大对水资源生态补偿的地方性立法。加大宏观政策支持，创建和规范流域生态补偿市场。宏观政策支持具体包括以下几个方面的内容：①改革财政收支体制，加大和明确对流域生态补偿的财政转移支付，并在此基础上建立生态补偿专项基金。②改革现行税制，提高绿化程度，采取多种税费相结合的形式为生态补偿筹集资金。③明晰水权，构建流域初始水权和义务之间的责任关系，提高水资源价格，实施水资源使用许可证制度，构建流域生态补偿市场。④积极引导流域水源地区的产业定位，对利于环境保护的绿色产业实行政策优惠。⑤最小化交易成本。交易成本较高也是流域生态补偿的主要制约之一。⑥国家应尽快制定流域生态补偿机制的指导性原则和立法，开展对建立生态补偿机制国家立法问题的研究，确定流域生态服务补偿的标准。

（2）流域生态补偿经济制度建设。采取以构建地方发展能力为主的多种补偿方式，多渠道筹集流域生态补偿资金。流域下游对上游的补偿不一定是资金补偿，可以采取绿色产业带动、产业合作等多种方式，以促进上游地区经济的发展。

（3）建立协调统一的生态补偿管理模式。利用市场需求驱动和政府政策积极推动与引导的生态补偿管理模式，完善流域补偿中间环节，构建上下游积极的利益激励机制和畅通的反馈渠道，促进多方面利益相关者和流域保护志愿者的参与，建立流域补偿与环境保护的利益互动与共建共享机制。明晰流域上下游受益区与补偿区，依据下游对流域水资源的需求程度不同，可以在需求强、受益区与补偿区易于界定、支付能力较强的流域推行生态补偿机制，及时保护流域环境。

（4）构建跨流域生态补偿管理信息系统。针对不同地区、不同取水对象、不同水质、不同丰缺程度及不同社会经济承受能力，制定合理可行的补偿政策，需要实现流域水质信息公开，为流域环境监督、上下游对话提供信息，以此评估上游所提供的水资源的经济价值并确定补偿标准。

（5）加强政策宣传及进行公共机构改革。通过新闻媒体及学校等不同的手段和方式，加强对生态补偿的政策宣传教育，特别是在国民基础教育中强化水资源保护的内容，培养人们的生态补偿和环境保护意识，引导居民选择环境友好型生活方式，自觉保护水资源；通过增强弱势群体等利益主体的利益表达意识，建立利益相关者的直接协商对话制度、治水决策征询和听证制度，为全民参与治水开辟渠道，当生态补偿受害方的权利受损，而通过一己之力不能获得有效救济时，可以通过公益诉讼的方式帮助其获得有效的利益补偿等，完善流域生态补偿中的利益相关者的利益表达机制。

针对不同的区域范围，建立跨区域水污染经济补偿的计算模式，以反映流域上下游水污染经济补偿的关系和量值，建立水污染损失补偿和水资源保护补偿标准的计算模式，在计算模式的基础上，提出我国流域水污染补偿核算方法。本书提出了水污染核算的研究观点，丰富和完善了我国水污染损失补偿和水资源保护补偿标准的计算理论和方法。流域生态补偿的理论、技术和实现机制的研究是一个崭新的研究领域，在概念、理论基础、定量测算及实施的原则、机制、措施等方面尚有许多问题亟待解决。

本书为流域水污染补偿标准核算提供科学方法和理论依据，为解决流域水污染问题及流域发展矛盾，实现社会公平、和谐发展提供理论依据。由于笔者研究能力和水平有限，书中难免出现错误和缺陷，敬请相关专家和读者批评指正。

鲁仕宝

2020 年 11 月

目　录

资源的市场价格，基于水量情况，运用水资源价值评估基本价值等额进行估算，其计算公式为：

$$C = Q \times C_i \times b_0$$ (2-4)

式中，C 表示补偿额，Q 表示水量，C_i 表示水资源的市场价格，b_0 表示水质修正系数。

生态系统服务与功能的内涵。从某种意义上讲，生态补偿可以理解为是对生态系统服务功能的购买。

表 3-2　生态系统服务与功能分类

序号	生态系统服务	生态系统功能	举例
1	气体调节	调节大气化学组成	CO_2/O_2 平衡，O_3，氧化物水平
2	气候调节	对气温、降水的调节以及对其他 气候过程的全球调节作用	温室气体调节以及影响云形成的 DMS 生成

[1] Ronald Lewis, Sylvia Pratt, Richard Spinler. Compensatory mitigation in marine ecosystems. Which indicators for assessing the "no net loss" goal of ecosystem services and biological functions? [J]. Marine Policy, 2013, 40 (6): 1202-1210.

1 绪 论

1.1 研究背景

《世界水资源开发报告》提到，90%的自然灾害与水有关，全球用水的供需矛盾问题和安全问题到 2030 年将会更加严重[①]。自工业革命以来，工农业高速发展，人类逐渐认识到"水"不仅是人类赖以生存的最基本的自然资源，也是促进经济社会可持续发展不可或缺的经济资源，还是维系流域生态环境稳定的不可替代的要素之一。所以，在目前流域水资源不断枯竭和水污染日益加剧的情况下，科学管理、有效保护和可持续利用流域水资源已经是全球不得不面对且必须尽快进行的时代性任务。

水资源作为生态环境的控制性要素是人类赖以生存和发展的重要物质基础，同时也是支撑社会经济可持续发展的基本保证。我国在世界水资源总储存量排名中排第六位，其大约为 28000 亿立方米，称得上是一个水资源比较富有的国家；但是我国的人口数量很多，人均占有水量仅为 2000 立方米，只占世界平均水量的 1/4，与其他国家相比人均水资源较为贫乏。从水资源量的分布来看，我国南方的水资源总量占全国水资源总量的 81%，其中人均水资源占有量为 3438 立方米，但是北方的人均水资源占有量却只有 937 立方米。近些年，受人类活动和全

---

① 邓娟. 城市水务供水预警机制的研究——合川区供水水量预警机制的建立［D］. 重庆：重庆交通大学，2010.

球气候变暖的持续影响，随着北方降水量的减少和蒸发量的增大，近 20 多年来，我国北方黄淮海辽地区年径流量减少幅度超过了 10%，如今水资源缺乏严重制约了我国经济的发展。

我国经历了几十年的改革开放，综合国力得到了大大提高，但水环境和水资源的利用问题成为亟待解决的问题。水生态系统不断恶化，致使生态环境问题日益严峻，主要体现在以下几方面：

1.1.1　过度开发的局部水资源

我国每年缺水量平均为 500 多亿立方米，水资源的人均占有量只达到世界人均水平的 1/4。由于水资源的开发不节制、资源的分配方式不均匀、水资源的利用方式不合理，我国的水资源面临着很大的危机。目前，我国的水资源开发与利用呈现一个过度开发的状态。辽河、黄河和海河流域水资源的开发利用率分别为 76%、82% 和 106%。由前面的相关数据可以看出，中国部分流域的水资源开发利用率已经远超国际生态警戒线，水环境的自净能力在逐渐锐减。西北内陆河流开发利用已接近甚至超出水资源承载能力。全国水资源的开发空间十分有限。2016 年十二届全国人大常委会第二十二次会议所做的《中华人民共和国水法》检查实施报告指出，全国 21 个省（区、市）地下水超采总面积近 30 万平方千米，年均超采近 170 亿立方米，引发了地面沉降、海水入侵等一系列问题。

1.1.2　严重恶化的水环境

随着我国的工业化和城市化进程的不断发展，水环境遭到严重的恶化。当前我国在农业、工业和生活污染这三个方面有较大的排放量，从全国来看，氨氮排放总量高达 238.5 万吨，化学需氧量排放总量高达 2294.6 万吨，已经很大程度地超过了环境所能承受的容量。全国 9.2% 地表水国控断面失去了水体使用的功能，其中有 24.6% 的水库呈现出富营养状态。在全国 4778 个地下水的水质监测点中，较差监测点与极差监测点的比例分别为 44% 和 16%。全国有 2/3 港湾的水质是极差的。第三产业、工业和城镇居民生活等用水排放量都属于废污水排放量，但是矿坑的排水量和火电直流冷却水的排放量不属于其中。全国的废污水排放总量在 2014 年已经达到 771 亿吨。

根据 2014 年对全国 21.6 万千米的河流水质情况进行评价的结果显示：全年 I 类、II 类、III 类、IV 类、V 类和劣 V 类水河长分别占评价河长的 5.9%、

43.5%、23.4%、10.8%、4.7%和11.7%，水质状况总体为中等。对全国开发利用程度较高和面积较大的121个主要湖泊共2.9万平方千米水面进行了水的质量评价。评价结果显示全年总体水质为Ⅰ～Ⅲ类的湖泊有39个，占评价湖泊总数的32.2%；Ⅳ～Ⅴ类湖泊有57个，占评价湖泊总数的47.1%；劣Ⅴ类湖泊25个，占评价湖泊总数的20.7%。对于以上湖泊的营养状态进行评价，大部分的湖泊是处于富营养的状态。其中有28个湖泊处于中营养的状态，有93个湖泊处于富营养的状态，分别占评价湖泊总数的23.1%与76.9%。

1.1.3 受损严重的水生态

中国科学院南京地理与湖泊研究所2010年发布的研究结论，近30年，全国消失1平方千米（1500亩）以上湖泊多达243个，现有湖泊多数污染严重，生态退化。作为我国湖泊最多的省份，湖北省20世纪50年代拥有百亩以上湖泊1066个，2009年仅剩574个。生态用水所占比例严重减少，湿地的流水量也有所降低。

目前，由于海岸带、湿地、湖滨等的逐渐减少，水源涵养能力不断下降。三江平原、海河流域的湿地面积及长江中下游的通江湖泊都面临着逐渐萎缩的状态。由于这些湿地的缩减，海洋领域的生物多样性受到了影响，渔业相关资源减少，自然岸线的保有率已经不到35%。

1.1.4 多隐患的水环境

我国江河沿岸、人口密集区等敏感区域中布设了全国近80%的石化和化工项目；违法排污、交通线路穿越等现象在部分饮用水的水源保护区内仍然存在，影响我国饮用水的水质。我国发生的有关环境问题的事件也很多，自1995年以来将近有1.1万起，而在这些环境问题事件中，与水污染有关的占了很大一部分，人民的生活受到严重影响，而且世界各国对由于水环境问题引发的群体性事件呈现明显上升趋势的现象很重视[①]。

严峻的水环境现状让我们不得不重视起来，如果这种状况不能得到及时处理，我国的水资源可持续利用、国家的生态安全及经济社会的全面、协调、可持

---

① 曹国华，蒋丹璐，唐蓉君. 流域生态补偿中地方政府最优决策——微分对策应用 [J]. 系统工程，2011（11）：63－70.

续发展将会遭到严重影响。

　　流域作为一种整体性极强的特殊地理单元，蕴含着丰富的水资源，是我国进行水资源管理的基本地理依据之一。流域水生态系统具有独立且多样化的功能价值，为人类提供了许多有形和无形的服务。改革开放之后，我国的综合国力大大提高，但由于在水资源利用方面出现的不良状况：流域之间水资源的开发利用与保护不太协调、流域内一定质量和数量水资源的开发利用存在不同程度竞争性的现象，使水资源遭到过度的开发，水污染与水土流失的现象严重，流域水生态系统遭到破坏，生态环境问题也日益严峻。倘若上面提及的问题得不到有效解决，就会出现部分地区肆无忌惮地使用生态服务功能，奖惩不分明现象越来越严重，因而合理调节相关利益关系分配非常必要，避免"山上开荒，山下遭殃""上游污染，下游遭殃"等窘境的出现，切实通过制度安排促进流域水资源开发利用和水生态保护。

　　保证可持续利用全流域水资源是国家顺利实施可持续发展战略的基础，也是流域生态保护的根本。因此，亟须建立和完善流域水资源管理、流域生态保护的各项制度，以促进流域水资源可持续利用。但是，流域环境的改善需要中央与地方、各个区域间与流域上下游间的努力协作，更加需要国家为水资源的可持续利用采取措施，如从法律的层面上提供法制保障。目前，我国的流域生态补偿研究还处于起步发展的阶段。广大学者、执政者都很关注这种刚兴起的调节利益冲突的环境管理方法。建立健全流域生态补偿制度具有重要意义，不但能够使流域上下游区域之间的生态和利益关系得到梳理，而且能够使我国流域生态问题得到更好解决，使上游区域的社会经济发展得更快，从而流域上游的生态环境也会得到有效的保护，有效调节了流域生态服务功能存在的矛盾。生态补偿标准的确立十分重要，这不仅是生态补偿研究的核心之一，同时也是建立生态补偿机制的难点之一，与补偿的效果和补偿者的承受能力密切相关。因此，非常有必要建立一个合理、科学的生态补偿标准量化的模型，当前国外已经形成了许多有关研究流域生态补偿的理论和方法。从工业革命开始以来，尤其是第二次世界大战爆发以后，世界上许多国家都以工业化和城市化为主要经济增长模式，经济得到了飞速的进步与发展。但在经济发展的同时，环境污染与生态破坏的问题也逐渐严重，其中许多问题已经突破了国家和区域的疆界演变成为全球性问题。在一些西方的发达国家如德国、美国和哥斯达黎加都非常重视环境污染的生态破坏问题，很早就开始尝试流域生态补偿的研究和实践，积极建立流域生态补偿模式，并在此方面取得了一定的生态保护效果。中国在经历了40多年的改革，经济得到了飞速的发展，与此同时也面临着生态资源利用与环境破坏问题的巨大考验，尤其是流域生态问题日益变得严重，中国也和西方发达国家所经历的一样，正在面临着"发展—污染—治理"等阶段的战略选择。

长期以来，党和政府对于生态建设及流域水资源保护一直给予高度重视①。我国颁布的《全国生态环境保护纲要》指出："坚持谁开发谁保护，谁破坏谁恢复，谁使用谁付费制度。要明确生态环境保护的权、责、利，充分运用法律、经济、行政和技术手段保护生态环境"。2006年第六次环境保护大会明确地提出"要按照'谁开发，谁保护；谁破坏，谁恢复；谁受益，谁补偿；谁排污，谁付费'的原则，完善生态补偿政策，建立生态补偿机制"。2008年6月1日起实施的《中华人民共和国水污染防治法》是流域生态补偿的基本法律依据，它首次在国家正式法律中提出水环境生态保护补偿的内容："国家通过财政转移支付等方式，建立健全对位于饮用水水源保护区区域和江河、湖泊、水库上游地区的水环境生态保护补偿机制"。"十三五"规划将生态文明建设首次纳入其中。《水污染防治行动计划》（以下简称"水十条"）的第十六条就提出了"实施跨界水环境补偿。探索采取横向资金补助、对口援助、产业转移等方式，建立跨界水环境补偿机制，开展补偿试点。深化排污权有偿使用和交易试点"。"十三五"规划第一次提出了"绿色"的发展理念，将我国社会经济发展的要义定为生态文明建设；把生态保护补偿机制的建立作为建设生态文明的重要制度保障；为了使主体功能区战略得到实施，促进不发达区域、贫困人口共享改革的发展成果和人与自然得到和谐发展，在综合考虑生态保护成本、发展机会成本和生态系统服务价值的前提下，使生态保护者得到适当的补偿，这是对生态保护者与受益者权利义务的明确界定，也是生态保护经济外部性内部化的公共制度安排。以上的法律法规为流域水资源开发和保护提供了指导，但是在具体的实施过程中，必须依靠全流域各级行政机构之间的共同努力，并对全流域进行综合管理与协调，才能使流域上下游之间的矛盾得到解决。因此，分析与研究流域生态系统的开发利用和保护很有必要，探索对跨界流域适合的管理体制，从而使各行政区域之间的利益关系得以平衡，为促进流域生态系统的可持续发展共同作出努力。

---

① 刘承毅. 我国流域水污染问题的政府管制研究［D］. 浙江：浙江财经大学，2011.

1.2　研究现状与实践

国际上关于流域污染补偿的问题虽然已经形成了一些理论和方法，但是至今还没有形成统一的补偿标准。通常流域保护服务包括水质保护、水量保护和洪水控制这三个方面，这三种服务相互之间有一定的关联，但通常会拥有不同的受益人。对这三种流域服务进行公共补偿以及对水质与水量的私人补偿，都有利于水源保护者，尤其是当地的一些较贫困人群。需求方和供给方给予了国际流域环境服务付费的驱动力。从买者、中介者、卖者的分类来看，政府仍然扮演着很重要的角色，但不是起着绝对作用。Johst 为了使分物种、分功能的生态补偿预算的时空安排得到详细设计而建立了生态经济模型程序，并且为补偿政策的实施提供了一定数量支持[①]。

国外在补偿实践方面有以下尝试：①以政府为主导市场难以自发解决的资源环境问题。德国政府是生态效益的最大"购买者"，横向转移支付是资金来源的主要方式，从而保护流域下游水用户的利益。美国政府为了加强生态环境的保护建设，一直采取保护性政策，由政府购买生态效益为下游农业用水提供资金补偿。世界银行在一些国家开展了环境服务付费（PEs）项目，如哥斯达黎加、墨西哥、厄瓜多尔等拉丁美洲国家，主要通过增加森林覆盖率以改善流域水环境服务功能。②促进水环境的保护可以通过市场手段和经济激励政策。一些国家管理生态环境建设和流域的积累资金来自对污染者和受益者收取的费用。国外水污染补偿基于土地私有制为基础进行的补偿方式，但强调受补偿参与，考虑贫困人群，在补偿计算时运用数理方法是值得我们借鉴的。

我国于 20 世纪 90 年代末开始流域水污染补偿的研究。徐大伟等评价流域水质首次尝试应用"综合污染指数法"，并且提出了补偿量计算办法[②]，这种计算方法是基于行政区界河流水质水量的，将流域水体行政区界河流水质和水量指标

---

① Moran D McVittie A, Allcroft D et al. Quantifying Public Preferences for Agri – environmental Policy in Scotland: A Comparison of Methods [J]. Ecological Economics, 2007 (1): 42 – 53.

② 中国生态补偿机制与政策研究课题组. 中国生态补偿机制与政策研究 [M]. 北京: 科学出版社, 2007.

纳入补偿测算的综合指标值中。这些方法虽然适合本地区的补偿计算，但还没有形成系统的理论体系，对于跨界流域污染补偿问题缺乏相应的算法。

我国在处理水污染相关实际工作中都考虑过补偿问题，各地陆续开始按照报告的精神对污染补偿制度进行探索，如探索转让机制。浙江省东阳—义乌的水权交易是根据达标与否实施奖惩或补偿，实行水权和排污权交易，这种模式叫作流域水质水量协议的模式。

总体上看，我国的流域水污染补偿研究与实践还正处于起步的阶段，补偿理论的研究还很落后，仍然不能满足目前补偿实践的需要。①目前对于我国流域水污染补偿的研究主要集中在原则、主客体关系和补偿机制上，而对流域水污染补偿数额量化的研究比较少，其计算体系没有形成公认的成熟，没有统一的指标去衡量。本书在确定流域水污染补偿总量的同时，提出了流域水污染评价指标体系，建立定量化的流域水污染补偿计算模式，为核算结果的准确性提供有力的技术支撑。②流域水污染补偿研究对大江大河乃至跨省际的补偿缺乏适合的相关算法，而对其的研究多数集中在中小型河流流域研究。本项目基于整个流域水污染问题，充分考虑到跨界流域水污染的补偿问题，包括大江大河。③支付意愿和补偿方式。在确定补偿标准时应充分考虑市场、社会和群众承受能力，并结合补偿"接受方"和补偿"支付方"之间的协商谈判原则。对不同的人群、不同的地区、不同的时间，调查到的支付意愿值就不同，同时也应考虑到区域性的动态的标准。补偿方式一般仅限于经济补偿，补偿是否应该考虑到受偿人就业、知识、技能方面的培训等。④有关流域水污染补偿的法律和制度不配套。我国的环境法律体系是由国家立法和地方立法共同构成的。环境影响评价"三同时"、取水和排污许可、限期治理、排污申报登记等具体的法律制度虽然得到了确立，但在已有的法规中对流域污染补偿问题的考虑仍不够全面和成熟。

1.3　我国生态补偿机制存在的问题

我国在草原、湿地、流域和水资源开发以及重点生态功能区等领域的生态补偿机制建设方面取得了重要进步。不过，由于生态补偿机制建设工作起步较晚，同时涉及较复杂的利益关系，构建有效运行的生态补偿机制的工作难度一直非常

流域生态补偿机制与管理方法研究

大，生态补偿实践中出现了不少突出问题和矛盾，需要对它们进行认真分析和解决。本部分主要揭示我国生态补偿机制建设存在的问题及其根源。

1.3.1　生态补偿标准不科学且不合理

合理的补偿标准是保证生态补偿政策实施效果的重要前提条件。从理论上讲，生态补偿应该按照补偿双方的意愿达成，补偿标准应该是买卖双方自愿支付和接受的价格。但在实际标准制定过程中，缺乏来自市场的分析与评价以及生态补偿利益相关者的广泛参与，造成我国现行的生态补偿标准存在标准过低、范围过小、不具动态性等问题。具体问题有以下两个方面：

（1）生态补偿标准单一，尚未体现区域差异性。我国幅员辽阔，各地社会经济状况和自然环境条件差异很大，退耕地区资源质量、产出水平千差万别。不同时期、不同区域、不同林地发挥的森林生态功能和经济效益也不尽相同。单一的补偿标准不能实现生态补偿的应有目标，生态补偿"一刀切"的政策设计，导致政策实施脱离实际，未能体现区域的差异性。例如，在草地生态补偿标准中采取一个标准，在蒙甘宁西部荒漠草原、内蒙古东部退化草原、新疆北部退化草原执行另一种补偿标准，但是根据《全国生态功能区划》，不同生态区位的草地具有不同的重要主导生态服务功能，如水源涵养、土壤保持、防风固沙、生物多样性保护等。同时，不同类型以及退化程度不同的草地，其恢复与保护的成本自然存在差异。合理的草地生态补偿标准应当体现出不同生态区位、不同类型草地生态服务功能的差异性。

（2）生态补偿标准偏低，补偿范围覆盖面过窄。我国的生态补偿标准普遍偏低、补偿范围偏窄，致使生态保护激励不足。例如，一些地区的林农反映，当前生态公益林补贴标准远低于林地可能产生的经济效益。湖南省会同县规划公益林 35853 公顷、国防林 2666 公顷，占会同县林业用地面积的 35.47%，而上级对会同县补偿的公益林面积仅 33533 公顷，且补偿标准相当低，会同县的补助资金每年每亩仅 10 元。而当前会同县林农采伐 1 株楠竹可收入 15 元，按每亩每年可采伐 30 株计算，仅此项收入每亩就可达 450 元。对此，地区的林农反映强烈，认为公益林补助太低，损失太大[①]。在我国一些地区一亩森林按照 20 年的主伐期

---

① 胡文会. 会同县林业生态补偿存在的主要问题及原因分析［J］. 民族论坛（时政版），2014（3）：66.

计算，每亩可以实现收入 2000 元，但是按照国家现在的补偿标准，经营 20 年只补偿 200 元，差距甚大，使很多林农不愿意将其管护的林地纳入国家生态公益林的范围。2003 年集体林权制度改革后，南方地区林木和竹材价格上涨迅速，进一步拉大了经营商品林和生态林之间的收入差距，同时，补偿标准没有根据价格指数变化予以调整[①]。从 2001 年政策执行以来，财政补偿标准一直为每年每公顷 75 元，没有随着国民经济的发展和物价上涨对补偿标准进行动态调整。另外，随着牛羊肉价格上涨，草畜平衡补助不足以弥补生产成本增加和减畜经济损失。企业提取的矿山环境治理和生态恢复保证金偏少，不足以实施矿山环境治理和生态恢复工程，不少企业宁肯不要矿山环境治理和生态恢复保证金，也不实施矿山环境治理和生态恢复工程，有些省份国土部门账上滞留的企业矿山环境治理和生态恢复保证金达 300 多亿元。

我国生态补偿主要集中在森林、草原、矿产资源开发等领域，流域、湿地、海洋等生态补偿尚处于起步阶段，耕地及土壤生态补偿还未纳入补偿范畴。另外，纳入国家重点生态功能区的范围也非常有限。2008 年以来，中央财政对国家重点功能区范围内的 452 个县（市、区）开始实施生态补偿资金转移支付，截至 2014 年，生态补偿范围扩大到 482 个县[②]。2008 ~ 2014 年，生态补偿范围变化十分有限，只增加了 30 个县。例如，广西壮族自治区在我国生态地位中举足轻重，全区 80% 以上的国土面积、90% 以上的天然林和水源涵养林处在珠江的西江流域，境内珠江流域面积占珠江流域总面积的 44.6%，是维系珠江下游（特别是粤、港、澳地区）生态安全的重要屏障。但是，国家没有把广西纳入生态补偿重点省份，纳入重点生态功能区的范围也非常有限，全区仅有 16 个县被纳入国家重点生态功能区范围，一些国家级保护区较集中的地区、森林覆盖率较高的地区，未能被纳入国家重点生态功能区范围。

1.3.2 生态补偿主体和客体界定不清晰

我国生态补偿实践中还存在补偿主体、客体不明确，生态受益者与保护者之间利益关系脱节的问题，导致生态受益者和保护者的权责落实不到位。由于生态

---

① 中国生态补偿机制与政策研究课题组. 中国生态补偿机制与政策研究 [M]. 北京：科学出版社，2007.

② 赵青，许晖，郭年冬. 粮食安全视角下的环京津地区耕地生态补偿量化研究 [J]. 中国生态农业学报，2017，25（7）：1052 - 1059.

资源具有明显的公共品性质，并且补偿涉及多方利益主体，主客体不容易界定。例如，矿产资源开发的受益者应是矿产资源开发生态补偿的主体，即矿产资源的开发者和经营者。但是，由于我国现有的规定并没有对矿产资源开发生态补偿的主体做出明确的规定，主体不明确以至于责任分担不明，政府不得不成为矿产资源开发生态补偿的责任主体，这也使各级地方政府财政负担过重，生态补偿难以有效实施。但从实质上看，政府应该是矿产资源开发生态补偿的监管主体而不是责任主体，这就造成了一个"困境"：补偿主体往往局限于政府，尚未按照"谁受益，谁付费"的补偿原则将生态保护受益者纳入补偿主体之中。

在生态补偿制度实施的过程中，补偿客体的界定不明晰。除了林业系统是直接补给保护生态系统的林农外，其他补偿基本没有考虑居民和企业。以国内第一个实施跨省流域生态补偿试点的河流新安江为例，自实施生态补偿试点工作以来，位于上游的黄山市共得到生态补助资金113亿元，然而这些资金均以污染治理项目的名义划分使用，上游地区从事生态保护的居民没有得到任何补偿。生态补偿责任主客体界定不明确，既影响到生态保护者的积极性，也限制了生态补偿的市场化运作。

1.3.3 生态补偿资金来源单一

从政策实践看，我国生态补偿每年所需的资金量非常大，而我国生态补偿资金的来源却极为分散，主要包括各级政府间的纵向财政转移支付、平级政府间的横向财政转移支付、政府性基金等。其中纵向财政转移支付指的是中央对地方的财政转移支付，包括专项转移支付、一般性转移支付（主要是针对中西部地区）。而横向财政转移支付则指平级政府之间的财政转移支付，包括新安江流域水环境补偿试点项目、福建省闽江、京冀两地水资源合作项目等。由此导致政府财政不堪重负，政府在生态补偿资金投入方面的增长空间也相对有限。未来如果一直延续现有的补偿模式，我国的生态补偿资金很有可能出现供应不足的情况。

国家发改委的统计资料显示，我国中央财政安排的生态补偿资金总额从2001年的23亿元增加到2012年的约780亿元，累计投入约2500亿元。其中，中央森林生态效益补偿资金从10亿元增加到133亿元，累计安排549亿元；草原生态奖励补助资金从136亿元增加到150亿元，累计安排286亿元；水土保持补助资金从13亿元增加到54亿元，累计安排269亿元；国家重点生态功能区转移支付从2008年的61亿元增加到2012年的371亿元，累计安排1101亿元。目前国家也启动了对海洋、湿地、流域等的保护与资助。从 2019 年开始，国家先后启动实施退耕还林、退牧还草、天然林保护、京津风沙源治理、西南岩溶地区石漠化治理、长江黄河上中游等重点区域水土流失综合治理、青海三江源自然保护区、甘肃甘南黄河重要水源补给区以及塔里木河、石羊河、黑河等生态脆弱河流综合治理等重大生态建设工程，累计投入约 8000 亿元①。

尽管国家财政投入的生态补偿资金在逐年增加，但是我国生态补偿资金投入仍面临三大难题：①资金缺口大。财政拨款与生态补偿资金的实际需求差距较大。例如，"十二五"期间新安江流域综合治理项目总投资超过 400 亿元，而目前流域生态补偿试点资金仅能安排 17.5 亿元，资金缺口较大②。另外，许多地区、许多领域的资金投入力度还有待加大。②资金来源狭窄。我国生态补偿资金来源至今尚未采用市场化运作方式，也还没有出台独立的生态补偿税收，这使在非市场化运作的情况中，我国生态补偿对政府财政过度依赖，使政府负担过重，运作困难，从而造成补偿标准过低。③资金链不稳定，生态补偿资金来源以政府补偿为主，财政压力或官员考核压力使补偿资金很难得到长期稳定保证。

1.3.4 生态补偿政策没有落实到位，存在专款不专用现象

我国相关领域的生态补偿政策落实不到位，影响了保护者的积极性。一些地区生态补偿政策没有完全落实，人民对政策的了解程度不高，或者一些地方补偿资金没有落实到位，以浙江省德清县为例，德清县政府〔2010〕21 号文件中明确规定从 2010 年开始，其生态环境补偿基金共从 9 个渠道筹集，应收取补偿经费 2758.61 万元，但实际资金来源只有 4 个渠道，收取经费仅为 1376.11 万元，资金到位率不足 50%，其中矿产资源补偿费、原水资源费、森林植被恢复费、湿地风景区门票收入等五项资金到位率为零，德清县生态补偿机制经费筹集情况如表 1-1 所示。另外，生态补偿资金管理与运行效果管理也存在问题，挤占、挪用补偿资金现象十分普遍。有些地区边获得国家拨付的生态补偿，但是另一边却将补偿资金用在其他用途，没有用在生态保护和治理上。

---

① 徐绍史.国务院关于生态补偿机制建设工作情况的报告——2013 年 4 月 23 日在第十二届全国人民代表大会常务委员会第二次会议上 [J].中华人民共和国全国人民代表大会常务委员会公报，2013（3）：466-473.

② 王玉明，王沛雯.城市群横向生态补偿机制的构建 [J].哈尔滨工业大学学报（社会科学版），2017（1）：112-120.

表 1-1 2010 年德清县生态补偿机制经费筹集情况明细

序号	收入项目	收取标准	应收（万元）	实收（万元）
1	生态环境补偿基金	县财政预算内按可用财力 1.5%	16800×1.5%=252	252
2	水资源费	权限水资源费按 10% 提取	186×10%=18.6	未收到
3	原水资源费	饮用水水源地征收原水资源，按 0.1（元/吨）提取	3000（万吨）×0.1（元/吨）=300	未收到
4	土地出让金	土地出让金按 1% 提取	87849×1%=878.49	878.49
5	排污费	排污费按 10% 提取	640×10%=64	64
6	农业发展基金	农业发展基金按 5% 提取	3632.4×5%=181.62	181.62
7	森林植被恢复费	森林植被恢复费按 10% 提取	237×10%=23.7	未收到
8	矿产资源补偿费	矿产资源补偿费按 5% 提取	19764×5%=988.2	未收到
9	湿地风景区门票	下渚湖湿地风景区门票收入按 5% 提取	1040×5%=52	未收到
合计			2758.61	1376.11

资料来源：德清县人民代表大会《进一步完善生态补偿机制，推进德清生态文明建设（征求意见稿）》，2011 年。

1.3.5 生态补偿模式单一、市场参与不足

国际通用的生态补偿方式有政府补偿、市场补偿和社会补偿。其中市场化的补偿方式还可进一步划分为：直接公共支付、一对一交易（或限额）、私人直接补偿（市场贸易）、生态产品认证计划。社会补偿则是以非政府组织、企业和个人捐赠为基础的生态补偿，它可以弥补政府效率损失和避免市场失灵。在美国最为典型的社会补偿机构是美国大自然保护协会（TNC）。该协会通过接受企业和私人捐款，在美国和世界各地收购和管理自然保护区。

我国生态补偿以政府补偿为主，市场化的补偿严重不足，自然资源供需关系还未完全理顺，市场补偿依据不够，责任主体界定不清，市场化运作机制不成熟。这些都是阻碍我国生态补偿工作进步的障碍。政府补偿方式固然能体现各级政府对国家、地区生态安全的经济补偿责任，但是，政府补偿方式存在信息不对称、官僚体制的低效、寻租行为等负面作用。另外，单纯的政府补偿也使政府财政负担过重，生态保护者却得不到充分合理的补偿。以四川省南部县为例，由于

其地处嘉陵江中游,该县实施了大面积的退耕还林、天然林保护工程等生态建设与补偿项目,生态环境得到了改善,长江水质得到了改善。但是,由于当前补偿机制缺乏灵活性,政府主导的补偿项目不能与非政府组织主导的补偿、市场化生态补偿相结合,从而使该地的生态补偿力度有限,未能保障当地居民的发展权,如该县烽火乡、碧龙乡等地虽然因长江水资源保护要求被列入禁止养殖区,却不能得到有效的补偿①。另外,我国的生态补偿形式也多以资金补偿为主,这一方式使受保护地区获得可持续发展的能力有限。生态补偿的形式应该包括多种,如资金补偿、实物补偿(采用农机具、劳力等实物形式给予补偿客体所需的部分生产和生活要素,增强其生产生活能力)、技术补偿(提供农业生物技术、农业机械帮助,配合农业生态补偿的发展)、政策补偿(在财政税收、产业发展和投资项目等方面的支持和优惠)、民生补偿(医疗、社保、农村社会事业补偿)等。而目前,这些补偿形式的利用非常少。

我国大多数省份尚未开展横向生态补偿工作,生态资源开发地区、生态服务受益地区与生态资源保护地区、流域上游地区与下游地区之间缺乏有效的协商平台和机制,导致地区间横向生态补偿发展不足。目前只有浙江省、江苏省、安徽省、山东省和江西省等少数地区开展了省内或省际横向生态补偿。即使一些地区开展了横向生态补偿,但是补偿机制有待进一步改进和完善。例如,我国渭河源头区横向补偿虽已启动,但如何确定补偿标准和补偿目标,如何协调两省的经济社会发展,渭河源头区的生态补偿仅靠陕甘两省是否合理,这些问题(当然还有其他诸多问题)都亟待得到科学的回答②。又如,我国山东省在 2014 年正式启动环境空气质量生态补偿机制,被考核的大气污染物季度平均浓度同比上升的设区的城市将向省级交钱补偿改善的城市,这就建立了空气质量恶化城市向改善城市进行补偿的横向机制。根据规定,补偿金系数为 $1ug/m^3$ 补偿 20 万元。但是考核标准仍有待进一步完善,尽可能纳入各市人口规模、经济社会情况、地域特点等影响因素。另外,在横向生态补偿机制中,除了资金补助外,产业扶持、技术援助、人才支持、就业培训等补偿方式也未得到应有的重视,横向生态补偿常常陷入"知易行难"的困局。地区间横向生态补偿发展不足的原因主要有两个:

① 宏观经济研究院国地所课题组. 横向生态补偿的实践与建议 [J]. 宏观经济管理, 2015(2): 45 – 48.

② 王毅, 汪海燕. 自然资源保护生态补偿法律机制研究 [J]. 鄱阳湖学刊, 2018(6): 48 – 54 + 126.

①在国家和地方层面，尚缺乏横向生态补偿的法律依据和政策规范；②地区间、流域间缺乏有效的协商平台和机制。

1.3.6 生态补偿法规建设滞后，补偿主客体权责不明

（1）生态补偿法规建设滞后。截至 2014 年，全国人大常委会通过的涉及生态补偿的法律有《中华人民共和国草原法》（2013 年）、《中华人民共和国农业法》（2012 年）、《中华人民共和国水土保持法》（2010 年）、《中华人民共和国海岛保护法》（2009 年）、《中华人民共和国水污染防治法》（2008 年）、《中华人民共和国畜牧法》（2005 年）、《中华人民共和国野生动物保护法》（2004 年）、《中华人民共和国土地管理法》（2004 年）、《中华人民共和国渔业法》（2004 年）等。除《中华人民共和国森林法》对森林生态效益补偿基金进行过规定外，其他法律只是简单地规定对环境资源利用征收部分补偿费用。

我国还没有生态补偿的专门立法，现有涉及生态补偿的法律规定分散在多部法律之中，缺乏系统性和可操作性。尽管近年来有关部门出台了一些生态补偿的政策文件和部门规章，但其权威性和约束性不够。部分法规、规范性政策文件也只专注于某个生态保护领域，每个领域在补偿资金的来源和使用、补偿方式、补偿范围和标准等方面均不统一，经过一段时间的实践，每个领域已然形成了各自相对封闭的体系。

从 2010 年开始，国家发改委就开始制定《关于建立健全生态补偿机制的若干意见》和《生态补偿条例》，但至今尚未出台。在 2014 年 2 月刚颁布施行的《南水北调工程供用水管理条例》中也明确规定，对南水北调工程水源地实行水环境生态保护补偿，但是也没具体规定由哪个部门、哪个地区、哪些受益者来进行补偿，补偿原则、补偿标准、资金来源也未具体规定。截至目前，我国还没有一部专门针对海洋生态补偿的法律，对海洋生态补偿的内容、范围等缺乏明确的界定。在农业生态补偿领域，除国家立法外，全国已有 17 个省（自治区、直辖市）和 1000 多个地县制定了农业环境保护条例，但却缺少对农业生态补偿具体项目的法定规范。

（2）生态补偿主客体权责不明确。生态补偿一般是按照"谁保护，谁受益；谁受益，谁补偿"的原则进行，但是由于我国生态补偿制度建设的滞后使得补偿利益主体权责不明确，生态保护者得不到合理补偿，生态受益者履行补偿义务的意识不强，部分生态受益者甚至有意逃避补偿责任，"搭便车"现象非常普遍。

还有一些地区的补偿资金投入、使用与保护责任挂钩不紧密，作为受偿主体，尽管获得了补偿资金，但生态保护效果不佳，甚至在个别地方还出现了企业一边获得生态补偿，另一边继续破坏生态的现象。例如，新疆有一段时期，矿产资源开发生态补偿的自有资金不足，主要依赖于国家投入，加之矿山企业游离于责任主体之外，使各级地方人民政府财政负担重，生态补偿难以有效实施①。我国在新拟定的矿产资源开发生态补偿实施条例中，必须按照"谁保护，谁受益；谁受益，谁补偿"的原则，增加对保护者或受益者权责划分及法规约束，明确其在生态补偿运行中的权责。例如，新建矿山和正在开采矿山的企业，应对因开采矿石造成的生态环境破坏承担生态补偿责任，负责对生态服务功能恢复。对由于历史原因造成的矿区或废弃矿山生态环境破坏问题，由政府来承担生态补偿的主要责任。

1.3.7 生态补偿监管制度不严，补偿绩效评价体系缺失

（1）生态补偿机制中监管与评价体系缺失，影响了生态补偿机制的有效运行。具体表现为两个方面：①生态补偿资金的使用管理体系不健全；②未建立起生态补偿长效跟踪评估制度。我国对各区县的生态补偿工作考核主要对象是环境保护局，未涉及水务、农业等部门，考核内容也主要集中在环保工作领域的执行力度，而未对生态补偿政策实施产生的社会经济效益、资金使用管理等方面进行考核，考核方案具有局限性。

（2）生态补偿监管制度严重缺失。首先我国生态补偿机制的监管缺失严重，没有相应法律法规的支撑。例如，上海市一些区县的水源地生态补偿资金没有制定本区使用管理规定细则，水源地生态补偿资金基本上由各区财政部门以统筹方式进行管理使用，缺乏清晰的资金使用计划和统计，导致资金管理模糊、监督难以落实，无法起到有效保障水源地生态环境、促进保护区公平发展的作用。有的地方补偿资金没有做到及时足额发放，有的甚至出现挤占、挪用补偿资金现象。在苏州地区，部分村的生态补偿资金使用程序不够规范、内容不够细化、核算不够清晰。一些行政村未编制使用计划，未将生态补偿资金使用计划与使用结果向村民张榜公示，有的村虽然实行公示制度，但内容不够细化，导致看不懂、难监

---

① 杨欣，蔡银莺，张安录. 农田生态补偿横向财政转移支付额度研究——基于选择实验法的生态外溢视角［J］. 长江流域资源与环境，2017，26（3）：368 - 375.

督。在内蒙古草地生态补偿工作中，一些地方政府关于草畜的统计也缺乏有效监管，在实践中各级地方政府可能为了争取更多的补偿金进行虚报或者瞒报。同时，对于牧民草地保护建设行为中可能存在的"道德风险"也没有进行有效监管，比如对牧民超载过牧行为无准确监管。

（3）生态补偿缺乏长期有效的跟踪评估机制。在生态补偿政策的实施过程中，我国很多地区未建立起配套的、完整的、科学的长效跟踪评估机制。这一机制本应是用来及时跟踪评价生态补偿制度的社会影响、执行力度及生态效益，从而为该项制度完善提出可行的决策建议。但是，在实际工作中，这一政策评价严重缺失。相关利益群体对于生态补偿政策实施的态度如何、生态补偿政策实施的具体运作方式和效果如何、在每个实施阶段是否都达到了预定目标、补偿的程度如何、补偿资金是否被合理监督和使用、非资金补偿形式是否到位等一系列与生态补偿政策实施有关的问题，都没有一个科学合理的实施评价标准与制度①。例如，苏州市有关职能部门和各区曾经制定了一些检查考核办法，但执行还不到位，缺少量化评价指标，尚未对农村污水处理率、河道与村庄保洁、蓝藻打捞、芦苇收割、环境污染治理、群众满意度以及补偿资金使用效果进行客观评价；又如，我国退牧还草工程自2003年实施以来，国家对工程基础设施的建设投入了巨大的资金，然而由于欠缺有效的监管制度，导致只重视工程建设，却忽略了管理与维护；又如，草地围栏的后续管护存在较多问题，地方政府对此缺乏管护的人力、财力。而对于牧民而言，由于围栏并非自己花钱安装，因而缺乏后续管护的责任心和积极性，很多围栏损毁得很厉害。调研中不止一次听到基层草原站技术人员的感慨：长期这样下去，最后就剩下草原上的一堆烂铁丝了，不但不能保护草地，反而破坏了草地生态环境，很多地区、领域的生态保护后续评估制度尚未真正形成。

---

① 丁四保，王昱．区域生态补偿的基础理论与实践问题研究［M］．北京：科学出版社，2010.

2 流域生态补偿理论体系

2.1 流域水资源和流域水污染

　　流域水资源是集生态、地理、环境、生产、社会、消费等多种特性于一身的自然类资源，也是流域自然生态系统与环境经济复合系统得以存在且能够正常运行的核心要素，还是人类所需的不可或缺且不可替代的经济类资源[①]。如居民生活的生活用水、动植物和自然环境等的生态用水、农业和工业等的生产用水，农业、工业和生活等的排污与自然水体的净化，流域水资源具有公共物品的一般属性，即非排他性和非竞争性。流域内的各涉水主体都会受追求自身利益最大化驱使去使用水资源，且无法排斥其他人对其的使用，包括随意性地取水及向水体中排放各种污染物等。流域水资源的这种公共属性在人类对其需求不断增长的趋势中，加剧了相对有限的以水质和水量为核心要素指标的水资源的稀缺程度与污染程度，所以，流域水资源的污染防治也日益被重视。

　　流域水污染是指在同一流域内发生的由行政划分与地理区位所产生的具有负外部效应的水环境污染，通俗来说，当一流域内某个行政区域发生了水污染性的事件，鉴于水的自然流动性，水体中的污染物会随之被带到下游该流域的其他行

---

　　① 杨屹，加涛. 21 世纪以来陕西生态足迹和承载力变化［J］. 生态学报，2015，35（24）：7987 - 7997.

政区域，并对其造成损害①。

　　流域水污染根据负外部效应的转移程度，可以分为全面流域水污染和部分流域水污染。全面流域水污染指某区域的水污染负外部效应完全转移到其他区域或者说污染物质完全排放给了下游其他区域，由其他区域来负担全部负外部性影响；部分流域水污染则指污染物部分排给了下游其他区域，由其他区域来负担部分负外部性影响。流域水污染还可以依据水污染外部性的指向分成单向和双向。单向流域水污染是指某区域产生的水污染负外部性对其他区域能够造成影响，反之则不能，最典型的例子就是同一条流域内处于上游的地区水污染能对下游地区造成影响，而反过来，下游的水污染不能给上游造成影响；双向流域水污染就是两区域的水污染负外部性能够相互影响，也就是不管是谁造成的水污染，其影响后果由所有涉水区域共同承担。

　　在实践中，双向流域水污染能够通过涉水的行政区域相互协调达成合意，或利用外部性的相互性来制约涉水行政区域的排污行为。但是，单向流域水污染一般不能通过下游单方面水污染管制来使上游减少污染行为，所以，这种类型的流域水污染问题成为我国流域水污染管制的重点和难点。

　　流域水污染问题表现在以下五个方面：

　　（1）流域水污染的责任难以界定。流域水污染事故或许是由面源污染引起，或许是由点源污染造成。比如流域沿岸会排污的企业众多，那么水污染既可能是一家企业排污所致，也可能是多家企业共同排污造成，这样，对于流域水污染的诱因分析与责任界定就存在非常大的难度，从而给流域水污染赔偿的政策落实带来了较大阻碍。

　　（2）负外部性单项且非对称。流域水污染与一般水污染不同，由于流域总会受到地理分布等自然因素的影响而被分成上游区域和下游区域，又因其单向流动特性，对于上游带给下游的污染，下游只能被动接受，该负外部性单向且非对称，这也说明了流域水污染的赔偿主体一般是上游地区。

　　（3）污染信息隐蔽且难获取。流域水污染与大气污染、固体废弃物污染等不同，因其污染物质本身的物理化学特性而使其危害具有隐蔽性和潜伏性，不易通过嗅觉或视觉等器官被发现，只有在人们的生产生活或健康受到严重损害的时

<hr />

① 唐国建. 共谋效应：跨界流域水污染治理机制的实地研究——以"SJ 边界环保联席会议"为例［J］. 河海大学学报（哲学社会科学版），2010，12（2）：45－50.

候,污染才会被感知。而且,这种污染只能通过专业的污染监测人员和先进的技术手段才可以被确认。在此之前,人们很难发现并做好防范工作。

(4)影响广泛且严重。当上游的水污染事故没有得到及时有效治理,则整条流域会因为流域水资源其本身的流动性而全部被污染,波及的范围可想而知非常广,受到不利影响的群体也势必不会少。更严重的是,流域上下游之间总会产生各种有关水污染外部性问题的矛盾纠纷,而且实践证明涉水各方之间的协调总会因为污染者不愿赔偿或者受害者要求过高而难以达成,如果处理不当,甚至可能爆发影响恶劣的群体性事件。

(5)管制复杂且困难。我国流域方面的管理一般被划分成诸多行政区域,而各个行政区域之间的利益诉求不同,往往会就流域水污染问题进行利益博弈,这使流域管理政策的作用在一定程度上很难发挥到位。流域水污染管理复杂且困难的根本原因可以归结为流域完整性与区域分块性之间的矛盾。

2.2　流域生态补偿概念阐述

2.2.1　生态补偿

随着中国经济的快速发展,尽快建立生态补偿机制的要求已经成为当今的焦点问题。社会各界呼吁尽快建立相关的机制和政策[1]。学术界开启各种相关研究,在生态系统服务功能的价值评估和生态系统综合评估等的研究尤为突出,为生态补偿机制的建立和政策设计提供了一定的理论依据。此外,在相关政策的领导下,探索开展生态补偿的途径和措施,有助于生态补偿机制的进一步发展。

在不同的历史时期和发展阶段,生态补偿的内涵在不断地延伸和拓展。总体上来讲,生态补偿包括有三种含义:自然生态补偿、对生态系统的人为物理性补偿以及为保护生态环境而采取的经济政策手段[2]。

---

[1]　周健,官冬杰,周李磊. 基于生态足迹的三峡库区重庆段后续发展生态补偿标准量化研究 [J]. 环境科学学报,2018,38(11):4539-4553.

[2]　Engel,S.,S. Pagiola,and S. Wunder. Designing payments for environmental services in theory and practice:An overview of the issues [J]. Ecological Economics,2008,65(4):663-674.

作为生态补偿最初始含义的自然生态补偿①②，其内涵着重强调对生态系统的自我调节、自我恢复或人为修复，主要指自然生态系统对干扰的敏感性和恢复能力，也就是生态系统自身的补偿，具体定义为"生态负荷的调节能力，也可以说是生物有机体、种群、群落或生态系统受到扰乱所表现出来的调和干扰、调节自身状态以使生存得以继续的能力"。作为自然生态系统的一种适应性属性，自然生态补偿还被定义为"自然生态系统对于社会、经济活动造成的生态环境破坏所起的缓和补偿作用"。自然生态补偿着重强调的是其本身对外界压力的缓冲和适应能力，或者对外界干扰的敏感性和恢复能力。

生态系统的补偿与维护是人类对其物理性补偿。在环境管理领域中，其最初的含义可以理解为：确保生态环境质量或功能的行为前提下，尤其是对生态用地被占用而做的补偿性行为，就如湿地补偿都是在一定范围内保持生态建设的平稳水平。该生态补偿的内涵强调是人们在追求自身发展的同时，对自己所造成的环境破坏，而采取的补救措施。

20世纪50年代以来，环境政策的焦点是保护生态环境的经济手段③。该观点从自然资源的产权角度将生态补偿理解为一种资源环境保护的经济手段，将生态补偿机制看成调动生态建设积极性，促进环境保护的利益驱动机制、激励机制和协调机制。鉴于资源开发利用中存在大量的生态环境问题，许多国家和地区通过采用不同的经济手段，试图通过对资源开发利用过程中人与人间的行为方式进行制约，进而解决资源消耗和生态破坏等问题，体现出通过经济手段调动人们生态环境保护的思想。经济外部性理论是制定生态补偿经济政策手段的基础，该理论认为应当采取措施将某种商品成本（或效益）的外溢效应内部化，即通过一系列措施改变某种商品的行为人（生产者或消费者）自身并不承担生产或消费这种商品所产生的有害或有益的副作用的情况，使行为人承担其所造成的外部不经济性的后果或者享受外部经济性的成果。

近些年来对生态补偿的研究得到许多学者的关注，他们从不同的角度探讨生态补偿的内涵和概念。随着经济发展过程中出现的不同的生态建设和环境保护问

① Holden E, Linnerud K, Banister D. Sustainable development: Our Common Future revisited [J]. Global environmental change – human and policy dimensions, 2014, 26 (1): 130 – 139.

② ［苏］图佩察. 自然利用的生态经济效益 [M]. 金鉴明, 徐志鸿译. 北京: 中国环境科学出版社, 1987.

③ 庄大雪. 流域生态补偿标准及生态补偿机制研究 [J]. 环境与发展, 2019, 31 (2): 209 – 210.

题，生态补偿这一概念在我国的发展也日益迅速和多样化。逐步从生态学意义发展到了经济学意义的生态补偿。

早在 1987 年张诚谦就提出生态补偿是指从利用资源所得到的经济收益中提取一部分资金并以物质或能量的方式归还生态系统，以维持生态系统的物质、能量在输入、输出时的动态平衡①。这一概念已经具有了经济学意义的萌芽。之后一段时间，生态补偿通常通俗地作为一种赔偿的代名词，大概是从生态环境补偿费的角度进行说明的。后期，经济学意义的生态补偿的概念发生了变化衍生，由单纯的对生态环境造成破坏的人进行处罚收费发展到对生态环境的保护者进行补偿，与此同时将由于生态建设导致的地区间发展机会的公平问题放在重点位置。

李文华等②从各种角度，包括经济学、生态学等方面对生态补偿概念重新进行了整理，同时参考大多数学者的意见，提出生态补偿是利用经济效益的方法，激励人们对于生态系统的稳定进行维护，解决相关的由于市场机制崩溃所造成的生态效益的外部性，同时保持社会发展的公平性，达到生态与环境的共同平稳发展的目标。这一概念可以说是比较全面的生态补偿概念，它全面考虑了生态学与经济学在生态补偿方面上的互补性，提出两个方面的内容：一方面在人与生态的关系上提出激励人们对生态环境的维护与培育，另一方面在人与人的关系上提到了外部性的补偿问题。禹雪中（2011）③ 认为，生态补偿的目的和主要方式分别为保护和可持续利用生态系统服务、经济手段，从而调节利益相关者关系，减少或消除外部性的制度安排。广义的生态补偿从奖励和处罚两方面入手，奖励对保护生态系统和自然资源所获得的效益，并且给予破坏生态系统和自然资源所造成损失的补偿，并且对环境造成破坏者进行一定的处罚。

上述不同学者的观点显示，在我国的生态环境保护与管理中，生态补偿的含义可以归为以下几点：①支付所享受的生态服务的费用，如对所保护的资源产物进行的支付手段。②补偿生态环境本身，如《关于在西部大开发中加强建设项目环境保护管理的若干意见》（环发〔2001〕4 号）中就对重要生态用地提出了"占一补一"的要求。③对具有重大生态价值的区域或对象保护性投入，如森林

① 付意成. 流域治理修复型水生态补偿研究［D］. 中国水利水电科学研究院，2013.

② 谭秋成. 资源的价值及生态补偿标准和方式：资兴东江湖案例［J］. 中国人口·资源与环境，2014，24（12）：6 – 13.

③ 禹雪中，冯时. 中国流域生态补偿标准核算方法分析［J］. 中国人口·资源与环境，2011，21（9）：14 – 19.

和西部的生态补偿等。④生态破坏赔付，即将经济活动的外部成本内部化，利用经济手段对破坏生态环境的行为进行管控，如生态环境补偿费的概念。⑤生态保护补偿，即对个人或区域保护生态环境或牺牲发展机会的行为予以补偿，相当于绩效奖励或赔偿。

党的十八大报告明确指出，建设生态文明，是关系人民福祉、关乎民族未来的长远大计。习近平总书记强调："环境就是民生，青山就是美丽，蓝天也是幸福。要像保护眼睛一样保护生态环境，像对待生命一样对待生态环境。"生态文明建设关乎整个中华民族的整体利益，利于国家，利于人民。中共中央、国务院《关于加快推进生态文明建设的意见》提出了研究制定生态补偿方面的法律法规；"十三五"规划首次将生态文明建设纳入五年规划。生态文明理念已日渐深入人心——从顶层设计到全面部署，从最严格的制度到更严厉的法治，生态文明建设扎实有序推进，越来越多的人深刻认识到：保护与发展并不矛盾，青山和金山可以"双赢"。这在客观上要求加快建立生态补偿机制，以切实保护自然生态环境，促进各个区域之间、流域之间、经济发展与生态环境之间的相互协调。

2.2.2 流域水生态服务功能

生态系统服务功能（Ecosystem Services）维持了人类生存以及赖以生活的环境基础，提供了人类所需的各种物品①，包括医疗、器械、食物、水源等，它对地球的生态系统起着重要的作用，人们的生活离不开它，它维持了地球生活与自然界的稳定。

生态系统的体现是以水为主体的流域。在来来往往的物质循环与交流中，水体与外界的能量交换与循环，产生了净化能力，同时也具备了消化污染物的能力。从其服务性和功能性可以看出，它是人类赖以生存和发展的重要物质基础和保障。

不同方位其生态系统的种类是不同的，主要是受地理位置经度、纬度和气候等因素的影响。生态系统两类基本类型是森林和河湖库，任何湖泊和流域都具有这两种类型。

---

① Costanza R，Farley J. Payments for ecosystem services：From local to global ［J］. Ecological Economics，2010，69（11）：2060－2068.

（1）森林生态系统主要服务功能。森林是自然界资源最为丰富的场所，它含有丰富的有机碳、大量的基因、广阔的资源、充足的能量和水源。森林不仅向人类提供木材、淀粉、蛋白质等众多产品，而且还能够涵养水源、减轻自然灾害、调节气候、调节和储存生物多样性等生态功能。此外，森林还具有一些"备用"功能，例如医疗保健、陶冶情操、旅游休憩。所以，森林有维系地球生命系统平衡的作用，森林生态系统的这些作用即是其生态服务功能[①]。

1）水源涵养。国内外研究成果表明，森林具有类似于水库调节水量的功能，它可以通过枯落物持水、林冠截留、土壤贮水对大气降水进行重新分配，调节水域流经的时空分布，因此具有显著涵养水源的作用。森林生态系统涵养水源功能可以表现在两方面：一是在洪水期可以调节水量、控制水灾；二是在干旱季节可以储蓄水源、及时补给。

森林在调节水量的功能中，其涵养水源功能是陆地生态系统中最强的生态系统类型，有"绿色水库"之称。森林涵养水源功能主要表现为：截留降水、沉积土壤水分、增援地下水、缓解蒸发、缓和地表径流、调节河川流量、调节水温变化和改善水质等。这一系列的特殊性质，使它在陆地生态系统中具有最大涵养水源能力，凭借其庞大的林冠、散落在地的枯枝落叶以及四通八达的根系，能够起到良好的蓄水和净水作用。

森林水质问题也被考虑到水文的研究中。研究结果表明，在森林植被日益退化的今天，河流中有害物质上升，水质量问题需要引起很大的重视。森林就像一个超大的污水处理器，提高水质的达标率，为人类生活提供危害低、用起来放心的水资源。

2）气体调节。森林生态系统对于维护大气中 CO_2 的稳定性发挥着重要作用。CO_2 作为树木光合作用的主要原料，是构成生物尤其是植物重要的物质基础。空气中的 CO_2 和 H_2O 被树木中的叶绿素所吸收，并将其转化成葡萄糖等碳水化合物，将光能转化为生物能并且贮存起来，同时释放出 O_2，发挥其光合作用。森林生态系统的纳碳吐氧功能，对于人类社会和整个动物界都具有重要意义。森林运用其光合作用，吸收二氧化碳、固定碳源，同时释放出氧气，这一功能可以说是无法替代的，是地球一切生命活动的基础。二氧化碳的排放量是导致

① 胡东滨，刘辉武. 基于演化博弈的流域生态补偿标准研究——以湘江流域为例［J/OL］. 湖南社会科学，2019（3）：114 - 120.

温室效应的主要原因，并且成为中国乃至全世界共同关注的热点问题，然而森林在其中发挥的作用无可估计。

3）土壤保育。森林土壤保育指由于树叶、植被、灌木等新陈代谢后掉落在地，日复一日，积累成片，在地面形成了一层保护膜，降低雨水、冰雹等下落对地表的冲击，预留下空气中的水分，防止其他物质对地面的侵害，还肥沃了土壤，使土壤结构更加牢固。森林土壤保育的主要作用在于：①丰富的植被散落在地，经过时间腐烂之后，其有益物质深入地面，丰富土壤；②由于土壤结构的牢固化，同时大面积的树木植被对风沙的阻挡，降低了风沙的侵害，同时风沙的形成也在减少；③树叶等掉落在地后，雨水不易直接袭击地面，从而减少了降水对地面的侵蚀作用，地下密密麻麻的根系，将土壤牢牢地黏合在一起，发挥其有效的固土作用；④有效地调节地表温度和湿度，改善局地湿温条件，森林掉落物可以使土壤富营养化，保持土壤肥力。

4）环境净化。生态系统环境净化顾名思义就是改善生态系统环境，具体说就是，降低污染物，减少废水、污水的排出，使空气的毒气浓度降低等，同时减少灾害。粗糙不平的树叶树枝表面、大量绒毛，可以分泌黏性油脂和汁液等，能吸附、粘着粉尘，降低大气中的含尘量。环境中的污染物对于生物体的健康会形成一定的危害，这个时候一些微生物就能发挥自身的作用吸收空气中的有害物质，转换为能为动植物所利用的有益产物，达到净化的作用。

5）生物多样性维持。生物多样性可以说是森林生态系统的产物，它为无论处于什么阶层的生物提供了赖以生存的场所，使地球上的生物都可以在这个圈子里代代相传、繁衍进化。森林生物多样性是其本身所拥有的一项产品，那些在森林生活环境中发现的各种物种是新药物、遗传资源等非木林产品的来源。甚至地球圈上的森林产品与服务都在某种程度上依赖于森林物种多样性。从这个意义上说，保护生物多样性对于维持人类赖以生存的环境是不可忽视的。

6）气候调节。森林生态系统可以发挥气候调节的作用，主要是调节森林中的温度和湿度，控制降水量，使森林中的温控系统达到一个平衡模式。在森林这庞大的支系下，树叶、虫草都是这温控系统的一员，使森林内形成一种小环境，保持各自的稳定，温度湿度不会因为外界的影响而发生太大的变化，使水平衡调节达到一个稳定的状态。

7）防风固沙。森林防风固沙可以从降低风速和改变风向这两方面显现出来。森林中凭借各种植被的躯干的枝叶，能够有效降低狂风的肆虐，起到防风罩的作用。风吹过森林时树枝树干可以抵挡部分风力，此时风被打乱，四处钻入缝隙中，有效地减少了风力的肆虐，消耗能量。森林不但可以降低风速，它庞大错乱的根系，又起到稳定沙土的作用，从而可以大大削弱风的挟沙能力，逐渐把流沙变为固定沙丘。植被的残渣落叶可以为土壤带来有机质，借而培肥贫瘠的土壤，增加更多植物生存的可能性。植被截留降水，适当地改善当地温湿条件，最终形成固沙植被。防护林不仅改善了自然环境，而且增加了作物产量。例如，沿海防护林可以阻挡台风长驱直入，减轻风害带来的损失。我国举世瞩目的"三北"防护林工程就是运用了森林涵养水源、保持水土、防风固沙等这一系列功能，取得了巨大效应。

8）产品提供及文化功能。森林生态系统中林木较为茂密，能够为人类提供食物及大量的生活原材料，特别是木材、工业原料、多品类的食物，都是人类赖以生存的物质基础。

森林生态系统也有着它的文化功能。这主要体现在非物质形态的利益获取，包括以森林生态系统为基础形成的文化多样性价值、教育价值、美学价值、森林游憩价值等。

（2）河湖库生态系统主要服务功能。河湖库生态系统是水体生态系统的一个重要类型，它是系统内的生物群落与环境相互作用的统一体。环境主要包括气候、能源等，生物群落则由生产者、消费者和分解者所组成。河湖库生态系统的功能主要体现在以下几个方面：

1）淡水供应服务功能。河湖库是淡水贮存和保持的重要场所。它对于动植物的生长发挥着重要的作用：一方面，它能够为人类以及其他生物生存提供所需淡水；另一方面，所有植物的生长和新陈代谢都离不开淡水。因此，在保障动植物生长的同时，河湖库生态系统为人类饮水、农业灌溉用水、工业用水以及城市生态环植用水等提供了保障，河湖库淡水供应服务价值由水量和水质共同决定。

2）均化洪水服务功能。河湖库生态系统能够帮助减少灾害的发生，特别是在洪涝灾害方面。系统内的河道在洪涝季节，能够在一定程度上蓄洪、排水。通过水文自动调节，洪涝期间可以降低水的流速，而干旱季节储存的水流又能用于灌溉。河湖库生态系统中湿地的蓄水能力极强，能够在枯水期为河川径流补水，从而起到循环调节作用，这大大提高了水资源的利用。因此河湖库生态系统是多数自然灾害的良药，并且对生态灾害有良好的调节功能。

3）水能提供服务功能。水力发电就是其中之一，它的效能转换形式是由于河流因地形地貌的落差从而产生并储蓄了丰富的势能。众多的水力发电站借此而兴建，为人类提供了大量能源。根据相关资料显示，截至 2020 年，我国水电总装机容量将达到 3.8 亿千瓦。同时，在河水的浮力特性下水运事业得到快速发展，人工运河由此而被建造用来发展水运。

4）物质生产功能。河湖库生态系统中自养生物将自身合成的初级有机物传递给异养生物，经过自身取食后进而由其进行次级生产，所形成的产品为人类生存发展提供了必备的物质基础。

5）维持生物多样性。河流生态系统不仅为各类生物物种提供繁衍生息的场所，包括洪泛区、湿地及河道等多种多样的生境，还维护了生物多样性。包括为生物进化提供环境，为物种改良提供相应的基因库。

6）生态支持及环境净化。河湖库生态系统的生态支持功能具体体现在水文自动调节、气候变化、涵养水源等方面，这在很大程度上支持了生态系统的稳定。从环境净化的角度看，系统内的生物群落能够有效吸附水中的悬浮颗粒，特别是水生动物能够起到分解者的作用，将某些有机体进行分解，这极大地促进了河湖库生态系统中物质的循环利用，大大减少了污染物的残留，也改善了水质情况。

（3）流域生态系统的经济调控与社会服务功能。经济调控功能主要包括为人类提供直接产品以及间接产品（中间产品和最终产品），从而满足市场需求①②③。通过市场交易，实现产品的价值及增值过程。从社会精神层面来说，流域生态系统能够作为人们提供休闲娱乐的文化场所，例如野游、漂流等活动。而很多流域包括林区、革命老区等，具有更为特殊的社会文化功能。

早在 20 世纪 80 年代森林资源价值核算研究就把我国的生态系统服务功能及其价值评价工作加入讨论范围。李金昌等④在《生态价值论》中总结了森林生态服务价值计量的理论和方法，并提出利用社会发展阶段系数来校正生态价值核算

① Hoekstra AY, Chapagain AK. Water footprints of nations：Water used by people as a function of their consumption pattern ［J］. Water Resources Management，2007，21：35-48.

② 李小云. 生态补偿机制：市场与政府的作用 ［M］. 北京：社会科学文献出版社，2007.

③ 常亮. 基于准市场的跨界流域生态补偿机制研究——以辽河流域为例 ［D］. 大连：大连理工大学，2013.

④ 李金昌. 生态价值论 ［M］. 重庆：重庆大学出版社，1999.

结果。基于黑河流域生态服务功能评价的相关研究，张志强等[①]在 1∶100000 lnadsattm 图像解译数据表明，2000 年的生态系统服务功能的经济价值、生态服务的经济价值比 1987 年减少 32.658×108 元，其总价值是 1999 年 GDP 的 1.425 倍；赵成章等[②]使用条件价值评估法（CVM）方法，研究黑河流域居民的生态系统服务功能支付该地区意愿，结果表明，黑河流域的居民恢复张掖地区生态系统服务的平均最大支付意愿是每户每年 45.9~68.3 元。赵云峰[③]通过将其分为河流、水库、湖泊和沼泽四种类型，构建了 5 个直接价值指标和 7 个间接价值指标对流域生态服务功能进行评价。

总之，国内外还没有形成公认的成熟体系对于生态系统服务功能内涵、指标体系和评估方法。由于实际经验缺乏，造成价值评估方法有待改进。所以，目前对于流域生态服务功能的评价仍处于探索阶段，仍需要进一步深入系统的研究。

2.2.3　流域水生态补偿概念及原则

流域是以河流为中心由分水线包络而成的，涵盖了从河流源头到河口的完整、独立、自成系统的水文单元。在行政管理方面，国家为了进行分级管理而实行的行政区域划分又将流域在地理上人为"割裂"为不同的区域。在水资源管理方面，我国实行流域管理与行政区域管理相结合的管理体制，由于地方政府对于经济利益管理的相对独立，并且主要以本地区的经济利益为主要方向，因而在水资源管理的工作中，不协调性就会体现出来，它包括区域间水资源的开发与利用[④]，而且在数量和质量上看流域内水资源的开发利用有着不同程度的竞争性。此外，水资源利用或保护正负两方面的外部效应会随着水循环流动由上游向下游转移，这就不可避免地在各行政区域之间产生利益冲突：一方面，在流域上游，人们对水资源的过度开发很有可能造成下游水资源的缺少以及水污染问题的严重化；另一方面，流域上游水资源由于处于保护状态而开发利用程度较低，这使得

①　张志强，徐中民，王建，程国栋. 黑河流域生态系统服务的价值［J］. 冰川冻土，2001，23 （4）：360 – 366.

②　赵成章，王小鹏，任珩. 黑河中游社区湿地生态恢复成本的 CVM 评估［J］. 西北师范大学学报（自然科学版），2011.

③　赵云峰. 跨区域流域生态补偿意愿及其支付行为研究——以辽河为例［D］. 大连理工大学，2013.

④　周晨，李国平. 流域生态补偿的支付意愿及影响因素——以南水北调中线工程受水区郑州市为例［J］. 经济地理，2015，35（6）：38 – 46.

其保持了良好的生态环境质量，在水循环流动的作用下下游地区能够分享到来自上游优质充足的水资源。

现实情况中，大多数流域的上游区域相对于下游区域经济匮乏，贫困人口居多，生态建设比较薄弱，从而导致发展上游地区经济与保护流域生态环境的矛盾十分突出。流域上下游区域间的经济发展程度差距日益加大，原因主要在于上下游生态治理目标的不一致，以及实施与受益主体在经济上的不对等。在此过程中，流域上下游区域间的无序竞争通常会导致水资源的过度开发和生态用水的长期挤占，进而导致江河断流、湖泊湿地退化、水污染严重、区域发展不协调等突出问题的出现，严重危害到人民群众的身心健康和社会的公共安全。

为落实科学发展观，建立健全生态补偿机制，促进流域内各行政区域在水资源节约与生态保护建设方面的协同工作，解决流域水资源开发利用过程中所出现的实施主体与受益主体相矛盾、付出成本与获取效益不一致这一问题，切实推动流域水资源及水生态相关保护，有必要建立流域内区域间生态补偿机制，推动流域区域间的协调发展。

流域生态补偿是在生态补偿概念的基础上发展而来，其作为寻求实现水生态价值多元化的一种综合手段，是协调当前社会发展进程中经济发展与生态资源开发利用间矛盾的一种有效策略[1][2][3]。

流域水生态补偿的内涵和要求，从多个角度反映出控制地下水超采、治理河湖健康、恢复水环境、水生态脆弱河流生态修复的重要性和急迫性。《国务院办公厅关于健全生态保护补偿机制的意见》（国办发〔2016〕31号）指出：近年来，在建设生态保护补偿机制方面取得了阶段性进展，但还存在一系列的问题，包括生态补偿标准较低，利益相关者缺乏良性互动机制等。此外，意见中还提到中央财政给予支持的横向生态保护补偿，建立用水权、排污权、碳排放权初始分配制度等。

基于此，流域水生态补偿应当遵循以下原则：

（1）公正原则。构建流域生态补偿制度目的可以理解为对流域上下游区域

---

① 高敏雪.《环境经济核算体系（2012）》发布对实施环境经济核算的意义［J］.中国人民大学学报，2015，29（6）：47－55.

② Engel S., Pagiola S., Wunder S. Designing payments for environmental services in theory and practice: An overview of the issues［J］. Ecological Economics, 2008, 65 (4): 663–674.

③ 张惠远，刘桂环. 流域生态补偿与污染赔偿机制［J］. 世界环境，2009（2）：34－35.

在流域生态保护和利用过程中的付出与收益的失衡进行调控，该原则以平等利（害）交换关系为核心。

（2）政府补偿与市场补偿相结合原则。简单来说，政府管制机制与市场的手段相结合的办法更有利于社会的进步。市场补偿主要发挥市场的流通功能。总之，补偿手段需要灵活性以及多样性，灵活运用宏观调控和市场的微观调节能力，采取"政府补偿与市场补偿相结合"原则更加有效地实施生态补偿。

（3）水质和水量相结合的原则。水质、水量彼此是统一的，若重水量而轻水质，水量再多，质量不过关，会产生水质性缺水，资源不能满足需要；反之，若良好的水质得到保证，而水量却在基础线以下，水资源再好，同样也未能满足需要。由此得出，在制定流域上下游的生态补偿的机制时，水质和水量都要纳入考虑的因素内。只有水质和水量同时发挥效益，才能更好地发挥流域水资源的作用，促进经济、社会的共同发展。流域区是一个有机整体，流域生态的保护与破坏，无论是上游还是下游都会受到影响，所以上下游之间共同治理才是主要方式，此方式的实施就要通过横向财政转移支付。流域水生态的补偿应是下游对上游所给予的补偿。有人运用横向转移的支付方法，分析出了上游若造成流域污染，就必须对下游进行补偿；有人认为应用协商的解决方式，建立多层次并且相互联系的协商机制①②③④；有人认为解决跨界水污染是首先需要采取的。周海炜等提出了多条跨界水污染的治理办法，并且同时分析了我国跨界水污染发生的系统性和治理机制的运行特征⑤。金正庆、孙泽生提出了一个生态补偿机制构建的分析框架，他们是从监督激励视角出发⑥。

（4）"广泛参与"原则。这是针对生态补偿过程中参与利益相关性的人们采取的一条选择性原则。为了使补偿机制的管理和运行更加有效率、民主化、透明化，争取到补偿过程中相关利益方的广泛参与以及公众的舆论和监督是首要选择

①　徐大伟，涂少云，常亮，等. 基于演化博弈的流域生态补接利益冲突分析［J］. 中国人口·资源与巧境，2012（2）：8–14.

②　李宁，王磊，张建清. 基于博弈理论的流域生态补偿利益相关方决策行为研究［J］. 统计与决策，2017（23）：54–59.

③　曲富国，孙宇飞. 基于政府间博弈的流域生态补偿机制研究［J］. 中国人口·资源与环境，2014，24（11）：83–88.

④　胡蓉，燕爽. 基于演化博弈的流域生态补偿模式研究［J］. 东北财经大学学报，2016（3）：3–11.

⑤⑥　李昌峰，张娈英，赵广川，莫李娟. 基于演化博弈理论的流域生态补偿研究［J］. 中国人口·资源与环境，2014，24（1）：171–176.

性。此外，"广泛参与"原则不仅有利于保护和提高参与者的利益，同时也有助于进一步加强公众的环保意识、提高公众参与环保的积极性。

2.2.4 流域水生态补偿分类

流域生态补偿主要包括生态保护补偿和生态破坏赔付两个方面①②③④。

流域水生态保护补偿机制是指根据"谁来保护，谁来受益"的原则，采用经济手段为激励水源地的生态保护与建设，改善水源地生态环境、维护水源地生态系统服务功能。下游地区向上游地区补偿因提供高于基准的水生态服务而投入的成本，从而实现利益方生态及利益的分配关系，促进地区间公平与协调发展的一种制度安排。大多数情况下水生态保护补偿是发达地区对不发达地区的一种经济补偿，以此弥补欠发达地区因保护水源地生态环境而丢失的发展机会。

流域水生态污染赔偿是指按照"谁污染，谁治理"的原则，当水资源的利用或污染超出总量要求或低于标准时，在下游治污费用增加的同时，也有可能对下游造成直接经济损失，则上游应该承担下游地区成本并赔偿对其造成的损害。

2.3 流域生态补偿理论基础

由上可知，生态补偿的基本理论还是一样的，都是为了解决资源与环境保护领域的外部性问题，使其能够相互平稳地利用，达到一种动态平衡，从而实现开发与保护的协调性，促进可持续发展。流域生态补偿的基本理论主要包括以下几方面：

---

① 王军锋，侯超波. 中国流域生态补偿机制框架与补偿模式研究 [J]. 中国人口·资源与环境，2013（2）：23-29.

② 阮本清，许凤冉，张春玲. 流域生态补偿研究进展与实践 [J]. 水利学报，2008，39（10）：1220-1225.

③ 李国英. 流域生态补偿机制研究 [J]. 中国水利，2008（12）：1-4.

④ 许凤冉，阮本清，王成丽. 流域生态补偿理论探索与案例研究 [M]. 北京：中国水利水电出版社，2010.

2.3.1 补偿的生态学基础

生态补偿机制的基础是对自然资源环境利用的不可逆性。具体的要素资源和综合的环境资源，分别为：土地、生物、水、矿物等；环境容量、气候、生态平衡调节等，它们是人类生存和发展的基本条件。

人类社会经济活动与自然资源环境一直以来都是密不可分的。人类的经济生产活动在从自然界获取生活所必需的资源的同时，又将生产废物排向环境，损害环境资源。从物质需求上看，资源与能量的交换关系是不可逆的，它规定了资源流动方向的不可逆性，自然资源环境作为一种向人类的供应体，总是处于被消耗的状态。

从系统论的观点来看，在环境和社会的关系中，环境承载有个饱和点，一旦超过这个饱和点，环境的平衡就被打破，从而反过来对人类反噬，其伤害是巨大的。生态潜力主要是高规格的自然资源以及满足经济增长的大量资源，自然环境与生产、生活联系的持久性，它可以保证环境的自我治愈能力以及自我更新的稳定性。所以说，只有生态潜力的增长速度大于经济潜力的，自然资源与社会系统才能保持平稳有效地发展。

然而，在中国的现实情况是，经济潜力增长的速度大大超过了生态潜力增长的速度，这一结果导致生态系统内部稳定被打乱。综上所述，如果将恢复和维护已经受到破坏的自然资源环境及其生态潜力作为中国当前的首要目标，生态补偿就是达到这一目标最直接有效的办法。

2.3.2 补偿的法理基础

环境资源的产权界定是在补偿的法理基础上[1][2][3]。其就是对占有和利用资源的权利进行最初的分配。这样分配了初始权利，补偿和被补偿的责任和权利才能被明确出来。

但实际上，权利的分配的不同造成了在实际生活中发展的权利的不平等。这

① 孟雅丽，苏志珠，马杰等．基于生态系统服务价值的汾河流域生态补偿研究［J］．干旱区资源与环境，2017，31（8）：76-81.

② 李宁．长江中游城市群流域生态补偿机制研究［D］．武汉大学，2018.

③ 才惠莲．我国跨流域调水生态补偿法律制度的构建［J］．安全与环境工程，2014，21（2）：10-13.

样，下游的生态保护者比上游要遵守的法规相对较少或更多的权利分配，如在水质标准这一方面，对下游人们的经济行为放宽了更多的政策和调整，这种调整或政策另一方面说明对上游环境保护者发展权利的部分或完全丧失，是为了使生态享受者或受益者的权利可以有保障，因此需要一种补偿来平衡。

在具体的政策实践中，在不同的生态功能区内赋予了不同的人不同的权利，它就发挥着环境资源产权的界定或权利的初始分配这一功能。有了这一划分，能明确异型的补偿和被补偿的义务和权利。

2.3.3 自然资源的公共物品属性

在微观经济学上，社会产品在概念上可以相对地分为公共物品和私人物品。公共物品可供全社会成员共同使用、消费，具有以下四个特性[1][2]：①非竞争性。②非排他性，即个人的消费不会影响其他人的消费，更不会减少公共物品对于消费者带来的满足感。③强制性，指每个公民都会自动地获得该类物品，无论他们是否有意愿对其进行接受或消费。④无偿性，消费者不需额外支付任何费用，就能拥有物品的使用权利，不触犯任何法律法规，或者是低于物品成本价值的价格支付费用。

生态环境的非排他性特征，使人们的消费行为不会受到彼此消费的影响，某个人付出成本从而改善了生态环境，那么其他人也可以无条件地从中受益，因此人们都偏向于免费享受环境带来的价值。在现如今的市场经济下，如果每个人都有着这种思想，他们在利益的驱动下，无偿地开发利用生态环境资源，短期似乎都会受到相应的益处，但从长期来看，民众们都毫无节制地享用流域生态服务功能，这一心理，将会导致对流域生态资源的过度利用，造成生态资源的恶化，甚至环境资源的枯竭，造成难以想象的"公地悲剧"。事实上，我们肆无忌惮地滥用资源的后果，会让我们的子孙后代来承担环境不满压力而发起的处罚。

流域水生态资源是一种公共物品，它所表现出的非竞争性、非排他性和不可分割性都可以明显地感受到。例如，消费具有非排他性，流域上游通过努力提高了水质水量，受益的是流域中的主体，没有人能将任何一个人排除在外。消费过

---

① 邓宗豪. 基于两种产权观的我国自然资源与环境产权制度构建［J］. 求索, 2013（10）: 235 - 237.

② 华章琳. 生态环境公共产品供给中的政府角色及其模式优化［J］. 甘肃社会科学, 2016（2）: 251 - 255.

程没有竞争性，比如水资源有空气湿度的功能，在这片流域里无论怎么样增减变化，都不会对其造成什么影响。这些生态服务功能主要被那些居住在城市里的主体所享受，这种享受是不自主性的，不为人为意识所改变。因此，水源地生态服务可以说是一种公共物品，因为总体上它符合公共物品的三个特性。

作为一种典型的公共物品，由于非排他性而引起的"搭便车"思想和非竞争性带来的"公地悲剧"结局，都会引起一些不利现象。例如生态资源常常会出现供应不足或是消费主体过度需求，这样就应该制度创新，并减少消费量，以便增加保护力度。通过付费激励的方式，来改善生态环境建设，把每个人的切身利益联系到生态环境中去，将会大力地改善生态发展和经济建设的不平衡性。其中生态补偿机制就是支付补偿金，激励公共产品的足额提供，从而减少并避免不好现象发生。

2.3.4 流域生态资源的外部性理论

外部性又称外在性或外部效应，是指一个经济主体的行为影响另一个经济主体的效用，且这种影响没有通过市场价格进行买卖。

由于外部性会带来双面效应，庇古认为均可通过恰当的政府干预来解决。当产生正外部性即外部经济性，可由政府给予生产者相应的补贴，以促进其生产积极性。而对于产生的负外部性，政府应当采取征税政策，以限制其生产。征税与补贴方式的双重运行可使外部效应内部化。科斯认为，由于资源主体的权利与义务不对称导致产生外部性，而产权界定的不明晰则会导致市场失灵。这两者之间存在密切关系，因为产权对资源配置起到决定性作用，它能够减少外部性的发生并降低社会成本。

正外部性和负外部性也适用于流域水资源的开发和利用[①]。对流域的过度开发、利用导致的生态环境问题，包括水质污染、水量不足、水土流失等均是负外部性的体现。同时，为了弥补过度开发而进行的生态环境保护工作也会带来正外部性。在实践中，不同的政策途径在不同的适用条件和范围下，要根据生态补偿问题所涉及的公共物品的具体属性以及产权的明晰程度来进行细分。如果自愿协商的边际交易费用高于通过政府调节的边际交易费用，则宜采用庇古税途径，例如，通过征收生态税的方来解决补偿问题；反之，则采取市场交易和自愿协商的

---

① 肖健. 基于外部性理论的流域水生态补偿机制研究［D］. 江西理工大学，2009.

方法较为合适。如果两种方法相等，则这两种途径具有同价性。

私人边际成本效益与社会的边际成本效益由于流域生态环境的外部效应的存在而导致两者发生偏离，歪曲了流域水资源配置。一些破坏生态环境的行为没有得到惩罚，归于这些成本或效益没有在经营活动中得到体现，他人肆无忌惮使用保护生态行为产生的效益，使流域生态环境领域不能达到帕累托最优。因此，有效的流域生态补偿机制应被建立，奖惩明确，使流域生态服务外部性的内部化，从而达到上下游之间的和谐发展。

2.3.5　生态环境资本论

在各种围绕生态环境的讨论中，环境资源的价值性，以及如何实现环境资源的价值是两个重要的问题[①]。

在逐渐加深对生态环境破坏和服务功能的研究中，生态环境的价值越来越被人们所重视，其可以反映出生态系统市场价值、建立生态补偿机制的重要基础[②][③]。生态系统提供的生态服务应被视为一种基本的生产要素、一种资源，我们常说的"生态资本"便是生态服务或者说价值载体的体现。生态环境资本论物质属性和经济属性使得任何形式的经济模式的运行都离不开生态资本。为了实现其资源优化，达到最优配置，生态系统自然资源的天然使用功能，也体现了流域生态环境的价值和水资源的稀缺性。社会经济实现可持续发展的动力来自生态环境的资本化。

生态资本对于其他的人力、社会和物质资本有其不同的地方，包括供给阙能力、恢复能力、资本收益外部性等[④]。在生态环境所能承受的限度范围内，生态资本的供给能力不会轻易受到外界环境的影响，但如果超过这一限定，就会受到外部因素的影响。生态资本有着自身的可恢复性，就像水体的自净能力一样，长期的压榨和开发利用，超过生态资本的恢复能力，如果补偿不能及时到位，会影响整个流域的生态环境。同时，由于生态资本的自然恢复再生产周期较长，又受到各种不可预料因素的影响，它的保值和增值是一个非常缓慢的渐进过程。因而，流域生态补偿机制的设计和实施在其外部性的存在下显得尤为重要。其中，

① 李慧明. 环境资源价值探讨 [J]. 河北学刊, 2001, 21 (4): 13－16.
② 王钦敏. 建立补偿机制保护生态环境 [J]. 求是, 2004 (13): 55－56.
③ 李克国. 生态环境补偿政策的理论与实践 [J]. 环境与可持续发展, 2000 (2): 8－11.
④ 方大春. 生态资本理论与安徽省生态资本经营 [J]. 科技创业月刊, 2009, 22 (8): 4－6.

生态资本可以分为四个方面：①自然环境（及资源）的质量变化和再生量变化，即生态潜力；②自然资源总量（可更新和不可更新的）和废物转化能力；③生态环境质量；④生态系统人类社会生存和发展的有用性，表现在作为一个整体的使用价值，指呈现出来的各环境要素的总体状态。

在现代生态系统中，生态环境从自然到跨自然的转变主要是由于人类活动范围的不断扩大、活动程度的不断深入。在这个转变过程中，由于人类的介入使生态资源有了价值。生态资本理论有着重要的意义，这一理论的提出表明生态服务是一个聚集财富的宝箱，它能调整人和自然的关系，规范人们行为。作为生态环境的要素，生态资本在经济活动中就会倾向于遵照增值和保值的基本法则来进行，在分析对待生产中要素的同时，要保证不影响生态资本充分发挥其功能。合理利用开发生态资源要求保证生态资本能够增加其价值和数量。生态资本理论的提出，为实现社会经济的可持续发展奠定了理论基础。生态资源可以说是一种生态资本，而资本就必须要做到增值和保值两方面。增值就是要让生态资本能够产生福利，人们在利用和开发生态资本的过程中就能够带来社会价值和经济价值。保值则是要做到不降低生态资本的品质和数量，这就要人们做到保证生态资本的功能能够有序发展。除此之外，生态资本理论的提出，还能够在一定程度上大大提高资源利用的效率。从生态资本的属性上就能知道，它不是源源不息、用之不竭的，我们必须做到更充分、更有效、更好地开发和管理生态资本要素，即要尽可能地用最少的生态资本赢得最大的收益，发挥最大的作用和功能，这样才能够不断提高生态资本的利用效率。

2.3.6　流域生态环境价值理论

一般来说，生态环境的价值主要是从生态经济再生产的角度来研究并且是以马克思的劳动再生产价值理论为基础①②。其价值取决于消费的使用价值所需要的社会必要劳动时间，分为三个部分：一是利用劳动时间的开发利用过程中的生态环境；二是生态环境在简单的生殖过程中支付必要的劳动；三是劳动力投入扩张所需要的生态环境。生态环境所能提供的生态服务是稀有资源和生产生活的基本的生产要素，并且是一种自然资本、高效的配置和管理加入其中。

① 蒲志仲. 自然资源价值浅探［J］. 价格理论与实践，1993（4）：6－11.

② 马传栋，初晓京. 生态建设和环境保护的价值实现及其补偿机制［J］. 东岳论丛，2001，22（4）：20－24.

生态环境可以作为自然资源资本,生态环境系统可以发挥能量流动、物质转换和信息传递的功能,在生态环境的转换过程可以为人类生活提供不可缺少的资源和生态服务。其服务功能对人类具有复杂而多样化的价值。

长久以来,人们错误地认为资源是无限的,环境无价,这一错误观念一直围绕在人类的思想体系中。同样在社会活动和经济效益中也能看到这一观念。近期生态环境的破坏,由此而引发的一系列伤害使人类不得不重视生态环境的价值,所以流域生态补偿机制的理论基础由此而建立。生态环境在为人类提供产品的同时,它的其他一些功能为社会的发展带来更多的贡献。这就要求人们把内在价值考虑到与流域生态有关的经济活动或制定相关政策中。流域生态环境资源的价值可以分为生态价值和经济价值,生态价值即对生态服务功能价值的计量;而生态价值远大于经济价值,其损失和收益不易被检测,所以生态价值往往会被人们忽略。

流域生态系统的整体性随着人类对生存环境的质量要求不断提高,显得越来越重要,生态价值在这个过程中就凸显出来。流域生态补偿得到应用时,人们认识到无限地向生态系统进行索取,而不回报自然的做法是错误的。近年来,对于人类所造成的过失,可以通过流域生态补偿制度的研究、制定和实施进行补救,流域生态补偿的重点包括对已经受损的生态价值进行修复和补偿并且根据目前的经济行为对流域生态环境资源造成的影响征收补偿费用,只有做到对生态资源的有偿使用,才能更长久地利用自然资源。其中有偿使用的概念为:合理评估开发利用流域资源经济行为造成的生态影响,并重建、恢复流域生态环境,增进环境的创造价值的能力和潜力。

流域生态资源的价值是从对生态服务功能的价值计量的生态价值以及对提供产品的计量的经济价值[1]。Levrel H. 等的研究表明,公益性价值占流域生态资源的(包括生态价值)大部分,而经济价值却体现极少[2]。印度加尔各答农业大学德斯教授曾做过一种计算,一棵 5 年的树可以创造价值约 196000 美元。流域生态资源的生态价值是不可估量的,经济价值的损失与之相比相差太多。然而人们却忽视了流域生态价值。对受损的生态价值进行的补偿是流域生态补偿重点,究

① 黄湘,陈亚宁,马建新. 西北干旱区典型流域生态系统服务价值变化 [J]. 自然资源学报,2011 (8):1364–1376.

② Levrel H., Pioch S., Spieler R. Compensatory mitigation in marine ecosystems:Which indicators for assessing the "no net loss" goal of ecosystem services and ecological functions [J]. Marine Policy, 2012 (36):1202–1210.

其具体情况，具体的经济价值是可以度量的，比如说退耕还林和对污水排放的限制，但最难的是对水资源生态服务业的价值计量，在计量的时候，似乎唯有采用意愿调研评估和影子价格等间接市场价值法进行估算①②。

流域生态系统提供人类基本的生产要素和资源，在开发利用资源时，应考虑到其生态价值，生态价值一旦遭到忽略，并且自然和生态环境的容量不能再维系我们的生活，自我恢复能力得不到改善，生态价值就会降低，自然资源本身的价值就会被破坏，后续一系列重大生态灾害就会卷土而来。因此，应该保证合理地资源配置，有偿使用自然资源，补偿费用应该应用到流域生态环境中。

2.3.7 成本收益理论

环境污染使得流域内上游和下游之间花费的成本与所获得的收益不均等。上游地区繁荣了经济却忽略了环境，它们享受着经济的暂时性快速增长，却带来了严重的环境污染，而由于其地理位置的特殊性，使污染外溢至流域内的中下游地区，但并没有给中下游地区相对应的任何补偿。所以上游地区并没有承担相对应的成本，反而将成本转嫁给了中下游地区。或者是上游地区发挥保护水源地生态环境的重任，在外部性的存在下，中下游地区的人们就能享受上游地区所带来的效益，并且是无偿享用。因此，不平衡性由此产生，它们是流域内区域间生态环境污染和保护导致了成本和收益的差异化。

凭借公平原则，设置合理的奖惩制度，对于破坏环境的行为加以处罚，收取环境保护费用。对保护生态环境的行为给予鼓励，以多种形式奖励其做出的贡献。外部性的存在，上游地区人们如果将上游地区破坏，那么下游地区就会承受生态环境遭到破坏而带来的恶果。所以此时，上游地区应该接受相应的处罚。

通过减少流域内生活污水，改善工业废水的方式保护流域水源地水质和维持其水量。一旦这些污染物排进水中，流域水质就会遭到破坏。控制生活废水和工业污水的排放，最好的方式就是严格管理流域上游居民，主要措施为关、停流域内严重污染性的工业企业；其次要定期地检测流域水环境并且进行针对性的治理，建立水质监测站检测水体污染指数，对严重超标的污染物进行重点治理，保证水质恢复到标准；最后要提高流域水环境的自净能力，如通过建立流域防护林、退耕还林

---

① 张翼飞，陈红敏，李瑾．应用意愿价值评估法，科学制订生态补偿标准［J］．生态经济（中文版），2007（9）：28-31．

② 赵云峰．跨区域流域生态补偿意愿及其支付行为研究［D］．大连理工大学，2013．

等方式修复流域生态系统，提高流域水环境的稳定性。通过自然界物理、化学和生物作用，使受污染的水体经过自然净化，让水质恢复到最初的样子。

一般而言，流域生态保护行为所投入的成本包括直接成本、间接成本、预期投入成本和发展成本①②。其中，直接成本，表现在上游地区努力让水质水量达标，并且做出一系列的保护生态的投资活动，直接投资于林业建设、水土流失、污染防治等人力资源成本；间接成本是地方政府限制某些行业的发展，实现发展权利和停止损失，调节企业带来的严重污染，还包括生态移民的节水、生态保护的安置成本；预期成本将在未来进一步提高新流域水环境保护设施、水利设施、新环境污染综合治理工程等方面的质量和数量；发展成本是保护生态环境和发展权利的主要生态保护措施。

保护流域生态环境的外部性带来的经济效益和生态效益，使流域生态保护方自身所处环境和整个盆地（中下游），尤其是流域的中下游，均获得了很大的好处。流域上游的生态保护使整个流域都能受益。总的来说，流域上游生态保护的成本大于整个流域生态保护的成本，流域各行政区域的整体福利得到了改善。然而，在下游没有对生态流域上游的整个流域保护行为进行支付，根据公平的原则，应引入市场机制或由政府设置等价的成本和收益，补偿上游对中下游的流域生态保护行为。

2.3.8 可持续发展理论

美国女生物学家莱切尔·卡逊（Rachel Carson）发表的《寂静的春天》最早将"可持续发展"一词提出③。进入 20 世纪 80 年代后，"可持续发展"逐渐成为流行的概念。1987 年，"可持续发展"概念正式被提出，是以挪威首相布伦特兰为主席的联合国世界与环境发展委员会发表的一篇题为《我们共同的未来》的报告中："可持续发展是指既满足当代需求，又不损害后代满足其需求能力的发展"。这一定义得到广泛的认同，并在 1992 年联合国环境与发展大会上取得共识。我国的学者又对此定义作了如下补充："可持续发展是不断提高人类生

① 张乐勤，荣慧芳．条件价值法和机会成本法在小流域生态补偿标准估算中的应用——以安徽省秋浦河为例［J］．水土保持通报，2012，32（4）：158－163．

② 张兴国，张婕，杨柳娜．流域生态补偿标准中机会成本核算研究［J］．北方经贸，2011（10）：58－59．

③ 蕾切尔·卡森．寂静的春天［M］．张白桦译．北京：北京大学出版社，2015．

活质量和环境承载能力的、满足当代人需求又不损害子孙后代满足其需求能力的、满足一个地区或一个国家需求又未损害别的地区或国家人群满足其需求能力的发展"①。

可持续发展强调政治、经济、环境的多方面协调发展。可持续发展要求人们根据整体情况继续调整人们的生产和生活方式，个人及时调整自身的消耗量在生态消费总体允许的范围，最终实现合理地开发利用自然资源，保持适度的人口规模，协调经济发展与环境保护的关系。因此，可持续发展是社会、经济、生态三个方面的协调可持续发展。而人类社会能够持续进行发展的先决条件是资源持续利用与生态体系的可持续性。

人类生存和发展的物质基础是生态环境和流域自然资源，日益增长的人口数量无疑对环境来说是庞大的压力。流域生态可持续发展，需要生态承载能力与周边地区的经济发展相协调。流域的生态环境要建立在社会发展之上，秉承着可持续发展思想，合理使用流域生态资源和环境成本，使其不超过流域生态环境承受力。

对于发展比较落后的上流区域来说，为了经济的快速发展，不得不以环境牺牲为代价，虽然短期内，经济得到发展，但是从长远角度看，由此带来的损失是不可估量的。没有任何政策的压力下，流域沿岸城市为发展经济，对流域生态系统内抽取所需，生态资源由此而成为经济发展的踏板，自然环境的循环系统遭到破坏，与流域生态系统的可持续发展背向而驰。为了流域生态环境的可持续发展，在有效控制人口骤增和减少对生态系统过度索取的同时，制定生态补偿机制，恢复流域生态系统。流域生态补偿的目的是以经济手段调整经济行为，对流域生态系统自身的结构重新打造，增强其自身对破坏的恢复效力，从而保证流域内经济社会和生态环境的可持续发展。

综上所述，为实现人类社会及生态环境的可持续发展，建立自然资源所有者向生态保护建设者支付一定的费用，体现了所有者的经济利益，生态投资建设者使资源有偿使用的生态系统得到回报，以促进人类生态建设积极性，使生态价值得到持久性增值，从而实现流域生态的可持续发展。

---

① 张洪军．生态规划——尺度、空间布局与可持续发展［M］．北京：化学工业出版社，2007.

3　流域生态补偿标准核算模型及实证

3.1　流域生态补偿的主体及客体

主客体的界定是开展生态补偿实质性研究的重点，是实施补偿的关键[1][2][3]。对此，我国制定了相关的法律法规，但目前这方面尚未有具体可操作性的法律规定，生态补偿想要付诸实际操作还是存在一定的困难。因此，主客体界定的原则虽然已经确立，但实际操作仍然复杂，许多的补偿主体尚不明确，生态补偿机制仍然处于探索攻坚阶段。

中国水利水电科学研究院指出，生态补偿的主体是指"应当未支付或未完全支付的经济社会主体，包括向其他经济社会实体转移生态成本的责任主体，以及其他能从该过程中获得利益的经济社会实体"[4][5]。如果将经济社会系统模拟行政区域进行划分，则生态补偿的主体所应承担的责任相应地转移给该级政府进行承

---

[1]　叶文虎，魏斌. 城市生态补偿能力衡量和应用 [J]. 中国环境科学，1998，18 (4)：298－301.

[2]　王金南，万军，张惠远. 关于我国生态补偿机制与政策的几点认识 [J]. 环境保护，2006 (10a)：24－28.

[3]　杨光梅，闵庆文，李文华，甄霖. 我国生态补偿研究中的科学问题 [J]. 生态学报，2007，27 (10)：4289－4300.

[4]　中国生态补偿机制与政策研究课题组. 中国生态补偿机制与政策研究 [M]. 北京：科学出版社，2007.

[5]　陈尉，刘玉龙，杨丽. 我国生态补偿分类及实施案例分析 [J]. 中国水利水电科学研究院学报，2010，8 (1)：52－58.

担。类似于辽河流域这类涉及多个省份的生态补偿，其补偿主体则应由各省级政府进行承担。支付生态成本的途径是通过污染治理、环境保护和生态建设。而在中观和微观层次上，为代付其他社会经济实体生态成本或者因为其他经济社会实体生态成本的转移而受到损害的经济社会实体即为生态补偿的客体，包括对流域生态建设和保护有贡献的人和为流域减少生态环境破坏的人。

3.1.1　补偿的主体

公民是生态环境的占用者和自然资源的享用者，其作为生态补偿主体的情况主要包括在个人生活、家庭生活和个体经营活动中产生的外部不经济性行为。全体公民应当成为生态补偿的主体，使人们意识到生态环境破坏的不可逆性，自然资源的有限性，生态系统平衡的重要性，从而实现人类社会的永续发展。

发达国家对于当前的生态环境危机难辞其咎，理应承担起主要责任。从全球共同发展的角度来说，发达国家在处理好本国内的生态环境问题之余，还应向发展中国家提供资金和相关的技术援助。因此，外国政府也是生态补偿的主体之一。

对于同一流域而言，生态补偿主体包括：中央或当地政府（生态保护受益群体的最高代表者）和流域生态改善的受益群体社会团体，后者具体又可以分为该流域的水资源开发利用者、水资源消费者以及该流域其他生态效益的享用者[1][2]。水资源开发利用者主要指旅游、娱乐、养殖、交通运输等利用水资源进行经营活动的主体；水资源消费者主要是指依赖于该流域水资源的各级各类用水者。目前，对于生态补偿的受偿主体的解读，有两个主要观点：第一个观点认为，人类占用了流域上游的生态系统的绝大部分产出，所以其补偿主体应当由人类担任；第二个观点认为，当地政府和保护流域生态的群体对于流域上游区域及周边地区乃至整个流域生态环境建设既有投入又有牺牲，甚至因此滞后了该区域的经济发展，应该受到相应补偿。

跨流域调水的生态补偿中涉及的利益主体主要有水源区、输水区、受水区，该类生态补偿的补偿主体是指受水区的居民、企业和政府，而受偿主体则是指水

①　杜万平. 完善西部区域生态补偿机制的建议［J］. 中国人口·资源与环境, 2001, 11 (3): 119 - 120.
②　毛显强, 钟瑜, 张胜. 生态补偿的理论探讨［J］. 中国人口·资源与环境, 2002, 12 (4): 38 - 41.

源区的居民、企业和政府，由中央政府宏观调控，水利部门主导实施①②。

3.1.2 补偿的客体

生态补偿的客体是指从事生态环境建设，使用绿色环保技术或者因生活地、工作地位于特定生态功能区或经济开发区因而正常的生活、工作或者其他发展受到不利影响的，依照法律规定或合同约定应当得到物质、技术、资金补偿或税收优惠等的社会组织、地区和个人等③④。主要有以下几类：

（1）生态环境建设者。为保障下游地区水资源的持续利用，耗费人力、物力、财力，甚至牺牲当地的经济发展，因此，流域下游区域和国家对上游地区，理应支付相应补偿。

（2）生态功能区内的地方政府和居民。在生态区域内，环境是第一位，产业准入标准高，这显然不利于功能区内经济的发展，该区的经济、生活水平提升受到制约。对于生态功能区发展方面受到的影响，该区的地方政府和居民理应得到相应的补偿。

（3）水源污染的受害者。污染物排放对水环境造成破坏，导致公民人身财产受损，因此也应得到补偿。

（4）国家。国家兼具补偿主体与客体两种身份。国家得到的补偿费用将在国家的统一部署下流转应用于属于全民所有的生态环境的建设和保护，向社会和国民提供足额的生态产品和生态服务。

（5）积极采用生态环保的新技术并为此支付更高成本的企业也应得到相应补偿。

（6）从事生态环保建设工作的个人也在补偿客体的范畴。

虽然我们可以按照利益相关者在特定生态保护或破坏的事件中所应承担的责任和所处的地位界定补偿的主客体，但将理论付诸实施尚且存在一定的困难。对于生态补偿的主体，其涵盖面之广使各类生态建设受益者的补偿额度难以被量

---

① 陈瑞莲，胡熠. 我国流域区际生态补偿：依据、模式与机制 [J]. 学术研究，2005（9）：71 - 74.

② 杨丽韫，甄霖，吴松涛. 我国生态补偿主客体界定与标准核算方法分析 [J]. 生态经济（学术版），2010（1）：298 - 302.

③ 吴保刚. 小流域生态补偿机制实证研究——兼论水资源保护开发和污染治理 [D]. 西南大学，2006.

④ 陈颖，廖小平. 论利益衡平视域下湘江流域生态补偿 [J]. 时代法学，2013，11（6）：27 - 35.

化，因此现阶段的补偿主体主要以各级政府代表人民利益的形式来操作。单纯依靠政府实施生态补偿，资金方面难免会出现补偿不足或缺乏延续性，这是生态补偿所面临的重要的问题。对于生态补偿的客体，特别是为生态保护做出牺牲或贡献的，以及在生态破坏中利益受损的，由于其在生态保护和恢复过程也将享受到生态系统带来的利益，因此在补偿中人们容易将其忽略。

因此，在进一步的研究中，应在明确界定生态补偿主客体的基础上，深入分析其所享受的和损失的利益，重点着眼于解决利益的量化难题。同时，从以上分析中我们发现：目前我国生态补偿主客体的界定多以"人的利益"为衡量标准，而忽略了自然生态系统的补偿需求。对于被破坏的自然生态系统，生态补偿机制中应将其作为主要对象，充分考虑对其进行生态重建。

3.2 流域水生态补偿原则

根据流域生态补偿的定义，结合我国现有环境保护相关法律规定，综合国内外相关文献，实施流域生态补偿应遵循以下原则[1][2][3]：

（1）开发者保护、破坏者恢复原则。因为环境资源的开发利用而造成的生态破坏，应由开发者按照"开发者保护、破坏者恢复"的原则承担相应的生态补偿责任。

（2）受益者补偿原则。受益者均应为生态环境的改善支付相应的费用。当受益者比较明确时，其应对享受的生态利益支付一定的"生产成本"或"购买单价"；当受益主体不明确时，则应由政府作为公共产品的供给者通过财政补贴的方式，或进行转移支付来对这部分额外收益进行"购买"。受益者补偿原则是针对生态环境改善的受益群体所采取的一条重要原则。

（3）保护者受偿原则。生态保护行为具有较高的正外部效应，对生态保护

① 宋鹏臣，姚建，马训舟，吴小玲. 我国流域生态补偿研究进展［J］. 资源开发与市场，2007，23（11）：1021 – 1024.

② 董正举，严岩，段靖，王丹寅. 国内外流域生态补偿机制比较研究［J］. 人民长江，2010，41（8）：36 – 39.

③ 刘力，冯起. 流域生态补偿研究进展［J］. 中国沙漠，2015，35（3）：808 – 813.

者给予一定的补偿，意在鼓励人们进行生态保护的积极性，并从某种意义上批判和阻止社会上一些人"搭便车"的心理及行为。保护者受偿原则是针对生态环境保护者所采取的一条重要原则。

（4）公平性原则。生态补偿的公平性原则一般包括三种，即代内公平原则、代际公平原则以及自然公平原则。其中，代内公平原则侧重于协调好流域内各级政府、相关企业以及居民之间的生态利益；代际公平原则主要是指兼顾当代人与后代人的长久生态利益，保证后代能享受到与当代至少同等的生态环境及资源；自然公平原则更多是指进行生态补偿后的恢复工作方面。

（5）可操作原则。生态补偿涉及多方利益，只有当补偿的政策、资金、措施、内容、标准等都具有可操作性时，才能真正将生态补偿措施落到实处，从而达到保障生态补偿工程可持续性的目的。

（6）"输血"与"造血"相结合的补偿原则。生态补偿初期一般以受益者向资源效益保护者提供经济补偿为主，即外部"输血"。在此基础上，水源地应积极并合理有效地利用自身资源优势，实现自身经济发展，唤醒并提升当地经济的"造血"功能。

3.3　流域水生态补偿机制

流域生态补偿主要涉及利益主客体界定、补偿标准核算、补偿手段和方式、监督评价等方面[1][2]。流域生态补偿机制作为一种新型的资源环境管理模式，是流域生态补偿实践的关键。通过明确流域内相关主体的权、责、利，建立流域生态补偿机制（见图3-1），可以有效解决资金供求矛盾。

对于流域生态补偿原则，2006年时任国务院总理温家宝在"十一五"规划开始实施时召开的全国环境保护大会上提出，建立生态补偿机制，完善生态补偿政策。这是中国最高领导层首次明确提出生态补偿纲领，流域生态补偿通常与生态补偿原则保持高度一致。该原则明确指出流域生态资源的受损方理应得到合理

① 李宁. 漓江流域生态补偿机制研究 [D]. 桂林理工大学，2014.
② 张乐. 流域生态补偿标准及生态补偿机制研究——以淠史杭流域为例 [D]. 合肥工业大学，2009.

的经济补偿，流域生态资源的受益者理应有偿使用。明确流域生态补偿主客体即明确"谁补偿（赔偿）谁"。一般地，主体是流域生态环境改善的受益者或流域生态环境受损的污染者；客体是为流域生态环境改善的建设者或流域生态环境污染的受害者。

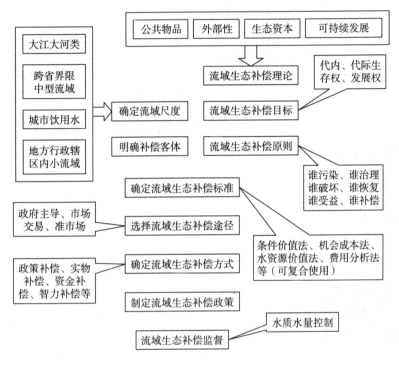

图 3 - 1　流域生态补偿机制结构

补偿途径有政府主导、市场交易和准市场三种模式[1][2]。但目前，我国的流域生态补偿途径主要是政府主导模式，由中央和地方政府通过行政和公共财政支付等手段直接对生态建设进行自上而下的纵向转移支付及同级政府间横向转移支付[3][4]。这种模式虽然效率高而且容易实施，但因为由政府直接采取财政转移支

① Lu, S. B., Shang, Y. Z., Li, Y. W. A Research on the Application of Fuzzy Iteration Clustering in the Water Conservancy Project [J]. Journal of Cleaner Production, 2017, 151: 356 - 360.
② 胡续礼, 张旸, 杨树江, 张祖兴, 张春平. 浅析水土保持生态补偿机制建立的理论基础及实现途径 [J]. 中国水土保持, 2007 (4): 6 - 8.
③ 李磊. 我国流域生态补偿机制探讨 [J]. 软科学, 2007, 21 (3): 85 - 87.
④ 赵光洲, 陈妍竹. 我国流域生态补偿机制探讨 [J]. 经济问题探索, 2010 (1): 6 - 11.

付很难体现流域生态补偿原则，所以导致上下游之间的约束力不强，同级政府之间补偿的积极性也不高。相比较而言，市场交易模式和准市场模式是今后发展的主要方向。市场交易模式是在产权是明晰的、产权可以自由交易、交易费用为零这三个假定的基础上，通过市场化手段来实现对水源区的补偿。目前，虽然在实践中已经出现水权交易、排污权交易等市场交易模式，但是因流域水的流动性导致产权难以界定，进而使流域生态补偿的市场交易模式的功能发挥受到了一定限制。准市场模式是流域上下游地区之间的补偿，下游直接对上游生态保护建设相关费用进行补偿，该模式明确了补偿与受偿双方各自责任义务，且两者间约束性较大。

流域生态补偿功能实现的载体也就是流域生态补偿的方式，主要有资金补偿、实物补偿、政策补偿、异地开发、智力补偿、项目补偿、水权交易等形式①②。

3.4 生态补偿标准核算方法

生态补偿资金的重要作用在于“将生产和消费行为中正的生态环境效益体现在经济行为主体的私人收益中，以缩小和弥补在生态环境保护中私人收益与社会收益之间的差距”③。“从外部性的角度来看，水源保护区生态补偿标准的理论值应该是在上游地区进行生态建设和环境保护中外溢的那部分外部收益”④⑤。生态服务外溢很难定量衡量和评估，所以生态补偿标准的核算方法也有多种，因此，本书从生态保护成本与生态价值两方面探讨其核算方法（见图 3－2）。

---

① 俞海，任勇．流域生态补偿机制的关键问题分析——以南水北调中线水源涵养区为例［J］．资源科学，2007，29（2）：28－33.

② 宋红丽，薛惠锋，董会忠．流域生态补偿支付方式研究［J］．环境科学与技术，2008，31（2）：144－147.

③ 中国生态补偿机制与政策研究课题组．中国生态补偿机制与政策研究［M］．北京：科学出版社，2007.

④ 张乐．流域生态补偿标准及生态补偿机制研究——以淠史杭流域为例［D］．合肥工业大学硕士学位论文，2009.

⑤ 胡仪元．流域生态补偿模式、核算标准与分配模型研究——以汉江水源地生态补偿为例［M］．北京：人民出版社，2016.

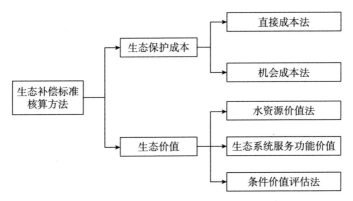

图 3-2 生态补偿核算方法

3.4.1 生态保护成本核算方法

水源区经济社会发展落后，还得承担较大的生态保护与环境建设任务，牺牲自己发展为其他地区提供生态服务，这不仅加大了投入成本，还因为产业限制而丧失了投资、引资机会，发展受限进一步抑制了发展能力和生态保护投入能力，经济发展与生态保护的矛盾加剧。因此，水源区生态补偿标准应从投入成本与效益分享两方面确定，同时要考虑预期成本与预期效益分享问题。在投入成本上，不仅包括了生态保护设施、劳动等投入补偿，还包括了因发展机会损失所带来的机会成本补偿。

3.4.1.1 直接成本法

（1）直接成本法的核算体系。直接成本是指"上游地区为保护和建设流域生态环境而直接投入的人力、物力和财力"[1]。包括三类：一是生态环境保护和建设成本；二是污染物综合治理成本；三是其他成本。其中，生态环境保护和建设成本包括生态林建设成本、水土保持成本、水利工程成本、生态移民成本和自然保护区建设成本；污染物综合治理成本包括点源污染治理成本、面源污染治理成本和环境监测监管成本；其他成本包括生态农业建设成本、节水措施成本和相关科技成本[2]。具体释义如表3-1所示。

---

① 杨光梅，闵庆文，李文华. 我国生态补偿研究中的科学问题 [J]. 生态学报，2006，27（10）：4289-4300.

② 段靖，严岩，王丹寅. 流域生态补偿标准中成本核算的原理分析与方法改进 [J]. 生态学报，2009，30（1）：221-227.

表3－1　直接成本核算体系

成本类型	序号	指标	指标释义
生态环境保护和建设	1	生态林建设成本	流域上游为涵养水源、提高森林覆盖率投入费用，包括退耕还林、公益林建设、封山育林、林业资源保护、森林病虫害防治等投入
	2	水土保持成本	流域上游地区进行水土保持项目建设和水土流失综合理投入费用，包括小流域治理、治坡工程、治沟工程等投入
	3	水利工程成本	流域上游地区为更好地开发利用水资源而修建工程投入费用，包括引水工程、提水工程、蓄水工程及地下水资源工程等投入
	4	生态移民成本	流域上游地区为缓解水源涵养区的自然生态压力，将位于生态脆弱区和重要生态功能区的人口向其他地区迁移所发生的费用，包括移民补偿款、基础设施损失和建设投入费用
	5	自然保护区建设成本	流域上游地区为保护重要生态功能区和建设自然保护区投入费用，包括这些区域建设、运行和维护费用
	6	点源污染治理成本	流域上游地区治理点源污染投入费用，包括城镇污水和垃圾、工业废水的相关配套设施建设及其处理费用
	7	面源污染治理成本	流域上游地区治理点源污染投入费用，包括农业面源染、畜禽养殖污染及农村居民生活垃圾和生活污水处理费用
	8	环境监测监管成本	流域上游地区环保职能部门在对流域环境监督管理工作投入费用，包括水质水量监测、环境检察队伍建设、核辐射环境监管、环境科研水平以及环境信息和宣教能力提升等投入
	9	生态农业建设成本	流域上游地区进行生态农业建设投入费用，包括沼气设施建设、秸秆资源化建设、农村垃圾资源化技术、有机肥和生物农药的开发和研制以及农用化学品管控等投入
	10	节水措施成本	流域上游地区为保证水量进行的节水改造、提高用水效率等投入费用，包括小型蓄水设施建设、集中供水工程建设、工业企业节水设施改造、节水农田灌溉设施建设、农业渠道防渗等费用
	11	相关科技成本	流域上游地区为改善生态环境进行的科研经费投入，包括科研项目、科普活动等投入

（2）直接成本法的核算方法。直接成本的核算方法相对简单，可通过直接市场评价法确定，也可通过查阅相关资料获得数据，因此直接成本法核算结果的准确性主要取决于核算体系的科学性。直接投入成本的核算有静态和动态两种核算方法，区别在于是否考虑投入资本本身的时间成本。直接成本静态核算就是

仅把某区域一定时间内的环境保护与生态建设投入，加总求和直接求出成本额；动态核算的直接成本则要考虑到投入从开始发生到获得生态补偿时间差内的时间成本，即生态保护投入资本的时间机会成本，由于生态保护投入所造成的资本占用，丧失了其他投资机会更使本来就发展滞后的水源区受到了更大的资本约束①。

3.4.1.2　机会成本法

（1）机会成本法内涵。在流域生态补偿中，机会成本一般指水源地为了全流域生态环境而放弃的部分资源利用、产业开发所遭受的最大收益损失。主要包括两个层面：一是在水源保护和严格的环境标准约束下，所遭受的污染企业关停带来的损失，以及具有一定污染性的企业引资限制损失，具体包括原有企业关停或限产带来的产值损失、失业损失、地方财政收入损失，引资限制所造成的预期产值损失、预期就业损失、预期财政收入损失等。二是在加大生态环境保护投入条件下，造成了生产性资本减少，以及由此带来的利润和发展机会损失，如污水处理、水土保持工程建设等投入占用了资本，挤占或剥夺了该资本被用于其他产业开发，其他产业可投入可使用的资本量减少，资本短缺矛盾进一步被激化；而水源保护区投资项目减少、收益减少，对当地居民和企业发展造成了更大限制。

因此，为确保水源地生态环境保护工作的长期顺利实施，必须对被"限制"或"禁止"发展（主要针对工业）的特定区域进行最基本的经济补偿，其标准足以弥补因限制或放弃发展机会而付出的机会成本。

（2）机会成本的核算方法。机会成本作为一种潜在收益损失或发展机会丧失，不像商品生产或提供服务那样有直接的投入成本付出或收益收入下降，因此，计算起来比较困难，也存在较多争议，但是，存在损失是实实在在的，也是一致认同。其补偿额度确定一般采取调查法或间接替代计算法核算，前者是根据人们的补偿意愿和相关统计数据确定其实际应补偿额度；后者则通过一定的参照对象进行对比分析确定出间接损失额度。本书采用间接替代计算方法进行核算，其计算公式为：

$$P = (G_0 - G) \times n \tag{3-1}$$

式中，P 表示补偿金额（万元/年）；G_0 表示参照地区人均 GDP（万元/人）；

---

① 段靖，严岩，王丹寅. 流域生态补偿标准中成本核算的原理分析与方法改进［J］. 生态学报，2009，30（1）：221-227.

G 表示水源保护区人均 GDP（万元／人）；n 表示水源保护区总人口（万人）。

这种模型考虑因素较少，便于计算。但正因为考虑的因素少，导致机会成本额可能没有反映真实补偿情况，如仅计算了 GDP 差异，无法准确计算因生态保护而失去的资源开发和项目引进带来的收益损失，而这些又是机会成本的重要组成部分。因此，在实际操作中，需要分析生态补偿中机会成本的各组成部分，从而对机会成本法进行修正。

机会成本的核算还可以按照受损主体不同，从企业、居民、政府三个层面进行归集。企业机会成本可分为三类：一是因关闭、停办所产生的损失；二是因合并、转产带来的利润损失；三是迁移过程中发生的迁移成本和新建厂房成本。居民机会成本包括种植业收入损失和非种植业收入损失。政府机会成本包括直接税收损失和潜在税收损失[1]。

所以，水源生态保护机会成本是企业、居民户和政府三方主体机会成本的总和，核算公式为：

$$OC = EOC + IOC + GOC \qquad (3-2)$$

式中，OC 表示某区域生态保护机会成本总额；EOC 表示某区域内企业发展受限所遭受的损失、承担的机会成本；IOC 表示某区域居民户个人因投资领域或项目制约等所遭受的损失、承担的机会成本；GOC 表示某区域地方政府因生态环境保护所需要的各种额外投入增加所遭受的损失、承担的机会成本。

3.4.1.3 总成本修正模型

总成本修正模型对水源区的各项直接投入成本与机会成本进行加总，再通过"水量分摊系数、水质修正系数和效益修正系数"对核算出来的总成本适当修正，从而测算出总成本额度。其计算公式为：

$$Cd_t = C_t \times K_{Vt} \times K_{Qt} \times K_{Et} \qquad (3-3)$$

式中，Cd_t 表示生态补偿标准；C_t 表示总成本；K_{Vt} 表示水量修正系数；K_{Qt} 表示水质修正系数；K_{Et} 表示效益修正系数。

式中，$C_t = DC_t + IC_t$，DC_t 表示总成本，IC_t 表示间接成本。

总成本法较全面地涵盖了生态保护建设成本，且对其进行了水质水量系数修正。但在生态补偿中仅考虑其建设成本显然是不够的，这无法满足生态补偿的实际需要，如未考虑运营费用及折旧，这些问题在实际补偿中都是十分重要的，因

---

① 李彩红. 水源地生态保护成本核算与外溢效益评估研究［D］. 山东农业大学，2014.

而需要对总成本法进行修正方能计算出合理的补偿金额。

3.4.2 生态价值核算方法

水源保护区对流域生态环境的保护，使流域的生态价值有所增加，包括水量增加、水质改善、稳定水文、调节气候、保护土壤等，下游地区享受到这些生态增值，势必应该对水源保护区进行补偿，而生态增值的价值就是生态补偿标准，可作为生态补偿的最高值。生态价值核算方法较多，本书只介绍较为常用的水资源价值法、生态系统服务功能价值和条件价值评估法。

3.4.2.1 水资源价值法

长期以来，水资源低价甚至无价使用导致需求过度膨胀，造成了水资源严重浪费，也加剧了由此导致的多种经济社会矛盾[①]。由于水资源具有不可替代性和稀缺性，这就决定了可以运用经济手段对水资源进行管理，以实现其合理流动和有效配置。

在流域生态补偿中，水源区或上游地区为了保障供水的数量和质量，促进水资源供给和水源区生态环境保护的可持续性，进行了大量的人力、物力和财力投入，确保了水资源外部经济性效应的持续发挥。因此，对水资源价值进行科学计算既是生态补偿标准确定的基础，也是流域上下游之间水权交易的重要组成部分[②]。

目前，水资源价值的定价方法很多，主要有影子价格模型[③④]、边际机会成本模型、模糊数学模型[⑤⑥]、CGE 模型[⑦]、环境选择模型、供求定价模型[⑧]、水资源价值运移传递模型、条件价值评估法等。在计算生态补偿标准时，可以根据水

① 卢亚卓，汪林，李良县. 水资源价值研究综述 [J]. 南水北调与水利科技，2007，5（4）：50 - 52.

② 李怀恩，庞敏，史淑娟. 基于水资源价值的陕西水源区生态补偿量研究 [J]. 西北大学学报（自然科学版），2010，40（1）：149 - 154.

③ 姜文来. 水资源价值论 [M]. 北京：科学出版社，1998.

④ 袁汝华，朱九龙，陶晓燕. 影子价格法在水资源价值理论测算中的应用 [J]. 自然资源学报，2002，17（6）：757 - 761.

⑤ 顾圣平，林汝颜，刘红亮. 水资源模糊定价模型 [J]. 水利发展研究，2002，2（2）：9 - 12.

⑥ 韦林均，包家强，伏小勇. 模糊数学模型在水资源价值评价中的应用 [J]. 兰州交通大学学报，2006，25（3）：73 - 76.

⑦ 王浩，阮本清，沈大军. 面向可持续发展的水价理论与实践 [M]. 北京：科学出版社，2003.

⑧ 李永根，王晓贞. 天然水资源价值理论及其实用计算方法 [J]. 水利经济，2003，21（3）：30 - 32.

资源的市场价格，基于水质情况，运用水资源价值法对生态补偿额进行估算，其计算公式为：

$$P = Q \times C \times \delta_Q \tag{3-4}$$

式中，P 表示补偿额；Q 表示调水量；C 表示水资源市场价格；δ_Q 表示水质修正系数。

水资源价值法可以清晰地反映水资源价值，简单易用，但在实际补偿中往往因缺少市场公允价值而无法进行有效计算。

3.4.2.2　生态系统服务功能价值

（1）生态系统服务与功能的内涵。从某种意义上讲，生态补偿可以理解为是对生态系统服务功能的一种购买。所谓生态系统服务功能是指生态系统及其要素（或说其中的元素），其存在或利用给人类生存与发展所带来的效益或效果。前者如森林的存在本身就具有吸收二氧化碳、释放氧气、阻挡风沙、维护或保持生物物种与遗传多样性、吸尘净化空气等功效，水的存在可以湿润土地与空气、河流可以稀释有毒物质、冲洗河道等，这都是由其存在而决定的效能或效应，根本不需要人力"帮助"就会发生；后者如引水灌溉使农业丰收，矿物开采获得了资源，植物提取或合成了药物、材料与原料等，与前者的区别在于，它需要人的加工、修饰、转化与开发。世界物质性本性决定了人对物质资料的依赖，决定了人的生存与发展必须与物质世界进行物质、能量的交换互动，也就决定了一定区域和人口发展的基础与潜力、产业结构与发展特色，并为其经济社会的可持续发展提供支撑。康斯坎茨（Constanza）等曾将生态系统服务区分为 17 个类型[①]，如表 3-2 所示。

表 3-2　生态系统服务功能分类

序号	生态系统服务	生态系统功能	举例
1	气体调节	调节大气化学组成	CO_2/O_2 平衡，O_3、硫化物水平
2	气候调节	对气温、降水的调节以及对其他气候过程的生物调节作用	温室气体调节以及影响云形成的 DMS（硫化二甲酯）生成

① Harold Levrel, Sylvain Pioch, Richard Spieler. Compensatory mitigation in marine ecosystems: Which indicators for assessing the "no net loss" goal of ecosystem services and ecological functions? [J]. Marine Policy, 2012, 36 (6): 1202-1210.

续表

序号	生态系统服务	生态系统功能	举例
3	干扰调节	对环境波动的生态系统容纳、延迟和整合能力	防止风暴、控制洪水、干旱恢复及其他由植被结构控制的生境对环境变化的反应能力
4	水分调节	调节水文循环过程	农业、工业或交通的水分供给
5	水分供给	调节水文循环过程	农业、工业或交通的水分供给
6	侵蚀控制和沉积物保持	生态系统内的土壤保持	风、径流和其他运移过程的土壤侵蚀和在湖泊、湿地的累计
7	土壤形成	成土过程	岩石风化和有机物的积累
8	养分循环	养分的获取、形成、内部循环和存储	固氮和氮、磷等元素的养分循环
9	废弃物处理	流失养分的恢复和过剩养分有毒物质的转移与分解	废弃物处理、污染控制和毒物降解
10	授粉	植物配子的移动	植物种群繁殖授粉者的供给
11	生物控制	对种群的营养级动态调节	关键种捕食者对猎物种类的控制、顶级捕食者对草食动物的削减
12	庇护	为定居和临时种群提供栖息地	迁徙种的繁育和栖息地、本地种区域栖息地或越冬场所
13	食物生产	总初级生产力中可提取的原材料	鱼、猎物、作物、果实的捕获与采集，给养的农业和渔业生产
14	原材料	总初级生产力中可提取的原材料	木材、燃料和饲料的生产
15	遗传资源	特有的生物材料和产品的来源	药物、抵抗植物病原和作物害虫基因、装饰物种（宠物和园艺品种）
16	休闲	提供休闲娱乐	生态旅游、体育、钓鱼和其他户外休闲娱乐活动
17	文化	提供非商业用途	生态系统美学的、艺术的、教育的、精神的或科学的价值

（2）生态系统服务功能价值的内涵。生态系统服务功能价值不是其存在价值、理论价值或意义价值，而是生态服务系统的量化价值，也就是对生态系统服务所带来效益效应大小的价值量化，无论是其单纯的存在还是被利用、被开发所带来的效益效应价值量化。由于生态系统及其服务方式的特殊性，决定了其价值

核算的特殊性：一是以虚拟估算为主而不是商品价值的确定以交易的实现价值为主；二是生态系统的不同服务方式，其价值量化的方式方法各不相同。刘玉龙等（2005）认为，生态系统服务功能的价值主要包括直接使用价值、间接使用价值、选择价值和存在价值[①]。

1）直接使用价值。生态系统的直接使用价值是指生态系统的直接利用或生态资源的直接使用所产生的价值，包括农业（种植业和野生动物）、林业、畜牧业、渔业、医药业和部分工业产品加工品的直接使用价值，还包括生物资源的旅游观赏价值、科学文化价值、蓄力使用价值等。

2）间接使用价值。生态系统的间接使用价值是指生态系统通过一定的中介系统或介质系统间接地为人类社会的生存与发展所带来的价值或效益，如生命支持系统相关的生态服务——光合作用与有机物的合成、CO_2固定、保护水源、维持营养物质循环、污染物的吸收与降解[②]等，其对人生存、生产与生活的量化价值大小无法直接判断和核算，但可以从没有该项资源所带来的影响中明显地感受到，就像没有空气我们无法呼吸一样，尽管我们并不为呼吸的任何一点空气付费，因而，也就可以通过没有该项服务的价值损失大小和生产具有该项功能替代效应的资源所需成本进行虚拟估算。

3）选择价值。生态系统服务的选择价值就是人们对该资源使用时间的抉择，如果现在使用就会使其未来的直接利用价值、间接利用价值、存在价值等丧失；而留待未来使用，不仅其未来使用时的直接利用价值、间接利用价值、选择价值和存在价值依然存在[③]，而且在现在到未来利用期间发挥着其存在价值，这种资源储存就像把钱存入银行一样具有效应、产生收益。

4）存在价值。生态系统服务的存在价值是指生态资源存在本身所产生的效益或效应，这种效益或效应直接或间接带给人们影响，产生效益或效应。人们为了确保能够持续获得这种效益或效应，会主动地支付一定的费用对其进行培植和保护，从而形成维持生态资源存在的自愿价值支付。由生态系统服务所产生的存在价值既可以通过前述的虚拟方式核算，也可通过人们的支付意愿核算。

① 刘玉龙，马俊杰，金学林等. 生态系统服务功能价值评估方法综述［J］. 中国人口·资源与环境，2005，15（1）：88-92.

② 马中. 环境与自然资源经济学概论（第2版）［M］. 北京：高等教育出版社，2006.

③ 薛达元. 自然保护区生物多样性经济价值类型及其评估方法［J］. 生态与农村环境学报，1999，15（2）：54-59.

（3）生态系统服务功能价值的核算方法。随着环境经济学的发展，许多学者在生态系统服务功能价值的核算方面做了大量研究，也形成了多种核算手段，大致可分为三类：直接市场价值法、替代市场价值法和模拟市场价值法（见表3-3）。

表3-3　生态系统服务功能价值的主要核算方法

类型	序号	核算方法	核算特点
直接市场价值法	1	剂量—反应法	评价一定污染水平下服务产出的变化，并通过市场价格（影子价格）对这种变化进行价值评估
	2	生产率变动法	环境变化会对成本或产出造成影响，以这种影响的市场价值进行估算
	3	疾病成本法	以环境变化造成的健康损失进行估算
	4	重置成本法	以环境被破坏后将其恢复原状所需支付的费用进行估算
替代市场价值法	5	机会成本法	以其他利用方案中的最大经济效益作为该选择的机会成本
	6	影子价格法	以市场上相同产品的价格进行估算
	7	影子工程法	以替代工程费用进行估算
	8	防护费用法	以消除或减少该问题而承担的费用进行估算
	9	恢复费用法	以恢复原有状况需承担的治理费用进行估算
	10	资产价值法	以生态环境变化对产品或生产要素价格的影响进行估算
	11	旅行费用法	以游客旅行费用、时间成本及消费者剩余进行估算
模拟市场价值法	12	条件价值法	以直接调查得到的消费者支付意愿或者消费者接受赔偿意愿来进行价值计量

3.4.2.3　条件价值评估法

（1）概述。生态环境具有公共产品属性，其价值不能通过市场交易表现出来，因此多以条件价值评估法（Contingent Valuation Method，CVM）进行核算。所谓条件价值评估法就是通过市场模拟，以问卷或访谈方式，了解被调查者或被访谈者对某一项生态资源或环境质量的提供、保持或者享受所愿意接受的价格或支付费用。在提供、保持生态资源与环境质量的条件下所愿意接受的价格就是生态保护者的受偿（Willingness to Accept，WTA），相当于生态资源供给者在虚拟市场交易下，愿意生产和提供生态资源的价格，即生态资源的供给价格；在享受生态服务效益条件下所愿意支付的价格就是生态资源消费者或其外部效应享受者的支付意愿（Willingness To Pay，WTP），相当于生态服务购买者在虚拟市场交易下，愿意支付的生态资源价格，即生态资源的需求价格；通过这二者的平衡、拟合或讨价还价以估算出生态环境效益改善或环境质量损失的经济价值。这是典型的陈述偏好法，多用于估算生态系统中的存在价值和遗赠价值。

WTA 和 WTP 是从两个不同的角度衡量生态与环境物品价值，在实际应用中，两者差异非常大，所以，一般用 WTP 来评估生态环境的价值。原因在于：受访者可能给出不真实的 WTA；相对于 WTP 而言，同一个人可能会在不同时间对同一问题给出变化较大的 WTA；WTA 数值太大，不真实①。

（2）条件价值法评估的技术类型。条件价值法评估技术可通过直接询问调查对象的 WTA 或 WTP；间接或推断调查对象的 WTA 或 WTP；或者根据专家意见来评估生态或环境物品价值等途径或手段实现。其中，常用方法有以下三种：

1）投标博弈法。投标博弈法根据既定假设条件，由被调查对象在不同水平下，对生态或环境物品及其服务的支付意愿或接受赔偿意愿做出选择或评判。具体操作又分为单次投标博弈法和收敛投标博弈法。

2）比较博弈法。比较博弈法也叫权衡博弈法，就是对调查对象在不同的物品价值和相应的货币数量之间进行权衡和选择。所选定的货币数量实际上就是从意愿角度反映出来的生态或环境物品价值，从而估算或推算出人们对该生态或环境物品对的支付意愿。

3）无费用选择法。无费用选择法就是根据调查对象在不同生态与环境物品或服务之间的选择来估算生态或环境物品的价值。实际上是根据被调查者的偏好排序或效用排序进行的一种价值估算，不是也不需要真正的成本或价值支付，因此是无费用的价值估算或核算。

（3）条件价值法评估的基本步骤。

1）确定范围。在调查前，先对拟调查问题进行研究，并选择调查方向。同时，为保证样本的代表性和有效性，应确定调查范围、目标人群、样本数量、引导技术等。

2）设计问卷。合理设计调查问卷对数据的准确性和可靠性起着决定性作用。在设计调查问卷时，应做到文字通俗易懂，问题简洁有序，答案力求全面。如时

___

① 赵进. 流域生态价值评估及其生态补偿模式研究［D］. 南京林业大学，2009.

间允许可先在小范围内进行预测试，以便及时找出问卷中存在的问题。

3）调查走访。根据引导技术，在目标人群中随机发放问卷进行抽样调查，并保证争取较高的问卷回收率。

4）数据分析。采用合适的统计方法来分析问卷数据，注意将偏差控制在可接受的范围内。

3.5　生态补偿量分摊方法

上游地区对流域生态环境的保护和建设，不仅能使下游受水区享有生态系统增值带来的好处，也能使上游调水区受益；而且在受水区之间，也应根据受益程度、经济水平不同而有所区别，所以调水区和受水区之间应建立公平合理的生态补偿量分摊方法。

3.5.1　流域生态环境建设的积极影响

3.5.1.1　受水区

流域上游地区的生态环境建设对受水区产生了重要的积极影响。

（1）提供优质、充足的来水。调水工程最核心的任务就是将水源区的优质水源直接补充到缺水地区，缓解受水区的水源危机，满足其经济发展需要。加强上游地区的生态环境建设，不仅可以涵养水源，为受水区提供充足的水量，还可以通过流水的自净能力防止水体污染，保障受水区水质安全。

（2）提高河道生态功能。水具有流动性，能冲刷河床上的泥沙，起到疏通河道作用，也能运输营养物质，维系生态系统的生产力。受水区一般河流水量较少，径流较低，导致河道泥沙沉积、河床抬高，使调蓄洪水和运输能力大大降低[1]。借助调水工程的水资源补充，可大大提高受水区河道的生态功能。

（3）改善区域环境。流域对维持区域内森林、草地、湖泊、湿地等自然生态系统功能具有不可替代的作用，如调节气候、净化环境、保持土壤、提供生境、补给地下水等。调水工程无疑可使受水区的区域环境得到极大改善。

---

① 王浩，陈敏建，唐克旺. 水生态环境价值和保护对策［M］. 北京：北京交通大学出版社，2004.

3.5.1.2 调水区

流域上游地区的生态环境建设也使其自身受益。①

（1）改善生态环境。由于调水工程对水质水量的要求较高，流域上游地区关停了大量污染严重的企业，使流域水质得到根本改善。同时，上游地区为涵养水源，大力开展退耕还林、生态林建设、水土治理等工程，使水源区森林覆盖率提高，抵御自然灾害能力增强，生态环境得到改善。

（2）调整经济结构。为保障水源涵养区的生态环境，流域上游一般都是限制发展区，高污染行业不能进入。表面来看，这是一种限制，制约了上游地区的经济发展；长远看来，这其实是一种契机，可以促进上游地区的产业升级、转型。上游地区的第一产业可以以污染较小的生态农业为主；适当降低第二产业比例，引入低能耗、低污染的高新企业，促进工业转型升级；大力发展第三产业，尤其是生态旅游业，使当地经济结构得到调整、优化。

3.5.2 生态补偿资金分摊量的确定方法

国外几乎不涉及生态补偿量的分摊，国内的研究也很少，以下仅对几种典型方法作出介绍。

3.5.2.1 人均国内生产总值基本法

生态补偿标准的确定必须兼顾公平与效率，坚持受益者付费、污染破坏和使用者补偿、保护者受益三种实施模式，但也要考虑负担水平，即负担得起问题，因此，可"用人均 GDP 作为计算指标，来确定各地的补偿系数"②。

流域水污染补偿作为流域生态补偿的一个重要分支同样适用于这三种实施模式。虽然这三种实施模式各有优缺点，但三者之间并不存在必然的优劣之分，只不过是适用范围不同。我国流域众多，不同流域的生态环境和经济发展水平都不尽相同，被污染流域的污染源和受污染程度也有所不同，由此引发的补偿主客体、补偿标准和补偿方式都会存在差异，不能一概而论，应根据不同流域的具体情况选择合适的补偿模式。

对于流经区域横跨多个省（市、自治区）的大型流域，如长江、黄河等流域，由于这类流域影响范围较广，补偿地区和受偿地区很难明确界定，补偿标准

---

① 史淑娟. 大型跨流域调水水源区生态补偿研究——南水北调中线陕西水源区为例［D］. 西安理工大学，2010.

② 张春玲，阮本清. 水源保护林效益评价与补偿机制［J］. 水资源保护，2004，20（2）：27-30.

的测算较为复杂，宜采用以政府主导模式为主、准市场化补偿和社会补偿为辅的补偿模式，再辅以排污权交易等市场化手段，同时争取国际环保组织等较大规模非政府组织的资金援助。

3.5.2.2 受益程度、支付意愿和支付能力综合法

福利水平均等化要求生态补偿额分担不仅要考虑下游受益区的受益程度，还应考虑其支付意愿和支付能力，[1] 也就是说，通过受益程度、支付意愿和支付能力相结合的方法来确定生态补偿资金的分摊量，可以实现公平与效率的有机结合。用公式表达就是：

$$r_i = \frac{q_i W_i p_i}{\sum q_i W_i p_i} \qquad (3-5)$$

式中，r_i 表示生态补偿资金分担率；q_i 表示受益程度系数；W_i 表示支付意愿；p_i 表示支付能力系数。

（1）受益程度。不同数量的生态资源或环境物品给相同或不同地区（个人）带来的效益（效应）存在程度上的差异，我们用受益程度表示。一般而言，人们的受益程度是与其所占有或享受到的资源数量成正比（不考虑边际效用递减规律作用，实际上，这种作用还是存在的，就像本来就水多的地方再输入水资源可能会泛滥成灾，本来就缺水的地方调出一部分水资源会使缺水问题更为严重）。所以，我们以引入水量（或分配水量）的多少为计算指标衡量人们的受益程度，也就是说，在假定引水量与受益区的受益程度成正比的条件下，可以直接用引水量指标衡量某地区（个人）的受益程度，则有：

$$q_i = \frac{Q_i}{\sum Q_i} \qquad (3-6)$$

式中，Q_i 表示取水量。

（2）支付意愿。对于横跨两个到三个省（市、自治区）的中型流域，如横跨江西与广东的东江流域、横跨安徽与浙江的新安江流域等，此类流域的补偿方和受偿方较为明确，但由于涉及两到三个行政区域，补偿机制的建立和补偿标准的测算都存在一定难度，宜采用以横向财政转移支付为主的政府主导型补偿模式，对于经济落后的地区，中央财政可以设立生态补偿专项基金，减轻地方财政的负担。同时政府也应鼓励补偿地区和受偿地区开展项目合作和对口援助。此

外，中型流域的水污染补偿也需要准市场化模式和社会自治模式的辅助。

对于省内或市内的小型流域，由于补偿方和受偿方比较明确，两者之间的利益协商也较为容易，适宜采用省级或市级财政为主导，准市场化模式和社会自治模式相结合的补偿模式。为避免出现"搭便车"现象，小型流域的补偿仍要以政府补偿为主，但是可以在公共财政资金的保障下积极探索多元化的市场补偿途径，如水权交易、排污权交易、生态标记等，此外还可以尝试开展环境责任保险。

（3）支付能力。实际的生态补偿资金支付是人们的生态补偿支付意愿与支付能力的统一，前者说的是一定主体愿不愿意为生态保护付出代价、支付成本；后者说的是一定主体有没有能力支付生态补偿资金支付，但是，支付能力是生态补偿资金筹集的关键性约束条件，收入水平的低下会使人们对生态补偿资金的筹集"无能为力"和"不得已"破坏生态环境。生态补偿资金支付能力衡量的关键指标是 GDP（区域）和可支配收入（个人），在这里我们用 GDP 作为支付能力系数的计算指标：

$$P_i = \frac{GDP_i}{\sum GDP_i} \qquad (3-7)$$

3.5.2.3 单指标法

单指标法就是以用水量、生态服务功能价值或人均 GDP 等某一项指标为依据来确定生态补偿资金支付额度的方法。

（1）根据受益区用水量确定生态补偿资金分摊的方法。以受益地区用水量为依据，确定各不同地区在生态补偿资金支付中额度或分摊数额，其受益系数由调水区和受水区两者从水源区的取水量比重来反映，依据各地区的受益量（如用水量等）采用平均成本定价方法进行分配。[①]

$$C_i = \frac{C}{\sum_{i=q}^{n} q_i} \qquad (3-8)$$

式中，C_i 表示第 i 个地区的投资分担值；C 表示总补偿金额；q_i 表示第 i 个地区的用水量。

（2）根据生态服务功能价值生态补偿资金分摊的方法。按照成本与收益对

---

① 史淑娟．大型跨流域调水水源区生态补偿研究——以南水北调中线陕西水源区为例［D］．西安理工大学，2010.

等的原则，享受生态功能服务就应该付出成本、支付相应的价格。同理，支付的价格额度也应该与其享受到的生态服务功能价值大小相匹配。一般而言，资源数量与该资源所产生的生态功能价值成正比，因而也就可以依据受水区所分得的水资源量确定其所应分担的生态补偿资金额度，其公式为：

$$E_i = \frac{w_i}{\sum\limits_{i=1}^{n} w_i} E \qquad (3-9)$$

式中，E_i 表示第 i 个地区的生态补偿资金分担量；E 表示生态补偿资金总金额；w_i 表示第 i 个地区分享的生态服务功能价值。

（3）根据受益区有效支付能力确定生态补偿资金分摊的方法。支付能力是实现生态补偿资金有效分摊的根本保证，而反映人们有效支付能力的指标主要是收入，在这里，我们用反映一个地区经济发展水平的人均国民生产总值来替代反映该区域居民的有效支付能力。其具体计算方法与人均国内生产总值基准法相同。

3.5.2.4 综合指标法

综合指标法就是为消除单指标法分摊所造成的各种片面性或不合理性，通过专家打分等办法对各单项指标进行权重赋值，从而形成对生态补偿资金分摊量的综合考虑与合理分摊。一般而言，需要综合考虑的因素主要包括用水量、效益、支付能力等。我们假定综合考虑的各因素的因子权重相等，则有：

$$C_d = C_m \times \frac{P_n + Q_n + H_n}{3} \qquad (3-10)$$

$$P_n = \frac{P'_n}{\sum\limits_{i=1}^{2} P'_n}, Q_n = \frac{Q'_n}{\sum\limits_{i=1}^{2} Q'_n}, H_n = \frac{H'_n}{\sum\limits_{i=1}^{2} H'_n}$$

式中，C_d 表示生态补偿资金分摊量；C_m 表示生态补偿资金总额；P_n 表示效益分摊系数；P'_n 表示受益地区受益量分配；Q_n 表示水量分摊系数；Q'_n 表示受益区域的用水量；H_n 表示水量分摊系数；H'_n 表示受益地区受益量分配。

3.5.2.5 离差平方法

离差平方法是一种加权综合法，不需要人为确定权重系数，而是以单个分摊方法接近多种分摊方法平均值的程度确定权重。

（1）离差平方法模型。离差平方法模型的基本原理就是根据某种分摊方法所确定的生态补偿资金分摊值与平均分摊值的关系来确定其权重系数，以对其补偿分摊量进行调节。一般而言，当某种分摊方法所确定的分摊值 x_i 偏离平均值分摊值较大时确定较小的权重系数；反之，则确定较大的权重系数，从而使其分摊额度差距过大的状况得到改善。我们假定分摊方法有 n 种，分摊权重系数函数为 w_i，则需满足以下三个条件：

1) $\sum_{i=1}^{n} w_i = 1$。

2) 离差平方 $(x_i - x)^2$ 与权重系数 w_i 呈反向变动关系，即 $(x_i - x)^2$ 较小时 w_i 则大；反之，$(x_i - x)^2$ 较大时 w_i 则小。

3) 以 C 表示综合分摊系数估值、x 表示期望综合分摊系数，则依概率 C 收敛于 x，其权重函数则为：$w_i = [(n-1) \times s^2 - (x_i - x)^2]/[(n-1)^2 \times s^2]$[①]，样本方差 $s^2 = \sum_{i=1}^{n} (x_i - x)^2/(n-1)$，综合分摊系数估值 $C = \sum_{i=1}^{n} w_i \times x_i$。

（2）权重函数满足条件的证明。对于条件 1) 的证明：

$$\sum_{i=1}^{n} w_i = \sum_{i=1}^{n} [(n-1) \times s^2 - (x_i - x)^2]/[(n-1)^2 \times s^2]$$
$$= [n(n-1)^2 \times s^2 - (n-1)s^2]/[(n-1) \times s^2] = 1$$

对于条件 2) 的证明：w_i 显然与 $(x_i - x)^2$ 存在反向变动关系，因此条件成立。

对于条件 3) 的证明：令 $y_i = nw_i x_i$，则有 $C = \sum_{i=1}^{n} y_i/n$。根据马尔可夫定理，随机变量 y_1，y_2，y_3，$\cdots$，y_n 的数学期望 $Ey_i < v$ 时服从大数定理，即存在任意小正数 v，有下式成立：

$$\lim_{n \to \infty} P(|\sum_{i=1}^{n} y_i/n - \sum_{i=1}^{n} Ey_i/n| < c) = 1$$

$$\lim_{n \to \infty} P(|\sum_{i=1}^{n} y_i/n - \sum_{i=1}^{n} E(nw_i x_i/n)| < c) = 1$$

$$\lim_{n \to \infty} P(|\sum_{i=1}^{n} y_i/n - E(nx_i/(n-1)) - \sum_{i=1}^{n} (x_i - x)^2 x_i/(n-1)s^2| < c) = 1$$

由于各种分摊方法所存在的偏差均为随机性偏差，所以也就只存在引起这种偏差的随机性误差，因此，对于任意 i 值，均存在 $Ex_i = x$，故而：$\lim_{n \to \infty} P(|\sum_{i=1}^{n} y_i/$

① 史淑娟．大型跨流域调水水源区生态补偿研究——以南水北调中线陕西水源区为例［D］．西安理工大学，2010．

$n-x| < \infty) = 1$ ，可见 $C \xrightarrow{P} x$。可见，离差平方法模型的三个条件均成立或满足。

3.6　生态补偿标准核算模型

本节按照成本补偿、效应分享、长效机制建设思路，以南水北调中线工程汉中水源地为例，从生态补偿的实际需要出发，构建出生态补偿标准核算的计量模型。该模型分为四个主要部分，分别是机会成本损失补偿、投入成本与运营费用补偿、经济红利分享、生态改善效应贡献补偿，其计量公式为：

$$M = OC + TC + EED + EEI \qquad (3-11)$$

式中，OC 表示机会成本损失补偿；TC 表示投入成本与运营费用补偿；EED 表示经济红利效应分享；EEI 表示生态改善效应贡献补偿。

3.6.1　机会成本损失补偿

本书所说的机会成本并不是传统意义上的机会成本。传统意义上的，机会成本仅仅是一项选择成本，而本书中的机会成本指的是因为放弃了资源的使用与开发所遭受的各项实实在在的损失，即水源地为了全流域生态环境而放弃的部分产业发展所遭受的平均收益损失（不是最大收益损失）。这种损失从表象上看是PPE 怪圈，即贫困—人口增长—环境退化的恶性循环，从深层次上分析是对生态功能区或水源区居民发展权利的一种剥夺：为保护水源而陷入"拿着金饭碗要饭"的情形。其计量公式如下：

$$OC = L_{al} + L_i + L_{eu} \qquad (3-12)$$

式中，L_{al} 表示规划区内水源地坡耕地价值损失价值；L_i 表示引资增量损失价值；L_{eu} 表示生态利用损失价值。

3.6.1.1　水源地坡耕地价值损失价值（L_{al}）

作为水源地的陕南地区有大量的坡耕地，山坡地占81%，其中大于25°的坡耕地占到38%以上。山大、沟深、坡陡极易造成水土流失，且治理难度大。在坡耕地侵蚀比例中，汉中为44.6%，安康为53.0%，商洛为66.1%，陕南平均侵蚀比例达53.16%。汉中山地占总土地面积的75.2%，其中高山占山地面积的

57.0%。为了有效保护水源、抑制水土流失，不得不限制坡耕地的耕种，这就使本来就有限的汉中耕地资源减少、人们的生产生活空间缩小、收入水平降低，因此，由限制坡耕地耕种所带来的各类作物收入损失应得到相应的补偿。其计量公式如下：

$$L_{al} = N \times R \tag{3-13}$$

式中，N 表示规划区内水源地陡坡耕地面积；R 表示水源区或其某区域每平方千米主要农产品产出价值总和。

$$N = area_{规划面积} \times (area_{陡坡面积} \div area_{总面积}) \tag{3-14}$$

式中，$area_{规划面积}$ 表示《丹江口库区及上游水污染防治和水土保持规划》中规定的规划治理总面积；$area_{陡坡面积}$ 表示水源区或其某区域内坡度大于 25°的陡坡面积，为水源区或其某区域内土地总面积。

$$R = \sum_{I=1}^{7} n_i \times x_i\% \times p_i \tag{3-15}$$

式中，n_i 表示水源区或其某区域内每平方千米各类主要农产品产出量；$x_i\%$ 表示水源区或其某区域内各类主要农产品占总产出比例；p_i 表示水源区或其某区域内各类主要农产品当年价格。其中，i 从 1 ~ 7 分别为小麦、稻谷、玉米、大豆、油菜籽、花生、蔬菜。

3.6.1.2 引资增量损失价值 (L_i)

资本不足是一个永恒的话题，资本约束使一个区域、一个企业丧失了许多发展机会。作为国家集中连片特困区的汉中受资本约束更严重，在亟须通过招商引资扩大生产的大背景下，却面临着因水源保护而不得不放弃一些有污染可能性的引资项目，因此应该得到相应的补偿，以体现当地居民主动限制污染企业所遭受的发展损失。这里没有考虑污染企业的关停并转所遭受的损失，其原因有三个：一是关停污染企业是水源保护的前期工作，具体来说，应该在南水北调中线①工程和引汉济渭工程开始实施之时就开始了的事情，到正式引水（工程完工）时，水源地的污染产业与污染企业都应该成为一个过去式。二是从长效机制角度来看，不让污染企业落地是水源保护的源头和根本，只要不增加污染性企业就不会有新的污染源增加，这是一个长效做法。三是节约成本，如果我们一边引进污染

① 胡仪元，杨涛. 南水北调中线工程汉江水源地生态保护及其对策调研 [J]. 调研世界，2010 (11)：26 - 28.

企业、发展污染产业，一边进行关停限制，无疑会增加很多成本，是得不偿失的。从源头上限制污染企业落地，由此所遭受的收益损失理所当然地成为机会成本补偿的一部分。其计量公式如下：

$$L_i = [AAI \div (HPI/TPI) - AI_{already}] \times [(AI_{already} - AI)/AI] \times p \qquad (3-16)$$

式中，AAI 表示近三年来汉中市平均引进资本量；HPI/TPI 表示现有污染企业工业产值占工业总产值的比重；$AI_{already}$ 表示最近一年已经引进的资本量；AI 表示上一年引进的资本量；P 表示工业企业平均利润率。

此处使用全国污染密集型产业占工业生产总值的比重来代替汉中市现有污染企业工业产值占工业总产值的比重。工业企业平均利润率以第二产业增加值除以年度工业总产值概略估算，也就是说，这里不是招商引资损失问题，而是招商引资所造成的增加值损失。

3.6.1.3 生态利用损失价值（L_{eu}）

上游地区对水资源及其相关资源消耗、开发和污染的增加，必然带来其总量的减少和中下游地区资源短缺的加剧。汉中对水资源开发利用和污染的减少惠及中下游、受水区，应该得到相应的生态补偿。水资源利用减少是我们选择的第一个重要衡量指标。水资源利用的直接后果就是中下游地区水资源供给减少或不足，特别是在干旱气候下水资源的争夺尤为激烈和显著，进而加大对水源的污染。这些利用主要包括：①水电开发。丹江口水库上游陕西段已建、待建、筹建黄金峡、石泉、喜河、安康、旬阳、蜀河和白河七座梯级电站，总兴利库容18.63亿立方米，总装机容量2217.5兆瓦，这对当地是一种能源开发和一项经济收入，而对南水北调中线和引汉济渭水源水量、水质、河道、水生生物等具有较大的负面影响。②生产生活耗水。高水耗农作物的大量耕种会导致耗水量增加，出现与中下游争水吃的局面。从人类生产生活方式的演进角度看，人首先是从直接利用自然资源开始的，丰富的自然资源导致人们对资源的浪费，在水资源丰富的地方人们缺乏节水意识，生产生活及其相应的技术支持都不是很注重节水问题，因此，保护水源就得改变水源地居民的生产生活方式，降低水耗，开发节水技术、发展节水农业等。汉江上游地区在人口增加、城市扩张、经济活动能量增强等多因素作用下，对水资源开发利用量会进一步提高，必将使水资源问题逐步显性化、突出化。产生的影响比较复杂，也难以通过预期准确估算，只能通过反映水资源供求状况的水价及其地区价差进行综合性估算。森林资源利用减少是我们选择的第二个重要衡量指标。森林资源除了具有净化空气、释放氧气、吸收二氧化碳等生态功能外，对其直接的林木采伐还能带来相应的经济收入。作为水源地，水源涵养和水源培固是保护森林的一项重要手段，这就使水源地居民不仅不能有效地采伐现有林木，还不得不扩大林地面积，提高森林覆盖率，因此当地居民投入增加了，林业产值和居民收入却减少了。为了方便计算，我们忽略对现有林木资源禁止采伐所带来的收益损失，仅仅考察增加林地的采伐价值损失（这里应该还有苗木投入成本，因其成本已经在"退耕还林工程费用、天然林保护工程费用"等各类工程费用直接成本中部分计量，故此忽略不计）。其计量公式为：

$$L_{eu} = L_{wu} + L_{fu} \tag{3-17}$$

式中，L_{wu} 表示水资源利用损失，L_{fu} 表示森林资源利用损失。拟使用全国水资源利用系数与南水北调中线工程汉中地区调水量以及天津市与汉中市的水价之差（水价因用途不同分为生活用水、工业用水与生态用水）的乘积来估算汉中市每年的水资源利用损失。此处需要从三个方面来加以说明：水资源利用损失的全部补偿额、受水区某区域（省、市、县等）补偿资金的分担额、供水区某区域（省、市、县等）受偿资金的分配额。

（1）水资源利用损失补偿总额计量公式：

$$L_{wes} = \sum v_{z_1} \times P_{zw_1} + \sum v_{z_2} \times \overline{P_{zw_2}} \tag{3-18}$$

式中，L_{wes} 表示水资源利用损失的补偿总额；v_{z_1} 表示受水区居民用水总量；P_{zw_1} 表示受水区与供水区之间居民用水平均价格之差；$\sum v_{z_2}$ 表示受水区非居民用水总量；$\overline{P_{zw_2}}$ 表示受水区与供水区之间非居民用水平均价格之差。

（2）受水区某区域补偿资金分担额计量公式：

$$L_{wus} = v_{s_1} \times P_{sw_1} + v_{s_2} \times P_{sw_2} \tag{3-19}$$

式中，L_{wus} 表示受水区某区域补偿资金分担额；v_{s_1} 表示某受水区调入的居民用水分配量；P_{sw_1} 表示受水区与供水区之间居民用水价格之差；v_{s_2} 表示某受水区调入的非居民用水分配量；P_{sw_2} 表示受水区与供水区之间非居民用水价格之差。

（3）供水区某区域受偿资金分配额计量公式：

$$L_{wug} = L_{wuz} \times \left(\frac{m_g}{m_z} \times q_1 + \frac{l_g}{l_z} \times q_2 + \frac{w_g}{w_z} \times q_3 \right) \tag{3-20}$$

式中，L_{wug} 表示供水区某区域受偿资金分配额；L_{wuz} 表示水源区某区域受偿资金分配额；m_g 表示某供水区流域面积，m_z 表示水源区的总流域面积；l_g 表示某供水区的河流长度，l_z 表示水源区的河流总长度；w_g 表示某供水区的出境水量，

w_z 表示水源区出境总水量；q_1、q_2、q_3 分别表示流域面积、流域河长、流域水量的权重赋值。

L_{fu} 表示森林资源利用损失。拟使用汉中市新造林面积与单位面积林业产值之积来计算森林资源利用损失。

$$L_{fu} = A_{nf} \times V_{ua} \tag{3-21}$$

式中，A_{nf} 表示每年新增林地面积；V_{ua} 表示单位林地面积产值。

3.6.2　投入成本损失与运营费用补偿

成本补偿是社会资本运动的基本前提，是可持续发展的基本要求。成本补偿主要包括两部分：社会资本的价值补偿和实物补偿，前者体现在投入成本和运行费用的补偿上，如果生态保护设施的投入成本和运行费用无法得到持续的补偿，一方面无法形成有效的保护，如没有污水处理设施就不可能对污水进行处理，不加处理地排污无疑会对水质造成巨大损害；另一方面不能保证已经投资完成的生态保护设施得到有效利用，出现污水处理设施"晒太阳"情形。后者体现在固定资产的折旧上，缺乏必要的折旧生态保护设施就不可能得到实物上的替换，从而导致其持续保护的中断，也就是说投资建设的污水处理厂在其设备需要更新时还有没有足够的钱买得起这些设备，保证其保护作用继续进行下去。作为水源地居民而言，水源污染所造成的危害更多地为中下游承担，因此其保护动力不足、积极性不高，这更需要做好相关的设备设施投入、更新和换代工作，因此这一部分的补偿更为重要。其计量公式为：

$$TC = IC + OC \tag{3-22}$$

式中，TC 表示投入成本与运营费用的总和；IC 表示投入成本损失及其折旧；OC 表示运营费用。

3.6.2.1　投入成本损失及其折旧（IC）

$$IC = \sum_{i+1}^{6} C_i + A \times r \tag{3-23}$$

$$A = A(A_1 + A_2 + A_3) \times 100\% + A_4 \times 20\%$$

式中，C_i 表示各类工程费用直接成本（i 从 1~6 分别为生活污水处理厂建设成本、垃圾处理厂建设成本、退耕还林工程费用、天然林保护工程费用、小流域治理费用、企业环保投资费用）。A 表示固定资产投入原值，在六大类工程投资中，"生活污水处理厂、垃圾处理厂、企业环保设备"等投入中固定资产所占份额较大，可按100%计；而"退耕还林工程费用、天然林保护工程费用"多为一次性投入，需要的仅仅是年度的管护费用，计算在运营费用中。小流域治理费用所需要的堤坝维修费、清淤费等，可视同为固定资产折旧费，但其比例应该很低，可按照总投资20%的占比概数确定。其中，A_1为生活污水处理厂建设成本，A_2为垃圾处理厂建设成本，A_3为企业环保投资，A_4为小流域治理费用。r表示折旧率。

3.6.2.2 运营费用（OC）

$$OC = F_{wp} + F_{wd} + F_{fm} \tag{3-24}$$

式中，F_{wp}表示污水处理费；F_{wd}表示垃圾处理费；F_{fm}表示森林管护费。

3.6.3 经济红利效应分享

水资源是一个社会最重要的生产要素和消费资料，其短缺会带来经济损失、生活不便和生态环境问题，相反，其利用、开发或状况改善都会带来相应的经济和生态效益。根据李善同等在《南水北调与中国发展》一书中的资料，南水北调中线工程北方受水区在水平年，因缺水造成的经济损失占其 GDP 的比重为22.9%；实施南水北调工程以后，到 2010 年，其国内生产总值增长收益可达到约 6846 亿元，财政收入增长收益可达到约 840 亿元。因此，南水北调中线工程和引汉济渭工程受水区因水资源的调入及其水环境改善，带来的经济收益和生态效益应该与供水区（水源地）进行分享。所带来的经济效应分享，即经济红利效应分享，通过调水后带来的 GDP 增量进行核算。其计量公式为：

$$EED = \Delta GDP_w \times w = (Q_民 \times P_民 + Q_非 \times \lambda) \times w \tag{3-25}$$

式中，ΔGDP_w 表示理论上受水区因调入水量带来的增量，它由调入水量中民用水量与水价、非民用水量与水资源弹性系数共同决定；w 表示分享系数；$Q_民$ 表示调入水量中民用水量；$P_民$ 表示受水区民用水价；$Q_非$ 表示调入水量中非民用水量；λ 表示水资源增长对国内生产总值增长的弹性系数（简称水资源弹性系数）。

3.6.4 生态改善效应贡献补偿

水源地的生态保护措施对全流域的生态改善起到了巨大作用，这一生态改善效应应计入对水源地的生态补偿中。生态改善效应贡献补偿主要包括两个方面：一是受水区因水资源的调入而使其缺水的状况及相应的生态环境状况得到有效改善。生态改善带来的经济效益或收益需要根据其水量配置情况，同供水区进行分享，以实现供水区与受水区、水资源供给与需求、水源保护与水资源开发利用等相互之间的平衡、受益共享、互利双赢与持续合作动力。二是水源地居民对水源保护的贡献补偿。水源地居民通过水土流失治理、森林资源培植、污染治理、节水设施、管理措施等一系列手段促使水源供给数量和质量得到保障和提升，对水源地居民水源保护的积极性行为给予相应的奖励，就是水源地生态改善效益贡献补偿。其计量公式为：

$$EEI = EEI_1 + EEI_2 ; \quad EEI_1 = EEI_r \times w ; \quad EEI_2 = \delta_Q \cdot \delta_v \cdot EED \qquad (3-26)$$

式中，EEI_1 表示受水区生态效应分享额。由受水区生态环境效益（EEI_r）与分享系数得到；EEI_2 表示水源地生态改善效益贡献补偿额；EEI_r 表示受水区生态环境效益；δ_Q 表示水质判定系数。根据《地表水环境质量标准》，水源地供水质量应该处于规定的三类（Ⅰ、Ⅱ、Ⅲ类）中，则若供水地出境水质优于Ⅲ类水时，该判定系数为1，即 $\delta_Q = 1$；若供水地出境水质为Ⅲ类水时，该判定系数为0，即 $\delta_Q = 0$；若供水地出境水质劣于Ⅲ类水时，该判定系数为 -1，即 $\delta_Q = -1$，以此作为生态补偿中水质的判定标准。δ_v 表示水量判定系数，$\delta_v = (Q_{实际调水}/Q_{任务调水}) \times 100\%$，$Q_{实际调水}$ 为实际调水量，$Q_{任务调水}$ 为任务规划调水量。调水量是南水北调工程的重要因素，应该作为衡量生态补偿大小的一个重要参考标准，本书拟将实际调水量与任务调水量之比的百分数作为水量判定系数，实际调水量越大，则水量判定系数也越大，应被补偿的金额也越多；反之，则越少。这符合汉水流域单一城市计算生态补偿时的实际情况。

3.7　汉江流域汉中水源区的生态补偿标准核算

根据《汶川地震灾后恢复重建对口支援方案》和国家南水北调受水区与水源地开展对口协作的重大部署，确定天津市为汉中市的对口协作或援助单位，因此本书仅以汉中水源地的纵向补偿与汉中—天津横向补偿进行实证分析，不考虑其他受水区与水源地的其他地市。

3.7.1　汉中水源区机会成本损失补偿

汉中市坡耕地价值损失计量公式为：

$$L_{al} = area_{规划面积} \times \frac{area_{陡坡面积}}{area_{总面积}} \times \sum_{i=1}^{7} n_i \cdot x_i\% \cdot p_i \qquad (3-27)$$

规划内水源地坡耕地价值损失相关数据如表3-4和表3-5所示。

表3-4　水土流失治理措施规划

县名	小流域数量（个）	土地总面积	水土流失治理面积	综合治理面积
汉台区	6	55600	15470	9645
南郑	36	165900	53789	33232
城固	61	226500	96827	39050
洋县	76	320600	147828	50874
西乡	67	287700	165894	52015
勉县	54	240600	130182	41030
略阳	27	81235	40507	19156
宁强	31	91855	66582	32246

表3-5　耕地统计

	小麦	稻谷	玉米	大豆	油菜籽	花生	蔬菜	合计
总面积（平方千米）	440.104	787.335	738.74	149.343	723.335	38.557	628.087	
产量（吨）	131407	501801	212690	17222	173841	11336	2143397	
产量比重	0.0412	0.1572	0.0666	0.0054	0.0545	0.0036	0.6716	
价格（元）	2.00	4.80	2.25	4.70	5.09	11.2	4.90	
每平方千米产出价值（元）	24603.13	480899.93	43143.19	2926.78	66667.63	11854.33	11230254.06	11860349.05

资料来源：《丹江口库区及上游水污染防治和水土保持规划》。

　　《陕西省汉江丹江流域水质保护行动方案（2014-2017年）》与《丹江口库区及上游水污染防治和水土保持规划》中规定"将大于25°的陡坡耕地大部分退耕还林还草"。工程实施后该部分地区完全失去了耕地所带来的经济利益。但考虑到该区域内土地并不全是耕地，本书拟根据汉中市陡坡面积与汉中市土地总面积之比来推算该区域内陡坡耕地面积。

　　对于每平方千米主要农产品产出价值总和而言，考虑到工程内耕地实际情况，其农作物不是全部种植高经济价值的农作物，本书为了避免传统机会成本法计算直接损失的结果过高，因而采用汉中市各类主要农作物产出占总产出之比来估算该区域内各类农作物所占比重及其产量，继而通过农作物当年价格推算出每平方千米内主要农产品产出价值总和。

已知，汉中境内规划治理总面积为 11394.92 平方千米（其中，水土流失治理面积 8131.97 平方千米，综合治理面积 3262.95 平方千米）。所涉区域土地总面积 16358.39 平方千米。将汉中市境内坡度大于 25°的陡坡面积（8.56 万公顷，即 856 平方千米），代入计算可得，汉中市陡坡面积与汉中市土地总面积之比约为 0.0523。代入上述公式可知，规划内水源地陡坡耕地面积约为 596.27 平方千米。再由表 3 - 5 可知，汉中市每平方千米主要农产品产出价值总和为 11860349.05 元，即 0.12 亿元/平方千米。则：

L = 596.27（平方千米）×0.12 亿元/平方千米≈71.55 亿元

因此，规划区内水源地坡耕地价值损失为 71.55 亿元。

3.7.1.1 引资增量损失价值

引资增量损失相关数据如表 3 - 6 所示。

表 3 - 6 2012～2014 年汉中市招商引资情况

年份	2012	2013	2014
引资额（亿元）	316.5	350	417
平均引资额（亿元）	361.2		

资料来源：陕西历年《统计年鉴》。

2012～2014 年汉中市平均引资额为 361.2 亿元，已经引进资本量为 1083.5 亿元，全国污染密集型产业占工业生产总值的比重为 36.18%。汉中 2014 年完成工业总产值 1128.83 亿元，第二产业增加值为 457.92 亿元，则工业企业平均利润率 p 为 40.57%。将上述数据和相关计算结果代入公式，得：

L = [361.2/36.18% - 417]×[(417 - 350)/350]×40.57% = [998.34 - 417]×0.19×0.4057 = 45.15（亿元），即引资增量损失约为 45.15 亿元。

3.7.1.2 生态利用损失价值

（1）水资源利用损失价值补偿。如表 3 - 7 所示，天津市 2014～2016 年居民用水占整个用水的比重为：（3.57 + 3.5918 + 5.3215）+（23.1 + 23.127 +

25.1723）×100% = 17.48%；相应地非居民用水的比重为 82.52%，即居民用水与非居民用水的分配比例为 17.48∶82.52。根据天津市南水北调办公室副主任张文波在天津政务网的访谈介绍，南水北调中线工程一期通水给天津市的分配水量为 10.15 亿吨（陶岔渠首枢纽计量），则其居民用水可分配量约为 1.77 亿吨，非居民用水可分配量约为 8.38 亿吨。按照 2013 年两地水价价差，居民用水天津为 4.4 元/吨，汉中为 1.9 元/吨，价差为 2.5 元/吨；非居民用水天津为 7.5 元/吨，汉中为 4.5 元/吨，价差为 3 元/吨；据此计算，居民用水差价损失 4.43 亿元，非居民用水差价损失 25.14 亿元，合计 29.57 亿元水资源利用损失补偿额。

表 3 - 7   2014 ~ 2016 年天津市用水及其结构统计

分类＼年份	2014		2015		2016	
用水量（亿吨）	23.10		23.127		25.1723	
其中：生活用水	3.57	15.5%	3.5918	15.5%	5.3215	21.1%
生产用水	18.40	79.7%	18.172	78.6%	17.5383	69.7%
生态用水	1.13	4.9%	1.3632	5.9%	2.3125	9.2%

资料来源：天津市水务局《2014 年天津市水资源公报》。

（2）森林资源利用损失。汉中市森林覆盖率达 51.2%，按照 27246 平方千米面积估算，其森林面积应为 3944.5 平方千米。2014 年林业产值 14.12 亿元，则汉中每平方千米林地产值为 0.001 亿元，2014 年新造林地 19.2 万亩（128 平方千米），则每年汉中森林利用损失为 0.13 亿元。水资源和森林资源生态利用损失补偿额合计为 29.7 亿元。

3.7.2　投入成本损失与运营费用

3.7.2.1　投入成本损失及其折旧（IC）

投入成本损失相关数据如表 3 - 8 所示。

为了保护水源，汉中市在垃圾处理、污水处理等六大领域进行了大规模的投入，各类工程投入费用总和约为 71.16 亿元。工程投资的重要特性是一次性投入，投资完成后会在较长时间内保持使用价值的完整性，并能正常使用，因此该项费用属于首次投入，不是严格意义上的补偿。但是，该项投资以及后续的新建、续建、扩建设施投资都必须进行支付，并建议以中央财政专项的方式支付。从法理角度讲，需求者购买付费是最基本的原则，受水区需水就应该投资这些设施，这是南水北调中线工程主体工程所必需的附属设施，如果没有这些附属设施，主体建设工程设施的功能或功效就会降低或失效，也就是说，源头不处理污染问题、不治理水土流失问题、不涵养水源，中下游必定没有良好的水质和充足的水量；从实施能力上讲，汉中市作为秦巴集中连片特困区，经济发展水平低、自我发展自我投资能力不足，在经济落后、发展任务重的背景下，再付费投资这些设施是不公平的，也会因为筹资能力不足存在延误投资的可能性，导致投资不到位、不及时而使生态保护工作受到制约。

表3-8　汉中市"十二五"重大项目建设（生态保护相关项目）

项目类型	项目名称	建设起止年限	总投资（万元）	建设期（年）	平均每年投资额（万元）
小流域治理	汉中市中小河流怡理工程	2011~2015	50000	5	1000
退耕还林工程	巩固退耕还林成果建设	2008~2015	224950	8	28118.75
天然林保护工程	天然林保护工程	2001~2011	74200	11	6745.45
生活污水处理厂	汉中市县级污水处理项目	2011~2015	91688	5	18337.6
	重点集镇污水处理工程	2011~2015	98000	5	19600
	城镇生活污水处理厂污泥稳定化处理项目	2011~2015	50000	5	10000
生活垃圾处理厂	汉中市县级城市生活垃圾处理工程	2011~2015	31824	5	6364.8
	重点集镇城市生活垃圾处理工程	2011~2015	29500	5	5900
重点工业企业污染治理	重点工业企业污染治理工程	2011~2015	28669	5	5733.8
	勉县等重点区域重金属污染防控项目	2011~2015	32800	5	6560
合计			711631		117360.4045

资料来源：汉中市人民政府：《汉中市"十二五"重大项目建设表（2015）》。

首次投入后的折旧必须作为生态补偿给予支付，尽管这个费用也不是严格意义上的生态补偿，只是作为这些投入设施设备更新时的实物替换价值预留。按照前述的分析，固定资产投入原值 A = (23.9688 + 6.1324 + 6.1469) × 100% + 5.0 × 20% = 36.2481 + 1 = 37.2481 亿元，按照 20% 的折旧率计算为 7.44962 亿元，因此每年应该补偿约 7.45 亿元作为固定资产折旧基金留存。

根据相关资料，预计每年污水处理费与垃圾处理费各约 500 万元，每年森林管护费 1562 万元，共计 0.2562 亿元，约为 0.26 亿元运营费用需要进行补偿。

本节引用丁相毅提出的水资源贡献率计算方法来计算汉中市调水量对天津市国内生产总值的贡献率，根据汪党献等提出的国内生产总值增长对水资源增长的弹性系数，将其倒置即可得到水资源增长对国内生产总值增长的弹性系数为 5 ~ 8，即水资源使用量增加 1 倍，GDP 增长 5 ~ 8 倍，本节暂定弹性系数为 5，用来估算理论 GDP 增量。再运用全国水资源平均利用系数 0.45，来估算天津市 10.15 亿立方米调水实际发挥效益的水量为 10.15 × 45% = 4.5675 亿吨，其中居民用水为 0.798 亿吨；非居民用水为 3.7695 亿吨。再假定居民用水只是根据其价格进入国民收入序列，非居民用水才通过水资源弹性系数对国民收入产生作用。据此，按照 2013 年天津市居民用水价格 4.4 元/吨计算，0.798 亿吨居民用水的售价为 3.5112 亿元，即天津市 GDP 的直接增量为 3.5112 亿元。按照水资源弹性系数 5 来计量，则 3.7695 亿吨非居民用水所创造的 GDP 增量为 18.8475 亿元，二者合计为 22.3587 亿元。根据经验假定分享率为 0.5%，则：

$$EED = \Delta GDP \times w = 22.3587 \times 0.5\% = 0.1117935 \text{ 亿元} \approx 0.11 \text{ 亿元}$$

3.7.2.2　生态改善效应贡献补偿

天津市受水区生态环境效益的衡量借用李善同在《南水北调与中国发展》一书中估算的 2010 年 389.98 亿元生态环境效益为基数参考，并根据分配水量进行地区分割。首期通水 95 亿立方米的水量，天津市的分配额度占整个调水量的 10.68%。则：

$$EEI = 389.98 \times 0.5\% \times 10.68\% = 0.208249 \text{（亿元）}$$

水质判定系数：根据《地表水环境质量标准》，水源地供水质量应该处于规定的三类（Ⅰ、Ⅱ、Ⅲ类）中，则若供水地出境水质优于Ⅲ类水时，该判定系数为 1，若供水地出境水质为Ⅲ类水时，该判定系数为 0，若供水地出境水质劣于Ⅲ类水时，该判定系数为 -1，以此作为生态补偿中水质的判定标准。

水量判定系数（δ_v）：调水量作为南水北调工程的重要因素，则调水量也应该作为衡量生态补偿大小的一个重要参考标准，本书拟将实际调水量与任务调水量之比的百分数作为水量判定系数，实际调水量越大，则水量判定系数也越大，应被补偿的也越多，反之，则越少。这符合汉水流域单一城市计管生态补偿时的实际情况。

由表 3 - 9 可知，汉江汉中段水质类别均优于Ⅲ类水，则 $\delta_Q = 1$。由于本书在撰写初期，南水北调中线工程尚未发生调水，所以本书假设 2014 年的供水质量判定系数 $\delta_v = 1$。则：

EEI$_2$ = 1 × 1 × 0.1117935 = 0.1117935（亿元）

EEI = 0.208249 亿元 + 0.1117935 亿元 ≈ 0.32 亿元

表 3 - 9 2014 年汉中市汉江监测断面水质统计

河流	断面名称	监测频次	水质类别
汉江	武侯镇	双月监测（6 次/年）	Ⅱ
汉江	洋县	双月监测（6 次/年）	Ⅱ

资料来源：《2014 年汉中统计年鉴》。

各补偿项目计算结果汇总如表 3 - 10 所示。

表 3 - 10 各部分补偿汇总

补偿主项	补偿子项	补偿方式	补偿主体	补偿额	小计
机会成本损失	规划内水源地坡耕地价值损失	1. 纵向生态补偿转移支付 2. 横向生态补偿转移支付	1. 国家：南水北调工程 2. 陕西省政府：引汉济渭工程 3. 受水区地方政府	71.55	146.4
	引资增量损失			45.15	
	生态利用损失			29.70	
投入成本损失及折旧与运营费用	投入成本损失及折旧			7.45	7.71
	运营费用			0.26	
经济红利效应	经济红利效应			0.11	0.11
生态改善效应	生态改善效应			0.32	0.32
合计		154.54			

综上所述，本模型计算结果为 154.54 亿元。同时建议，在垃圾处理、污水处理等六大领域生态环境保护设施设备 71.17 亿元专项投资的基础上，每年按照一定比例（30%，即 21.35 亿元）对其进行新建、续建、扩建投资，以确保生态

保护设施的完整性、生态保护行为的持续有效性[①]。

3.8 流域水生态补偿方式及途径

3.8.1 流域水生态补偿方式

以何种形式和手段来实施补偿是水污染补偿的方式，而保证生态补偿机制并充分发挥其应有效用是以科学恰当的补偿方式为基础的。针对水源地生态补偿的方式，归纳起来主要有以下几种类型[②③]。

（1）资金补偿。资金补偿可以说是简便、有效、直接的手段，其形式又包括：补偿金、捐赠款、补贴、贴息、减免或退税、信用担保的贷款、财政转移支付、加速折旧等，对水源地的帮助直接有效。

（2）政策补偿。在权限范围内，可以制定一系列相关政策，建立能促进流域生态补偿的机制，确保当地的经济得到整体发展。

（3）项目补偿。例如，高利润但污染性较强的工业发展项目，因为生态保护的需要，而都被限制在了水源地经济发展的门槛之外，同时，很多水源保护区农民也因退耕还林还草政策，遭受了损失。

（4）智力补偿。智力补偿是指补偿者开展资讯服务，给予受补偿地区技术支持，培养相关人才，加强这一地区的经济水平。专业的高级人才对于水源地来说是不可缺少的，只有这样才能平衡保护环境和经济发展之间的关系。

（5）经济合作。水源地与受水区的自然环境、经济实力等方面的差距，促进了两地的经济合作，进而推动了两地经济的持续发展。

（6）实物补偿。对需补偿者进行实物补偿可以为受补偿者的生活提供物质保障，提高他们的生活水平。

---

① 唐萍萍，胡仪元. 南水北调中线工程汉江水源地生态补偿计量模型构建［J］. 统计与决策，2015（16）.

② 郑海霞. 中国流域生态服务补偿机制与政策研究［D］. 中国农业科学院，2006.

③ 程艳军. 中国流域生态服务补偿模式研究——以浙江省金华江流域为例［D］. 中国农业科学院，2006.

（7）异地开发。受保护环境的影响，上游地区因此丧失了很多的经济项目，所以下游地区应该给予一定的建设用地用于上游地区经济的发展。异地开发模式在浙粤两省都取得了很好的经验，是解决流域水源地保护和补偿问题的有效方式。

（8）水权交易。转让满足要求的流域生态服务的使用权就是水权交易，我国的水权交易基于不同的水量分配方式，可分为不同形式，如跨流域交易、跨行业交易和流域上下游交易等。

（9）生态移民。为消除生态保护区内居民因生产生活而对生态环境造成的影响，并解决保护区内居民生活受限的问题，而将保护核心区以及保护范围内的居民逐渐迁移出去的方式。

从现实上来说，目前最主要、最迫切需要的补偿方式是资金补偿，为了保持长期进行水源地生态建设的积极性，首先要做的是地方财政收入得到保障，既可以通过对受补偿区智力、教育的补偿，减轻对生态环境的压力，也可以通过技术补偿改变其生活方式。既可以进行单一补偿，也可以多种补偿方式组合，所以说补偿方式也是多元化的。

3.8.2 流域水生态补偿途径

交易体系、生态补偿费和生态补偿税、优惠信贷、国内外基金等是生态补偿的主要途径，依据具体情况，流域水生态补偿可参照上述途径开展补偿工作及研究①②③④。

（1）政府财政转移支付。对重要生态功能区的投资力度，则需要通过政府间的财政资金转移来实现，这是国家运用财政手段才能实现的。

（2）生态补偿税和生态补偿费。从一般意义上说，政府取得财政收入的形式包括税和费。税收是政府取得财政收入的重要来源。有些不适合采用征税方式的补偿效应，政府就会采用收费这一形式。

---

① 沈满洪. 水权交易制度研究［M］. 杭州：浙江大学出版社，2006.

② 才惠莲. 我国跨流域调水水权生态补偿的法律思考［J］. 中国地质大学学报（社会科学版），2009，9（4）：45－49.

③ 张燕. 论水权交易制度的建立——以张掖黑河流域为例［J］. 河西学院学报，2012，28（6）：40－43.

④ 郑菲菲. 我国水权交易的实践及法律对策研究——以东阳义乌、漳河、甘肃张掖、宁夏的水权交易为例［J］. 广西政法管理干部学院学报，2016，25（1）：84－89.

（3）生态补偿保证金制度。1977 年，《露天矿矿区土地管理及复垦条例》被美国国会通过。根据该条例，任何一个企业采矿必须得到有关机构颁发的许可证，如果进行露天矿的开采，矿区开采未能完成复垦计划的，其押金将被用于资助第三方进行复垦，这就是复垦抵押金制度；而采矿企业每采掘一吨煤，则需要缴纳一定数量的废弃老矿区的土地复垦基金，用于 SMCRA 实施前老矿区土地的恢复和复垦。1995 年，英国出台的《环境保护法》、德国的《联邦矿产法》等各项法律也都有类似的规定。

（4）优惠信贷。以不需要利息或者低利息的方式贷款给环境保护方，这种方式不但解决了资金匮乏的问题，也鼓励居民积极参加有利于生态环境的行为。

（5）生态补偿基金。生态补偿基金包括：下游地区的利税、国家财政转移支付资金、扶贫资金，国际环境保护非政府机构的捐款等。它对生态经济防护林工程建设、水库涵养保护、流域治理、资源保护和灾害防治及生态农业、生态工业小区和生态村镇建设等方面也有用途。

（6）交易体系。在实践中，科斯定理主要应用于排污许可证交易市场、资源配额交易市场以及责任保险市场等。

（7）国际援助。环境保护无国界，生态环境建设具有很强的全局性和整体性。我们进行生态环境保护与建设时，可以利用国内外的相互联系，通过国际援助获取低息资金，填补生态补偿资金的不足。

3.9　流域水生态补偿实施状况

为了实现社会公正，在流域内上下游各个地区之间展开的以直接支付生态补偿金为内容的行为就是所谓的流域生态补偿[1][2]，它在保护、修复流域生态环境，缩小流域上下游之间经济差异方面起到至关重要的作用。

目前，各省均出台了关于流域生态补偿政策及地方性法规，并且取得了初步的成效（具体见表 3 - 11）。

---

① 董战峰，侯超波，裘浪，喻恩源. 中国流域生态补偿标准测算方法与实践研究［C］//中国环境科学学会环境经济学分会 2012 年年会，2012.

② 刘璐璐. 生态补偿在流域治理中的应用及其补偿方式选择分析［D］. 东北财经大学，2013.

表 3-11 各省份的流域生态补偿相关政策及法规

省份	立法实践
浙江	《浙江省人民政府关于进一步完善生态补偿机制的若干意见》（浙政发〔2005〕44 号）；《浙江省生态环保财力转移支付试行办法》（浙政办发〔2008〕12 号）
山东	《山东省人民政府办公厅关于在南水北调黄河以南段及省辖淮河流域和小清河流域开展生态补偿试点工作的意见》（鲁政办发〔2007〕46 号）
海南	《海南省万泉河流域生态环境保护规定》（2009 年海南省人民代表大会常务委员会公告第 22 号）
福建	《福建省闽江、九龙江流域水环境保护专项资金管理办法》（闽财建〔2007〕41 号）
陕西	《陕西省渭河流域生态环境保护办法》（2009 年陕西省人民政府令第 139 号）
河南	《河南省沙源河流域水环境生态补偿暂行办法》（豫政办〔2008〕36 号）
河北	《河北省人民政府办公厅关于在子牙河水系主要河流实行跨市断面水质目标责任考核并试行扣缴生态补偿金政策的通知》（办字〔2008〕20 号）
山西	《关于实行地表水跨界断面水质考核生态补偿的通知》（晋政办函〔2009〕177 号）；《关于优化部分地表水跨界断面水质考核生态补偿机制监测点位的通知》
江西	《关于加强东江源区生态环境保护和建设的决定》
湖北	《湖北省流域环境保护生态补偿办法（试行）》；《湖北省江汉流域（干流）环境保护生态补偿试点方案》
河南	《河南省沙颍河流域水环境生态补偿暂行办法》（豫政办〔2008〕36 号）
辽宁	《辽宁省跨行政区域河流出市断面水质目标考核暂行办法》（辽政办发〔2008〕71 号）
江苏	《江苏省环境资源区域补偿办法（试行）》（苏政办发〔2007〕149 号）

相关的流域生态补偿项目的实践并不少，特别是在河流较多的浙、粤、苏、闽等省份，已初步建立起多元的流域生态补偿机制①②③④（具体见表 3-12）。

当前，我国流域生态补偿制度及实践还存在以下主要问题：

---

① 冯彦. 跨界流域水资源竞争利用与协调管理对策——以官厅水库流域为例〔J〕. 云南地理环境研究, 2005, 17（6）: 9-13.

② 刘韶斌, 王忠静, 刘斌, 张鸿星. 黑河流域水权制度建设与思考〔J〕. 中国水利, 2006（21）: 21-23.

③ 毕岩, 孙作青. 浅谈辽宁省辽河流域生态补偿机制的建立〔J〕. 沈阳建筑大学学报（社会科学版）, 2010, 12（4）: 424-428.

④ 卢小志. 华北地区跨流域生态补偿机制研究〔D〕. 石家庄经济学院, 2012.

流域生态补偿机制与管理方法研究

表 3 – 12　我国流域生态补偿的主要类型与模式

流域生态 补偿类型	具体实施模式	具体案例
省级行政 辖区内	财政转移支付、政策 支持、项目支持等	几乎所有的政府主导型流域生态补偿模式中都会涉及
	排污权交易	浙江省嘉兴市的排污权交易补偿；江苏省太湖流域的排污权交易等
	设立专项资金	浙江省德清县流域的生态补偿专项资金；福建九龙江的生态补偿专项资金；福建闽江流域的生态补偿专项资金；福建晋江、洛阳江流域的生态补偿专项资金等
	水权交易	浙江省东阳市和义乌市的水权交易
	异地开发	浙江省金华市的异地开发
跨省际	北京与河北承德之间 的"稻改旱"项目	财政转移支付、政策支持、项目支持等
	水权交易	漳河上游的跨省水权交易；东江源区的水权交易

3.9.1　尚未构建起统一完善成熟的流域生态补偿制度

3.9.1.1　补偿途径单一，市场补偿制度尚不成熟

生态补偿的首要手段是指政府的转移支付、财政补贴、管制等"命令与控制"的措施①②③。随着经济体制改革，尽管流域上下游地区之间的市场补偿有了一定的适用范围，但还需强化生态补偿制度中的作用。地方间积极性并不高，上下游间的约束性也并不强，主要是因为政府的补偿比例过大，不能有效体现出整个流域生态保护共享所承担的责任。这种状况下，既限制了充分发挥流域生态补偿制度的作用，又带来了不确定和不完全流域的生态补偿。

建立并运行环境产权交易制度的条件很高，需要有发达的市场经济、健全的法制和公共管理、环境监测能力。目前，我国只在少数几个城市进行了试点，反馈意见不一。

①　宋建军. 流域生态环境补偿机制研究［M］. 北京：中国水利水电出版社，2013.
②　丁四保. 主体功能区的生态补偿研究［M］. 北京：科学出版社，2009.
③　罗宏斌，陈一真. 我国流域污染治理的体制机制创新研究［J］. 学术界，2009（5）：188－192.

3.9.1.2 补偿方式简单

最快和最有效的补偿方式是资金补偿，而有足够的、长期的和稳定的资金是资金补偿形式所要求的。现阶段，各种形式的生态补偿其实都未广泛地在流域生态补偿中得到开展。单纯的"输血"式补偿，对于满足受偿地区长期发展的需要显然是不能也不利的。

3.9.1.3 条块分割缺乏协调性

现实活动中，以地域为界限确定某一资源的保护权属对该种资源的整体利益存在不利，因为各种自然资源间是相互影响与渗透的。

3.9.1.4 补偿标准难以确定

学界所热衷讨论的问题就是水污染补偿的标准[1][2][3][4][5]。生态强度应该由生态服务功能的质量和数量来确定，其基础为生态产权主体环境经济行为的机会成本补偿模式。此外，有人试图从微观经济角度出发，用转化的函数来精确地表示生态补偿标准。

3.9.1.5 相关的法律制度操作困难

在自然生态保护中，流域生态补偿法律制度还不够全面，缺乏专项的生态补偿法律法规。

（1）补偿主体不明确。目前，在环境资源法律法规中没有明确的生态补偿主体界定和规定，也没有明确地界定和规定各利益相关者，这样容易陷入"公地悲剧"的陷阱中，结果就是无法根据法律界定各利益相关者在生态环境保护方面的权利、义务、责任。

（2）补偿方式较单一。目前，环境资源立法中体现"生态补偿"的方式比较单一，资金投入也是以中央财政转移支付为主，地方投入较少。有限的资金只能星星点点分散用于各个地区，从而就会出现资金的使用低效和浪费等问题，难

---

① 张靓. 辽河流域生态补偿与污染赔偿研究［J］. 城市与区域生态国家重点实验室，2010.

② 石广明，王金南，董战峰，张永亮. 跨界流域污染防治：基于合作博弈的视角［J］. 自然资源学报，2015，30（4）：549 - 559.

③ 吴娜，宋晓谕，康文慧，等. 不同视角下基于 InVEST 模型的流域生态补偿标准核算［J］. 生态学报，2018，38（7）：2512 - 2522.

④ 黄德春，郭弘翔. 长三角地区跨界水污染生态补偿机制构建研究［J］. 科技进步与对策，2010，27（18）：108 - 110.

⑤ 刘晓红，虞锡君. 基于流域水生态保护的跨界水污染补偿标准研究——关于太湖流域的实证分析［J］. 生态经济（中文版），2007（8）：129 - 135.

以持续保障生态补偿。

（3）补偿管理不规范。在实际情况中，生态补偿的监督缺位。生态补偿资金的使用有很大的缺失，贪腐行为在生态建设中已被查出。生态补偿项目的顺利实施被高额的管理成本所危及。

3.9.2 地方政府开展生态补偿的内在动力不足

就实践而言，大部分的流域生态补偿均面临"跨区域"的利益协调问题，本应统一、整体的"流域利益"被不同的行政区域分割成了不同的"地方利益"，单一的河流资源要素被人为地分割在了不同的行政辖区内。河流的流动性所体现的资源价值和生态价值被局限在了地理环境上，于是流动性的价值也便产生并外溢。流域的下游地区受惠，却由于自利性，不会有动力对上游地区所付出的代价给予补偿。

3.9.3 外在制度保障不充分

3.9.3.1 立法空白导致受惠政府责任缺失

我国划分环境保护责任界限的做法是划分辖区的地理边界，明晰地方政府的责任边界。《中华人民共和国环境保护法》规定"地方各级人民政府，应当对本辖区的环境质量负责，采取措施改善环境质量"，实质上，环境问题的外溢性和流动性问题被忽略，表面上对地方政府提出了环境责任要求，但并没有将环境问题的"外部性"问题纳入评价体系[1][2][3]。在实践中，辖区外产生环境问题都是由地方政府自身的经济行为或行政行为所导致的。上游政府正外部性的流域生态保护行为无法得到补偿，是因为操作难度大。所以，即使上游省级政府投入了大量人力、物力、财力进行相关的生态保护建设下游受惠政府并不能在法律上找到责任承担的依据。

3.9.3.2 沟通平台缺失致使地方政府零合作

"九龙治水"是我国的涉水一直存在的问题。在流域分割化的管理体制下，

---

① Lu, S. B., Shang, Y. Z., Li, W., Peng, Y., Wu, X. H. Economic benefit analysis of joint operation of cascaded reservoirs [J]. Journal of Cleaner Production, 2018, 179, 731–737.

② 刘力，冯起. 流域生态补偿研究进展 [J]. 中国沙漠，2015，35（3）：808–812.

③ Xiong G. B., Jiang M. The research progress and enlightenment of ecological compensation mechanism based on ecosystem service value [J]. Advanced Materials Research, 2012, 518–523：1710–1715.

流域内的利益主体通过集体行动来实现共同利益是很难的。在这样的前提下，一方面，"止于谈判"就很容易出现，因为流域上下游政府构建沟通平台的制度成本和谈判成本均很高。另一方面，在实践中，竞争的存在致使地方政府为了实现自我利益的最大化，忽略与其他地方政府合作的可能性，由于"竞争意识"的存在，即使省际之间有可能通过一种互惠互利的合作实现各自利益最大化，但建立一个能够有效调整各方利益关系的合作机制和沟通平台却很难。从而导致缺乏有效的信息沟通，最终出现零博弈、零合作，使我国流域生态补偿陷入"走不出省界"的困境。

3.10 我国流域水生态补偿模式研究

3.10.1 流域水生态补偿模式

流域水污染补偿机制的确立牵涉问题众多，除了厘清补偿的主客体、确立合理的补偿标准、选择合适的补偿方式以外，实施模式的选择也是进行流域水污染补偿的一大关键。补偿模式是补偿行为的具体实现方式，目前我国流域生态补偿的实施模式主要有政府主导模式、市场化模式和社会自治模式，这三种实施模式在我国都有不同程度的实践和成效。

3.10.1.1 政府主导模式

政府主导的补偿模式是指中央或地方政府利用行政权力通过非市场途径对遭到破坏的流域生态环境进行补偿，以达到治理水污染、保护生态环境、协调区域发展的目的。政府主导模式的实行主体是国家或上级政府，受偿对象是下级政府或水源保护区居民。该模式适用于难以界定的产权、受益者主体复杂的情况。

（1）财政转移支付。财政转移支付是政府主导的流域水污染补偿的多种方式中最重要的一种，是促进流域不同区域间协调平衡发展的重要手段。财政转移支付包括中央政府对地方政府、地方政府之间上级对下级的纵向转移支付和地方同级政府之间的横向转移支付三种类型。南水北调工程就是基于国家层面的纵向财政转移支付的典型实践。横跨江西、广东两省的东江流域的生态补偿方式也属于财政转移支付，包括流域下游广东省对上游江西省的横向财政转移支付和中央财政对流域上游江西省的纵向财政转移支付。

（2）流域生态补偿专项基金。流域生态补偿专项基金是国家或地区为支付流域环境保护和生态建设所需费用所专门设立的。我国有关流域生态补偿专项基金的最典型的案例就是浙江省德清县的生态补偿基金。2005 年，德清县为了维护河口水库水源地保护区的水生态环境专门设立了生态补偿基金并纳入县财政专户管理，10 年间，县财政共投入 4.42 亿元的专项资金用于水源保护区生态公益林的建设和管护、对环保基础设施的建设、对河口水库水源的保护和对生态移民的补偿等生态保护项目，取得了良好的效果。

（3）政策补偿。政策补偿是指补偿主体利用政策制定的优先权，通过政策资源和制度资源对补偿客体进行补偿。政策补偿的主要措施有：①项目补偿，补偿主体以项目支持代替补偿资金，支付给补偿客体应得的补偿，如帮助受偿地区进行生态环境保护项目建设、通过发展区域替代产业，推进受偿地区产业结构调整以提高受偿地区自我积累和自我发展的能力，所以这种补偿方式也叫"造血型"补偿。②异地开发，为了补偿流域上游地区因保护水资源所放弃的发展机会，可以在下游受益地区开辟工业园区，园区所得税用于补偿上游地区。金磐扶贫开发区就是国内首创的异地开发模式，在不牺牲金磐县生态环境的前提下，在下游金华市的工业园区设立金磐扶贫开发区，兼顾了经济发展与环境保护的需要，异地开发也是一种"造血式"的补偿方式。③对口援助，是指流域内经济比较发达的地区以资金、人才、技术等方式对口援助经济较为落后的地区，以补偿上游地区为维护供给下游的水质和水量做出的牺牲，如广东省清远市和"珠三角"之间的结对帮扶。

3.10.1.2 准市场化模式

目前我国的生态补偿模式仍是以政府主导型为主，但是我国的国情和经济发展的水平使得政府的补偿能力还不足以满足流域水污染补偿的要求，政府主导模式受到资金、管理方式和行政区划等多方面的限制，可能会出现补偿不足额、不到位，补偿方的补偿能力与受偿方的实际损失不相符、水污染补偿与流域环境保护的目的相脱节等问题。其实环境也是一种资源，而资源配置的最佳方式就是市场化，因此为了减轻国家和地方政府的财政负担，确保流域水污染补偿的效果，需要强化市场手段。但是，水资源的准公共物品属性决定了流域水污染补偿不可能完全脱离政府的管控，因此在这里引入了"准市场化模式"的概念，即在政府宏观调控范围内的市场化。准市场化模式的补偿方式主要有产权交易、一对一交易、生态标记等①②③④。

（1）产权交易。只要明确水资源的产权就可以通过市场交易达到外部成本的内部化。在流域水污染补偿机制中比较常用的产权交易为排污权交易和水权交易⑤⑥。①排污交易是指在一定区域内，在污染物排放总量控制的前提下，设立一定数量的污染物排放权，利用市场机制，允许污染者之间进行排污权交易，从而实现减少排污量、保护流域水环境的一种补偿方式。例如，上海宏文造纸厂与上海永新彩色显像管有限公司之间的排污权交易是我国最早的市场化模式的水污染补偿案例；在嘉兴市原环境保护局监督和管理下成立的嘉兴市排污权储备交易中心也是对建立水污染补偿市场化交易制度的一次有益尝试。②水权交易是指政府依据一定的规则将水权分配给使用者，并允许水权所有者之间就节余的水资源进行自由交易，以实现水资源的高效利用。浙江省东阳市和义乌市之间的用水权转让协议是我国水权交易的首例成功实践，义乌市以 2 亿元的价格一次性买断东阳市横锦水库 5000 万立方米水资源的永久使用权，并按当年实际供水量 0.1 元/立方米的价格向东阳市支付综合管理费。2005 年，水利部出台了《水利部关于水权转让的若干意见》，对水权交易给予认可并加以引导。政府调控、市场引导的准市场化水权交易制度也为开展区域合作、实现资源共享提供了新的途径。

（2）一对一交易。一对一交易也被称为自发组织的市场补偿，是指流域内的各利益相关方通过一对一协商谈判，签订包含交易条件与交易价格的协议，由流域内的补偿方直接对受偿方进行补偿⑦。这种补偿方式适用于交易双方明确且数量较少、产权界定清晰、流域生态环境服务可控的较小流域。如金华市金东区

① Moran D，McVittie A，Allcroft D J，et al. Quantifying public preferences for agri environmental policy in scotland：A comparison of methods ［J］. Ecological Economics，2007，63（1）：42－53.

② Sara J Scherr et al. Developing future ecosystem service payment in China：Lessons learned from international experience ［R］. Washington D. C.：Forest Trends，2006.

③ 刘力，冯起. 流域生态补偿研究进展 ［J］. 中国沙漠，2015，35（3）：808－812.

④ 刘薇. 市场化生态补偿机制的基本框架与运行模式 ［J］. 经济纵横，2014（12）：37－40.

⑤ 于术桐，黄贤金，程绪水等. 流域排污权初始分配模式选择 ［J］. 资源科学，2009，31（7）：1175－1180.

⑥ 封凯栋，吴淑，张国林. 我国流域排污权交易制度的理论与实践——基于国际比较的视角 ［J］. 经济社会体制比较，2013（2）：205－215.

⑦ 葛颜祥，吴菲菲，王蓓蓓，梁丽娟. 流域生态补偿：政府补偿与市场补偿比较与选择 ［J］. 山东农业大学学报（社会科学版），2007，9（4）：48－53.

傅村镇与源东乡之间的流域补偿交易就是典型的一对一交易模式，2004 年，傅村镇与源东乡签订了一个为期两年的生态补偿协议，傅村镇每年向上游源东乡提供 5 万元的补偿资金，作为对源东乡为保障下游用水安全而限制畜禽养殖业发展所遭受的损失。

（3）生态标记。生态标记是一种间接的生态环境补偿支付方式①②，经过认证的以环境友好方式生产的有机农产品，其市场售价可以比普通农产品更高一些，当消费者以更高的价格购买生态标记产品时，所高出来的那部分金额实际上就是用于间接补偿生态环境保护者。具有深受消费者信赖的认证体系，是建立生态标记制度的关键。在国际上，生态标记制度已经实行得较为普遍和成熟，我国生态标记在流域补偿中最典型和成功的案例是农夫山泉公司的生态标记，在所售的每一瓶矿泉水中拿出一分钱作为对水源地居民的补偿费。

3.10.1.3 社会自治模式

社会自治模式是对政府主导模式和准市场化模式的补充，在政府失灵和市场失灵的情况下，通过发挥社会组织的优势作用实现流域水污染补偿。社会自治模式包括非政府组织（Non - Governmental Organizations，NGO）参与型补偿模式、环境责任保险等③④⑤。

（1）NGO 参与型模式。NGO 参与型模式是指在流域水污染补偿中，以 NGO 为主要行动者，通过与受偿者及相关部门之间的积极合作，运用资金补偿、实物补偿或智力补偿等多种方式，实现流域的水污染补偿。NGO 参与型模式具有灵活性好、效率高、专业性强、资源整合能力强等多种优势，能有效弥补政府在流域水污染补偿中的不足，是实现流域生态环境保护的一个重要途径。在 NGO 参与型模式中由于 NGO 具有广泛的群众基础，与被补偿者处于同等地位，容易为被补偿者所接受。同时，NGO 作为补偿方和受偿方之间的中介组织，在两者之间架构起沟通的桥梁，使补偿得以顺利实施和落实。在 NGO 发展比较成熟的美国等发达国家，已经有很多 NGO 参与社会管理与环境保护的成功实践，我国的

① 王晋率. 与公平兼顾的流域生态补偿制度研究 [D]. 浙江理工大学硕士论文，2016.
② 刘尊梅. 我国农业生态补偿发展的制约因素分析及实现路径选择 [J]. 学术交流，2014（3）：99 - 104.
③ 周映华. 流域生态补偿及其模式初探 [J]. 水利发展研究，2008，8（3）：11 - 16.
④ 王蓓蓓. 流域生态补偿模式及其创新研究 [D]. 山东农业大学，2010.
⑤ 程滨，田仁生，董战峰. 我国流域生态补偿标准实践：模式与评价 [J]. 生态经济，2012（4）：24 - 29.

NGO 参与型模式起步较晚，其中比较典型的案例是世界自然基金会（World Wide Fund for Nature or World Wildlife Fund，WWF）长沙项目部在湖南省汉寿县开展的西洞庭湖保护项目，这是 WWF 长江治理项目中的一项重要内容。1999 年 WWF 为了解决西洞庭湖生态移民的生计问题，通过鼓励和帮助农户退田还湖，发展替代产业和开展社区共管，有效弥补了政府补偿资金不足的问题，不仅保护了西洞庭湖的生态环境，还提高了当地居民的收入水平。

（2）环境责任保险。环境责任保险又有"绿色保险"之称，是由公众责任保险发展而来的以被保险人突发或意外造成环境损害依法所应承担的赔偿责任为保险对象的一种保险。在流域水污染补偿中，环境责任保险作为社会补偿的一种方式具有其独特的优势和功能：如分散排污企业环境风险，将单一企业的经营风险转移给众多投保企业，实现损害赔偿的社会化；发挥保险的社会管理功能，促使企业加强环境风险管理，预防环境损害；保护第三人环境利益，使受害者及时得到经济补偿，维护社会稳定；减少政府环境压力，实现社会、经济和环境的可持续发展。在美国等工业发达国家，环境责任保险制度已发展得较为成熟，遗憾的是我国目前却尚未全面建立实质意义上的环境责任保险制度，面对水污染等环境污染事故的频繁发生，环境责任保险不失为一种解决环境外部损害的有效途径。

3.10.2 流域水生态补偿模式的优缺点分析

3.10.2.1 政府主导模式的优缺点分析

政府作为国家行政事务的管理者被赋予强大的行政权力，这一特点使政府主导模式具有资金来源稳定、目标明确、政策方向性强、补偿措施具有较强的可行性和稳定性等优点。政府主导模式的缺点是：①管理体制僵化、信息不对称等劣势可能导致政府盲目过度投资、运营效率低下甚至出现权力寻租和腐败现象，使得政府补偿模式管理成本较高，难以发挥预期效果；②部门分割严重、环境治理方式碎片化，导致补偿资金分散，很难发挥整体效应；③政府补偿由于体制问题很难根据各地的实际情况做出及时调整，从而容易出现"一刀切"的情况，可能会导致补偿不足额、不到位或补偿过多等弊端。尽管政府主导模式存在一定的缺点，但是流域水资源的准公共物品属性决定了政府补偿在流域水污染补偿中的主导地位。

3.10.2.2 准市场化模式的优缺点分析

准市场化模式相对政府主导模式具有补偿方式灵活多样、补偿主体多元化、补偿双方平等自愿、运行和管理效率高、成本低等优点。但是准市场化补偿模式的顺利实行却需要一定的条件：①产权明晰，这是进行市场交易的前提，需要通过建立完善的法律法规赋予环境资源一定的财产权；②补偿方和受偿方需在承认流域环境资源和生态服务功能具有经济价值的前提下通过谈判协商在补偿费用上达成一致，准市场化补偿模式才会有效；③成本收益率高，市场机制的趋利性决定了只有当准市场化模式的成本收益高于其他模式时，才会采用这种补偿模式。虽然完全竞争的市场结构是资源配置的最佳方式，但是准市场化模式也具有明显的缺点：市场机制的盲目性、趋利性、局部性及垄断都会导致"市场失灵"，影响资源的有效配置，这就需要政府通过宏观调控加以管控。

3.10.2.3 社会自治模式的优缺点分析

社会自治模式也有其独到的优势，如 NGO 参与型模式可以利用 NGO 自身强大的专业人才队伍和专业知识储备参与流域水污染治理、对流域生态移民进行智力补偿、指导污染企业调整产业结构，从而弥补政府部门专业性不足的缺点。通过参保环境责任保险既可以提高流域沿岸众多工业企业抵御环境风险的能力，又可以使突发环境污染事故的受害者得到足额的赔偿，减轻政府在流域水污染补偿中的压力。此外，社会自治模式属于全社会参与的补偿模式，因此更能照顾到被补偿者的实际需求，补偿措施也更容易被他们所接受，同时全社会参与的补偿模式也意味着社会自治模式的资金来源广泛，充分吸引社会资金参与到流域水污染补偿中来，可以减轻政府的财政负担。但是，由于社会组织自身的局限性，无法从全局出发考虑补偿的合理性，导致社会自治模式的补偿规模偏小，而资金来源的不稳定性也使社会自治模式的流域水污染补偿存在很大的不确定性，这些缺点表明社会自治模式很难独自承担流域水污染补偿的重任，只能作为政府补偿模式和准市场化模式的辅助加以运用。

3.10.3 我国流域水生态补偿模式探索

流域水污染补偿作为流域生态补偿的一个重要分支同样适用于前文中的三种实施模式。虽然这三种实施模式各有优缺点，但三者之间并不存在必然的优劣之分，只不过是适用范围不同。我国流域众多，不同流域的生态环境和经济发展水平都不尽相同，被污染流域的污染源和受污染程度也有所不同，由此引发的补偿主客体、补偿标准和补偿方式都会存在差异，不能一概而论，应根据不同流域的具体情况选择合适的补偿模式。

对于流经区域横跨多个省（市、自治区）的大型流域，如长江、黄河等流域，由于这类流域影响范围较广，补偿地区和受偿地区很难明确界定，补偿标准的测算较为复杂，宜采用政府主导模式为主、准市场化补偿和社会补偿为辅的补偿模式，再辅以排污权交易等市场化手段，同时争取国际环保组织等较大规模非政府组织的资金援助。

对于横跨两到三个省（市、自治区）的中型流域，如横跨江西与广东的东江流域、横跨安徽与浙江的新安江流域等，此类流域的补偿方和受偿方较为明确，但由于涉及两到三个行政区域，补偿机制的建立和补偿标准的测算都存在一定难度，宜采用以横向财政转移支付为主的政府主导型补偿模式，对于经济落后的地区，中央财政可以设立生态补偿专项基金，减轻地方财政的负担。同时政府也应鼓励补偿地区和受偿地区开展项目合作和对口援助。此外，中型流域的水污染补偿也需要准市场化模式和社会自治模式的辅助。

对于省内或市内的小型流域，由于补偿方和受偿方比较明确，两者之间的利益协商也较为容易，适宜采用省级或市级财政为主导，准市场化模式和社会自治模式相结合的补偿模式。为避免出现"搭便车"现象，小型流域的补偿仍要以政府补偿为主，但是可以在公共财政资金的保障下积极探索多元化的市场补偿途径，如水权交易、排污权交易、生态标记等，此外还可以尝试开展环境责任保险。

从市场运作情况看，未来流域水污染补偿模式仍以准市场化为主。对于经济落后的流域，在生态环境恢复初期的补偿要以政府主导模式为主，社会自治模式为辅，当流域有了一定的自我修复能力以后应逐步加重准市场化补偿模式的比重，而对于经济较为发达、市场机制比较完善的流域，更要积极探索多元化的市场补偿途径，只有这样才能实现流域水污染的内部自我补偿，保障流域生态环境的稳定和长久。

3.11 基于排污权的淮河流域跨界生态补偿研究

3.11.1 研究背景

生态补偿机制是协调人与自然和谐发展，促进自然生态平衡，进行可持续发展的重要手段①。水资源是人类生活发展的重要要素之一，也与社会经济的发展息息相关，但水污染严重的问题也一直摆在人类面前，所以为了实现流域水资源的可持续利用，更好地使环境保护和经济发展齐头并进，就必须完善现有的流域生态补偿机制。流域生态补偿目前是和谐生态环境与经济发展的一种必要的政策手段，是国内乃至国际研究的重点领域之一。

我国政府一直十分重视流域生态补偿，至今已在多地建立流域生态补偿机制试点。建立流域生态补偿机制是当前国际和国内的发展重点之一，具有科学依据的流域水环境经济补偿确定方法既是资源环境领域的研究热点，也是环境管理工作中迫切需要解决的技术难点。流域上下游发展能否达到确切的公平和补偿的责任主体都是流域生态补偿机制的核心问题②。我国各地流域生态补偿具有一些相同的问题，这些问题是我国在这条道路上必须要解决的：①流域生态环境补偿的主客体及如何界定相关者的利益问题和责任的划分问题。②解决流域生态系统服务价值评估和补偿标准问题。③解决流域生态补偿方式和机制等问题。流域生态补偿最重要的一点就是确定生态补偿的主客体以及责任划分问题，但我国河流众多，蜿蜒交错，支流繁盛，跨省江河更是不在少数。以长江、黄河为例，长江流域横跨11个省级行政区，包括8省2市1区，主要支流共有8条；黄河流域流经9省，支流众多，流域面积大于100平方千米的支流共220条，俗称黄河水系③。面对这样支流"错综复杂"的河流，流域生态补偿机制的建立也就成了一个巨大的问题。首先，河流的流域生态是一个整体，不能随意地分开研究，当它的流域跨越两个甚至多个省级行政区时，针对责任划分的主客体问题就会很容易产生分歧，毕竟涉及利益相关。从流域层次上看，流域生态环境保护的最大受益者往往是经济较为发达的下游地区，流域生态环境保护最大付出者是上游地区。一条河流的上游生态对整个流域生态系统都会产生一定的影响，一般上游地区会更需要注重生态保护来确保河流生态系统的正常运行，上游地区需要投入更多的人力物力乃至财力来保护环境。从经济发展方面来看，上游地区不一定会有更好的经济发展，但是会比下游地区进行更多的经济投入，即投入和回报不成正比，

① 李超显. 我国流域生态补偿的要素分析 [J]. 低碳世界, 2018 (10): 280-281.

② Shibao Lu, Shang Yizi, Li Wei. Basic theories and methods of watershed ecological regulation and control system [J]. Journal of Water and Climate Change, 2018, 9 (2): 293-306.

③ 向莹, 韦安磊, 茹彤等. 中国河湖水系连通与区域生态环境影响 [J]. 中国人口·资源与环境, 2015 (S1): 139-142.

产生"上游栽树，下游乘凉"的效果。从某种意义上说，排污权就是发展权，如果上游地区将用于环境保护的人力、物力、财力用于经济发展，那上游地区的经济发展会更好，众所周知，生态环境保护是以一部分经济发展做交换的，久而久之，自然会出现"不公"的问题。由此，流域生态补偿机制的确立和完善问题亟待解决，由流域生态环境受惠者对流域生态环境保护实施者进行一定的补偿。在此之前首要问题是解决产权问题，在公共产品产权确定的情况下，外部性问题就可以通过市场交易来解决。根据科斯定理：只要财产权是明确的，并且交易成本为零或者很小，那么，无论在开始时将财产权赋予谁，市场均衡的最终结果都是有效率的，实现资源配置的帕累托最优①。这给通过市场机制来解决外部性问题，从而优化流域生态补偿机制提供了新的方法。由此，计算上下游的补偿总量，重视对上游地区的生态补偿，促使上游地区积极参与保护流域生态环境，对实现流域水资源利用效率最优化富有重大意义。

3.11.2　国内外研究动态

生态补偿的源头可以追溯到 19 世纪。19 世纪 70 年代，美国麻省马萨诸塞大学的 Larsno 和 Mazzares 首先提出了帮助政府颁发湿地开发补偿许可证的湿地快速评价模型②。1965 年美国又实施了有偿转耕计划，进一步细化了退耕休耕的生态补贴。此后，欧盟、日本等发达国家陆续制定了税制绿色化措施、水源林基金和使用者收费措施。国外的生态补偿是由政府主导的公共支付补偿，是一种横向补偿，多为发达地区向经济欠发达地区做出补偿。20 世纪 80 年代后期以来，我国有关生态补偿方面的政策法规相继出台，诸多学者也进行了深入研究。20 世纪 90 年代后期，生态补偿更多地指对生态环境保护、建设者的财政转移补偿机制，如为促进西部的生态环境改善，国家实施退耕还林的财政补偿等③。近些年，针对性的流域生态补偿机制才刚开始被重视。

目前，我国流域生态补偿已有多个试点，其中最著名的就是皖浙两省合作先

---

①　艾佳慧. 回到"定分"经济学：法律经济学对科斯定理的误读与澄清［J］. 交大法学，2019（4）：72 - 72.

②　杨爱平，杨和焰. 国家治理视野下省际流域生态补偿新思路——以皖、浙两省的新安江流域为例［J］. 北京行政学院学报，2015（3）：9 - 15.

③　Shibao Lu，Xuerui Gao，Wei Li，Shuli Jiang，Li Huang. A study on the spatial and temporal variability of the urban residential water consumption and its influencing factors in the major cities of China［J］. Habitat International，2018（78）：29 - 40.

后开展了三轮的新安江跨流域生态补偿机制试点。自 2011 年以来，在习近平总书记的号召下，首次对位于皖浙两省内的新安江进行了流域生态补偿机制的尝试。这是我国跨省流域横向生态补偿的首次实践，具体内容为：两省签订生态补偿协议，每年设置 5 亿元的补偿资金，中央财政拨款 3 亿元、皖浙两省各出资 1 亿元。设定年度水质标准为 P，当年度水质 ≥P 时，浙江拨付给安徽 1 亿元，否则相反。因此这次也被称为皖浙的一次"水质对赌"。由此可见，国内流域生态补偿机制的测算是以水质为核心，而对于通过测算流域内不同地区排污权来测定流域生态补偿标准，从而协调流域内经济发展与环境保护发展的研究相对稀少[1]，在淮河流域较为细致地以排污权为标准测算流域生态补偿金额的研究比较匮乏。根据科斯产权交易理论，经济活动外部性产生的根源是产权界定不清[2]。河流不是固定的自然资源，不像土地等容易界定，河流的产权界定有一定的难度[3]。从流域角度来看，主要涉及跨省流域生态补偿问题和跨市流域生态补偿问题。其中，跨省流域生态补偿研究存在一定难度。究其原因，主要是流域生态应视为一个整体，流域可分为上、中、下游来研究，可根据水文特征划分，每个水段可以看作一个独立的个体，由此可以经济学角度对流域生态补偿进行研究分析。淮河干流流经 3 个省份，分别是河南、安徽和江苏。淮河上游与中游的分界点洪河口位于河南与安徽交界处，中游与下游的分界点是洪泽湖出口中渡，位于江苏省内与安徽省的交界处，基本可以说淮河上游位于河南，中游处于安徽，下游位于江苏。这样来看，淮河的产权界定也相对比较容易，交易成本为零或者很小，容易实现流域生态补偿。因此，建立一个完善的公正且高效的流域生态补偿机制，科学而又合理地测算流域生态补偿总量，对提高淮河上游生态环境保护地积极性，实现淮河流域经济效益最大化具有重要意义。本书以河南、安徽和江苏省内的淮河流域为界，将其上游、中游、下游分别看作一个独立的个体，从经济学角度分别对其进行分析，基于排污权可交易的思想，分别统计上游地区 2014 ~ 2018 年由于流域生态环境保护的发展权损失，科学合理地测算上下游流域生态补偿总量，为全国跨界流域生态补偿机制的实施提供一些参考借鉴。

———————————

① Shibao Lu, Xuerui Gao, Pute Wu, Wei Li, Xiao Bai, Miao Sun, Ai Wang. Assessment on domestic sewage treated by vertical – flow artificial wetland at different operating water level [J]. Journal of Cleaner Production, 2019 (208): 649 – 655.

② 杨晓露. 我国流域水资源生态服务的市场化机制研究 [D]. 湖北大学, 2014.

③ 邱宇等. 基于排污权的闽江流域跨界生态补偿研究 [J]. 长江流域资源与环境, 2018, 27 (12): 2839 – 2847.

3.11.3 基于排污权的流域生态补偿模型

3.11.3.1 基本思路

图 3 – 3 中曲线 MC 为流域上游生态保护的边际成本，MPB 为流域上游地区生态环境保护的边际私人效益，MEB 表示流域上游地区生态环境保护给下游地区带来的效益即边际外部效益，MSB 表示上游生态环境保护的边际私人效益 MPB 与边际外部效益 MEB 之和，即边际社会效益，MSB = MPB + MEB。

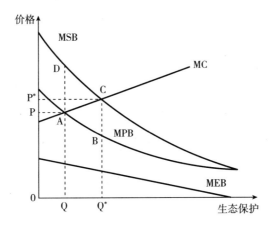

图 3 – 3　上游生态保护的正外部性

当存在外部性时，MPB 小于 MSB，其差额是 MEB。流域上游进行生态保护，若无 MEB，即没有经济外部性影响的情况下，可以得到的有效生态保护水平为 Q，仅由 MPB 与 MC 决定；当存在 MEB 时，其保护行为由 MSB 和 MC 决定，在此条件下，得到的有效生态保护水平为 Q*，Q* 大于 Q。由此可知，经济外部性得到有效补偿时，才能使资源配置更为高效，实现帕累托最优。而若是想要流域上游的生态环境保护水平达到 Q*，则必须对上游生态进行外部性补偿，补偿的最低限额为面积 ABC。从 Q、Q* 对应的 MPB、MSB 来看，提升流域上游的生态保护水平，会产生以面积 ABCD 计的外部收益，可看作流域下游愿意支付的最大值，即补偿额上限。

图 3 – 4 中曲线 MB 为流域上游地区生态环境破坏的边际效益，MPC 为流域上游地区生态环境破坏的边际私人成本，MEC 表示上游地区生态环境破坏对下

游地区造成的损害即边际外部成本，MSC 表示上游地区生态环境破坏的边际私人成本与边际外部成本之和，即边际社会成本，MSC = MPC + MEC。

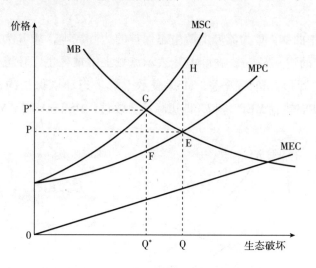

图 3 - 4　上游生态破坏的负外部性

由于存在外部不经济性，MPC 小于 MSC，其差额是 MEC。由上游利益最大化出发，在生态破坏行为由边际私人成本 MPC 和边际效益 MB 决定的情况下，此时的生态破坏水平为 Q；在生态破坏行为由边际社会成本 MSC 和边际效益 MB 决定的情况下，生态破坏水平为 Q^*，Q^* 小于 Q。很明显，边际外部成本的增加可以使上游生态破坏的水平降低，即解决外部不经济性问题，外部不经济性问题会加剧生态破坏。想要生态破坏水平减小到 Q^*，就需要对上游生态进行补偿，补偿的最低限额是面积 EFG，从 Q^*、Q 对应的 MPC、MSC 来看，上游生态破坏水平的增加，会产生以面积 EFGH 计的外部成本，即上游生态补偿的上限。

排污权又称排放权，是排放污染物的权利。它是指排放者在环境保护监督管理部门分配的额度内，并在确保该权利的行使不损害其他公众环境权益的前提下，依法享有的向环境排放污染物的权利。排污权交易指在一定区域内，在污染物排放总量不超过允许排放量的前提下，内部各污染源之间通过货币交换的方式相互调剂排污量，从而达到减少排污量、保护环境的目的[①]。其核心思想就是将

---

①　Shibao Lu，Jinkai Li. Analysis of standard accounting method of economic compensation for ecological pollution in watershed［J］. Science of the Total Environment，2020（737）：138 - 157.

排污权当作商品，可以买入或卖出，在进行商品交易的同时，合理地安排各地区污染物的排放。排污权交易有三个前提：①知道污染物的最大允许排放量；②在政府的允许下，有合法的排污权交易市场可进行排污权交易；③排污权交易市场参与者对污染防控水平即产排污量有一定的决定权，可从自身利益出发，结合实际情况对排污权进行交易。由此，排污权的合理分配，不仅能很好地体现"污染者付费"原则，也不会影响交易市场的形成。完善的市场条件是排污权交易的基础，排污权的价格也应由市场决定，所以要形成良好的交易环境来维持排污权市场的交易秩序。测算基于排污权的生态补偿额度需要确定两个值：一是损失的排污权量，即为了生态环境保护而减少的污染排放量；二是单位污染物的价格。

3.11.3.2 模型构建

排污权与地区经济发展水平有一定的联系，从某种角度上可以说，排污权就是发展权。现有的研究中大多忽略了水中的污染因子，不同水体中的污染物成分会有很大差异，只以污水排放量作为研究主体，水中主要污染物在排放量的计算会产生不同。目前我国水污染物总量控制关键指标是 COD、$NH_3 - N$，因此本书主要采用 COD、$NH_3 - N$ 排放量作为关键指标分别计算排污权。所以，假定城市人均水污染物排放量和城市人均 GDP 间存在某种函数关系，记为：

$$f(W_{ij}) = f(PG_j) \tag{3-28}$$

式中，W_{ij} 表示 j 地区人均第 i 种水污染物的排放量（吨/人）；PG_j 表示 j 地区的人均 GDP（元/人）。

知道各地区人均水污染物排放量的数据和各地区人均 GDP 的情况下，则能用数据拟合出函数关系式。根据得出的函数关系式计算，就可以得出各地区的理论人均污染量，即：

$$f(W_{ij}^*) = f(PG_j) \tag{3-29}$$

式中，W_{ij}^* 表示 j 地区理论人均第 i 种水污染物排放量（吨/人）；PG_j 表示 j 地区人均 GDP（元/人）。

$$\Delta W_{ij} = W_{ij}^* - W_{ij} \tag{3-30}$$

式中，ΔW_{ij} 表示 j 地区人均第 i 种水污染物损失的排污权（为正）或多使用的排污权（为负）；W_{ij}^* 表示 j 地区理论人均第 i 种水污染物排放量（吨/人）；W_{ij} 表示 j 地区实际人均第 i 种水污染物排放量（吨/人）。

补偿额度与人口数量和污染物的价格有一定关系。污染物价格一般通过间接的方法进行估算。当上游地区失去部分排污权，且排污价格确定时，下游地区应当对上游地区进行该部分排污权价值的经济补偿。不过，上游地区应当保证水质状况，可引入水质修正系数对补偿额度进行修正，计算公式如下：

$$Q_{ij} = \Delta W_{ij} \times C_i \times N_j \tag{3-31}$$

式中，Q_{ij} 表示 j 地区第 i 种水污染物的补偿额度；ΔW_{ij} 表示 j 地区人均第 i 种水污染物损失的排污权（为正）或多使用的排污权（为负）；C_i 是第 i 种水污染物的市场交易价格；N_j 是 j 地区流域内人口总数。

$$Q = Q_{ij} \tag{3-32}$$

其中，Q 为补偿总额。

3.12 淮河流域生态补偿总量研究

3.12.1 流域概况

淮河是中国七大江河之一，发源于河南省南阳市桐柏山，干流流经河南、安徽、江苏三省，全长 1000 千米，总落差 200 米。其中上游流域长 360 千米，流域面积 3.06 万平方千米；中游流域长 490 千米，流域面积 15.8 万平方千米；下游流域长 150 千米，流域面积为 16.46 万平方千米。其中上游基本处于河南界内、中游基本处于安徽界内、下游基本处于江苏界内。在进行补偿测算时我们采用"相对上下游"的方法，进行两省之间的生态补偿比较，即河南—安徽、安徽—江苏分别比较。河南界内选取信阳市和南阳市作为代表，安徽界内选取阜阳市、淮南市、蚌埠市作为代表，江苏界内选取淮安市、扬州市作为代表。这些作为代表的城市均为淮河干流的主要流经城市。本书将信阳、南阳划为淮河流域上游；阜阳、淮南、蚌埠划为淮河流域中游；淮安、扬州划为淮河流域下游。

3.12.2 数据来源

本书的相关数据取自《河南省统计年鉴》（2014～2018）、《安徽省统计年鉴》（2014～2018）、《江苏省统计年鉴》（2014～2018）。

3.12.3　样本选取

淮河流域流经信阳、南阳、阜阳、淮南、蚌埠、淮安、扬州 7 个城市[①]，其排污量直接影响到淮河流域的水质，故选取这 7 个主要流经城市作为样本城市。选取 2014 ~ 2018 年上述 7 个城市的水体中 COD、$NH_3 - N$ 排放总量和人均 GDP 总共 7 个地区 5 年连续的数据，共 5 个样本进行分析。

3.12.4　生态补偿总量基本模型选择

在一般情况下，地区污染水平与经济发展水平符合库兹涅茨倒 U 字形曲线假说。这一假说的内容为：在工业化初始阶段，随着经济发展水平的提高，人均 GDP 的增加，地区环境污染程度也会随之加大；当污染程度达到某一峰值时，就不会再随着人均 GDP 的增加而加大，反而会逐年下降。以人均 GDP 为自变量，环境污染程度为因变量，画出的曲线整体变化呈一个倒 U 字形。为找出最能拟合实际样本点分布的曲线，本书对人均污染排放量 W 和人均 GDP 即 PG 设定了不同的函数关系式。

一元线性回归关系式：

$$W = \alpha_0 + \alpha_1 \times PG \tag{3-33}$$

二次多项式：

$$W = \beta_0 + \beta_1 \times PG + \beta_2 \times PG^2$$

三次多项式：

$$W = \gamma_0 + \gamma_1 \times PG + \gamma_2 \times PG^2 + \gamma_3 \times PG^3$$

3.12.5　生态补偿总量测算

（1）排污量测算。对人均 GDP 及人均 COD 排放量、人均氨氮排放量分别设置一元线性回归、次多项式、三次多项式进行拟合，拟合情况如图 3 - 5、图 3 - 6 所示。

根据拟合情况可得到不同函数模型的拟合结果如表 3 - 13 所示。

---

①　周亮，徐建刚. 大尺度流域水污染防治能力综合评估及动力因子分析——以淮河流域为例［J］. 地理研究，2013，32（10）：1792 - 1801.

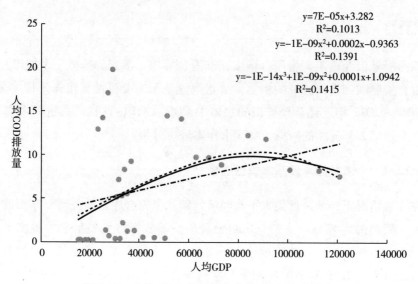

图 3-5 人均 COD 排放量与人均 GDP 拟合情况

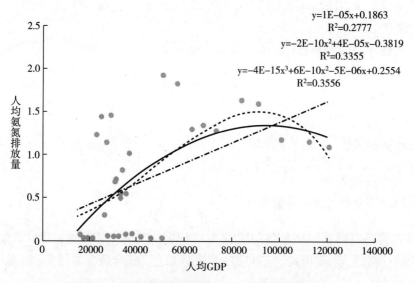

图 3-6 人均氨氮排放量与人均 GDP 拟合情况

　　在三个参数模型中，二次多项式的拟合结果符合 β_1 大于 0、β_2 小于 0，三次多项式的拟合结果满足 γ_1、γ_2 大于 0、γ_3 小于 0。不过，二次多项式的 R^2 系数均小于三次多项式，所以在此状况下，应当选取三次多项式作为拟合样本点分布的曲线模型。

表 3 – 13　不同函数模型的拟合结果

系数	一元线性函数		二次多项式		三次多项式	
	COD	$NH_3 - N$	COD	$NH_3 - N$	COD	$NH_3 - N$
常数	3.282	0.1863	-0.9363	-0.3819	1.0942	0.2554
PG	7×10^{-5}	1×10^{-5}	0.0002	0.00004	0.0001	5×10^{-6}
PG^2			-1×10^{-9}	-2×10^{-10}	1×10^{-9}	6×10^{-10}
PG^3					-1×10^{-14}	-4×10^{-15}
R^2	0.1013	0.2777	0.1391	0.3355	0.1415	0.3556

（2）排污权价格测算。将各地区人均 GDP 值代入拟合出的三次多项式，可算出 2014～2018 年各地区理论人均排污权。根据得到的理论人均排污权减去实际人均排污权，得到的差额即损失的排污权（见表 3 – 14、表 3 – 15）。

表 3 – 14　2014～2018 年淮河流域各地区 GDP 及污染物排放数据

地区	年份	人口数（万）	人均 GDP（元/人）	COD 排放量（吨）	氨氮排放量（吨）	人均 COD 排放量（千克/人）	人均氨氮排放量（千克/人）
信阳	2014	641	27415	109400	7321	17.06708268	1.142121685
	2015	640	29340	126618	9345	19.7840625	1.46015625
	2016	642	31733	45732	4599	7.123364486	0.71635514
	2017	645	34025	53788	5302	8.339224806	0.822015504
	2018	647	36951	59816	6567	9.245131376	1.014992272
南阳	2014	999	23121	128601	12274	12.87297297	1.228628629
	2015	1002	25173	142575	14369	14.22904192	1.434031936
	2016	1004	31010	51463	6985	5.125796813	0.695717131
	2017	1005	33255	52870	5378	5.260696517	0.535124378
	2018	1001	35555	54989	5463	5.493406593	0.545754246
蚌埠	2014	371.1	35542	4466.2	274.88	1.203503099	0.074071679
	2015	376.35	38267	4839.44	297.32	1.285888136	0.07900093
	2016	379.52	41855	2122.55	177.15	0.559272239	0.046677382
	2017	381.25	46233	1983.15	144.88	0.520170492	0.038001311
	2018	383.94	50662	1762.87	127.86	0.459152472	0.033302078

地区	年份	人口数 （万）	人均GDP （元/人）	COD排放量 （吨）	氨氮排放量 （吨）	人均COD排放量 （千克/人）	人均氨氮排放量 （千克/人）
阜阳	2014	1051.42	15303	2439.01	1323.6	0.231972951	0.125886896
	2015	1042.65	16121	2282	760.2	0.218865391	0.072910373
	2016	1061.55	17642	2828.14	365.15	0.26641609	0.034397815
	2017	1070.07	19536	2527.37	403.56	0.236187352	0.037713421
	2018	1070.83	21589	2319.24	401.25	0.216583398	0.037470934
淮南	2014	243.35	33361	5398.47	1199.4	2.21839737	0.492870351
	2015	383.39	26398	5231.86	1151.28	1.364631315	0.300289522
	2016	389.11	27990	2697.1	229.74	0.693145897	0.05904243
	2017	389.56	30540	1534.55	215.42	0.39391878	0.055298285
	2018	389.66	32487	1386.99	206.34	0.355948776	0.052953857
淮安	2014	485.21	51213	70331	9331	14.49496094	1.92308485
	2015	487.2	57032	68540	8873	14.0681445	1.821223317
	2016	489	63083	47729	6371	9.760531697	1.302862986
	2017	491.4	67909	47582	6627	9.682946683	1.348595849
	2018	492.5	73204	43765	6293	8.886294416	1.277766497
扬州	2014	447.79	83821	54832	7312	12.24502557	1.632908283
	2015	448.36	90965	53248	7159	11.87617093	1.596708002
	2016	449.14	100644	37211	5275	8.284944561	1.174466759
	2017	450.82	112559	37096	5193	8.228561288	1.15190098
	2018	453.1	120944	34120	4931	7.530346502	1.088280733

根据《安徽省定价目录》《河南省主要污染物排污权有偿使用和交易管理暂行办法》《江苏省主要污染物排污权有偿使用和交易管理暂行办法》，选取2019年三省加权平均价为标准，得到的排污权价格COD为1.8万元/吨，NH_3-N为2.4万元/吨。

由于本书主要以省为单位进行流域生态补偿额的计算，因此把同省地区的补偿额进行叠加，测算三省的补偿金额，结果如表3-16所示。

表3-15 2014~2018年淮河流域各地区生态补偿额

地区（上游—下游）	年份	理论排污权（千克/人）		损失排污权（千克/人）		补偿额（万元）	
		COD	NH₃-N	COD	NH₃-N	COD	NH₃-N
信阳—南阳	2014	4.38	0.761006	-12.69	-0.38112	-22.8345	-0.91468
	2015	4.64	0.817574	-15.15	-0.64258	-27.2657	-1.5422
	2016	4.95	0.890437	-2.17	0.174081	-3.90317	0.417795
	2017	5.26	0.962582	-3.08	0.140567	-5.54172	0.33736
	2018	5.65	1.057573	-3.59	0.04258	-6.47096	0.102193
南阳—淮南	2014	3.82	0.642313	-9.06	-0.58632	-16.3002	-1.40716
	2015	4.09	0.697666	-10.14	-0.73637	-18.2581	-1.76728
	2016	4.86	0.868143	-0.27	0.172426	-0.48092	0.413821
	2017	5.16	0.938106	-0.10	0.402981	-0.18516	0.967156
	2018	5.46	1.011881	-0.03	0.466127	-0.05224	1.118705
蚌埠—淮安	2014	5.46	1.011459	4.26	0.937387	7.666474	2.249729
	2015	5.82	1.101206	4.54	1.022205	8.170213	2.453292
	2016	6.30	1.222486	5.74	1.175809	10.33026	2.821942
	2017	6.87	1.373769	6.35	1.335768	11.42387	3.205842
	2018	7.43	1.528569	6.97	1.495267	12.54164	3.58864
阜阳—淮南	2014	2.82	0.458089	2.59	0.332202	4.66357	0.797286
	2015	2.92	0.475178	2.71	0.402268	4.869765	0.965443
	2016	3.11	0.508391	2.85	0.473993	5.126967	1.137582
	2017	3.35	0.552249	3.12	0.514536	5.613674	1.234886
	2018	3.62	0.602747	3.40	0.565276	6.123561	1.356662
淮南—蚌埠	2014	5.17	0.941461	2.95	0.448591	5.316418	1.076619
	2015	4.25	0.73192	2.88	0.431631	5.188081	1.035914
	2016	4.46	0.7777	3.76	0.718658	6.775577	1.724778
	2017	4.80	0.853777	4.40	0.798479	7.923832	1.91635
	2018	5.06	0.91393	4.70	0.860976	8.459076	2.066343
淮安—扬州	2014	7.50	1.547848	-7.00	-0.37524	-12.5998	-0.90057
	2015	8.19	1.750129	-5.87	-0.07109	-10.5717	-0.17063
	2016	8.87	1.954348	-0.89	0.651485	-1.60008	1.563563
	2017	9.37	2.109239	-0.32	0.760643	-0.57227	1.825544
	2018	9.85	2.267565	0.96	0.989799	1.735662	2.375518

续表

| 地区
（上游—下游） | 年份 | 理论排污权（千克/人） | | 损失排污权（千克/人） | | 补偿额（万元） | |
		COD	NH₃ - N	COD	NH₃ - N	COD	NH₃ - N
扬州—长江	2014	10.61	2.534389	- 1.63	0.901481	- 2.93759	2.163554
	2015	10.94	2.664196	- 0.94	1.067488	- 1.68814	2.561972
	2016	11.09	2.75837	2.81	1.583903	5.055162	3.801368
	2017	10.76	2.715634	2.53	1.563733	4.554671	3.75296
	2018	10.13	2.560181	2.59	1.4719	4.670424	3.53256

表 3 – 16　2014 ~ 2018 年淮河流域各省支付/获取生态补偿额度

年份 　　　　　　　地区	河南	安徽	江苏
2014	- 42.3713	21.7701	- 14.2744
2015	- 50.3754	22.68271	- 9.86846
2016	- 3.13467	27.91711	8.820014
2017	- 4.085	31.31845	9.560904
2018	- 5.2001	34.13592	12.31416

注：正值表示应获取的生态补偿额，负值表示应支付的生态补偿额。

　　如图 3 – 7 所示，淮安、扬州既是生态保护的受益者，也是生态保护的执行者，应得到下游的生态补偿，但由于淮河流入江苏境内后最终汇入长江，所以，江苏省的生态补偿额由其上一段流域地区安徽省的补偿额确定。

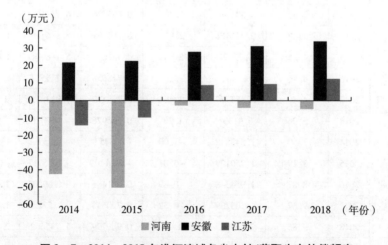

图 3 – 7　2014 ~ 2018 年淮河流域各省支付/获取生态补偿额度

3.13　结果分析

3.13.1　生态补偿总额

由上文可知：河南省作为淮河流域的上游行政区，生态补偿总额根据安徽省和本省的污染物排放情况而定，其中 2014 年、2015 年需向上游行政区分别支付14.2744 万元和 9.8685 万元，这与江苏省是三省中经济发展水平最高、下游地区较发达的情况一致。其后三年江苏省获得上游行政区支付的生态补偿额共30.6951 万元，主要原因是从 2016 年起，江苏省的实际人均 NH_3-N 排放量开始小于理论人均 NH_3-N 排放量，而在 2016 年以前，江苏省的实际人均 COD 排放量和实际人均 NH_3-N 排放量均是大于理论排放量的，这也就导致江苏省多占了部分排污权，需要向安徽省进行流域生态补偿。安徽省作为中游行政区，在2014～2018 年，均应获得上游行政区河南省的生态补偿。从安徽省的污染物排放情况也可看出，安徽省的排污权一直处于损失状态，虽然经济发展水平不断提高，但其人均污染物排放量不但没有增加，反而有所降低。因此，在 2014～2018年，安徽省可获得河南省 137.824 万元的生态补偿额。河南省的污染物排放量一直处于较高状态，2015 年之前一直处于增加状态，2015～2016 年污染物排放量骤减，2016 年的排放量基本上只有 2015 年的一半。即使如此，河南省的排放量依然居于高位，这也导致了河南省的理论排污权一直高于实际排污权，其在2014～2018 年每年都要向安徽省支付生态补偿金额。

由此可见，安徽省、江苏省的经济发展较河南省相比更加绿色，而河南省的经济发展属于粗放型，这与河南省是一个煤炭大省不无关系。河南省煤炭资源丰富，是我国重要的产煤省份，工业化程度较高，对污染物的排放需求也就更大[①]。总体来说，河南省需要更多的排污权，但其所需付的生态补偿也就更高。

3.13.2　明确补偿主客体

当流域上游地区的实际污染物排放量大于理论上的污染物排放量时，说明上

---

①　排污权交易：为节能减排探新路［J/OL］．中国城市低碳经济网，2013 - 01 - 08．

游地区使用了额外的排污权，上游行政单位就应向下游地区支付额外的排污权费用；同样，当上游地区的实际污染物排放量小于理论上的污染物排放量时，下游行政单位应向上游地区支付损失的排污权费用①。使用了额外排污权的一方向另一方进行生态补偿，这样，生态补偿的主客体就十分明确，流域内各地区只需对自己的污染物排放量负责，根据排污权来确定上下游的生态补偿关系。以淮河流域为例研究跨界流域生态补偿，解决跨省流域的生态补偿问题，结合所跨三省的实际情况，由省环保部门负责指导协调淮河流域生态环境保护补偿工作，确定流域内各省的年度污染物排放总量和理论上拥有的排污权以及年度排污权交易价格，明确流域上下游地区的主客体关系，计算流域内各省的补偿额度，确定生态补偿的资金方案。之后由省财政厅负责对生态补偿资金的核对、结算以及支付的下达工作。

3.13.3 兼顾上下游利益

排污权交易的目的就是使流域内各地区通过货币交换的方式相互调剂排污量，从而达到减少排污量、保护环境的目的②。简单来说，就是使流域内各地区资源配置达到最优，使经济发展和生态保护相协调到一个最好的状态。通过测算排污权来确定生态补偿额度，在一定程度上也能降低地区对污染物的排放。排污者可以自主决定买入或卖出排污权，既能很好地体现污染者付费的原则，也不会影响排污权市场交易的稳定。流域上游地区付出了保护生态环境的人力、财力、物力，又受到了一定程度上的制约，下游地区则是流域生态保护的受益者，双方都有享受流域生态保护正外部性的权利，同样双方也都有承担流域生态环境保护的义务。基于排污权交易的流域生态补偿制度，一方面可以调动环境保护者的生态保护积极性，另一方面也是在为实现区域共同发展提供新思路，体现了排污权的价值性③。从利益关系的角度看，排污权交易兼顾了上下游双方的利益，在利益分配上客观公正，对实现全流域资源配置最优有极其重要的意义。

---

① 常杪，陈青. 中国排污权有偿使用与交易价格体系现状及问题 [J]. 环境保护，2014，42 (18)：28 - 31.

② 赵若伊. 贵州省排污权交易管理系统的分析与设计 [D]. 云南大学，2013.

③ 赵文会，谭忠富，高岩等. 基于双层规划的排污权优化配置策略研究 [J]. 工业工程与管理，2016，21 (1)：72 - 78.

3.13.4 建立流域排污权交易制度

要想基于排污权交易完善流域生态补偿制度就必须先建立流域排污权交易制度[①]。目前国内排污权交易市场还不是很成熟，排污权交易也处于探索阶段，已有一些成功的案例。建立流域排污权交易制度是进行排污权交易公平公正的保证。在流域排污权交易制度的规束下，使各方不能随意测算自身所拥有的排污权，以免扰乱市场秩序。当排污权所有者明确地知道自身排污权的最大值，在利益的驱使下，极大可能会自发减少污染物的排放量以避免超出自己的最高限额。所以，排污权交易制度的建立有助于核算流域内各地区的理论排污权，明确流域上下游的主客体关系，计算流域内各省的补偿额度[②]，促进淮河流域的流域生态保护机制的建立，推动上下游协同保护生态环境。

3.13.5 补偿模型不确定分析

（1）模型关系的不确定性，本书采用的是库兹涅茨倒 U 字形曲线假说，是以地区污染水平与经济发展水平符合库兹涅茨倒 U 字形曲线为前提。但是在研究中，我们直接将污染物排放代替地区污染水平与经济发展水平进行拟合，这样得出的结果势必会产生一些差异。地区污染水平不仅与污染物的排放有关，还与区域的产业结构、环境的容量有关，只考虑污染物的排放是不太合理的。

（2）模型参数的不确定性，由于资料有限，本书只采用了几年的数据进行拟合，数据数量不多，拟合的效果也不能达到最好，拟合出的结果有一定的不精确性。在资料足够的情况下，拟合效果应可以得到进一步优化。

（3）补偿金额测算的不确定性，因为本书以跨界流域为例，研究的淮河流域是跨省河流，所以排污权价格涉及三个不同的省份。不同省份的排污权定价也都不同，本书采用加权平均法不能准确反映排污权实际价值。在实际情况下，这涉及政府之间的排污权交易，由于可能会存在优惠等特殊情况，所以测算的生态补偿额会有偏差，不能完全准确。

---

① 肖加元，潘安．基于水排污权交易的流域生态补偿研究［J］．中国人口·资源与环境，2016，26（7）：18－26.

② 朱鹏飞，包青．能源使用、环境保护与经济发展的关系——基于排污权的区域协调研究［J］．华东经济管理，2018，32（7）：120－125.

3.14　结论

　　流域生态补偿制度的完善势在必行，排污权交易制度为其提供了一个新方向。本书通过建立基于排污权的淮河流域跨界生态补偿额度测算模型，确定了生态补偿的主客体关系和补偿金额。该方法数据获取相对容易，测算过程相对简单，拓展了总量控制和排污权的应用领域，进一步健全和完善了流域生态补偿额度测算方法。此方法不仅能用于跨省流域生态补偿的测算，也可用于省内跨市的流域生态补偿测算。主要明确了生态补偿的主客体，以及实际排污权和理论排污权的差值，流域生态补偿就能容易做到。如果想要对于跨省流域进一步分析，则可以将跨市的流域生态补偿一并算出，先进行跨省流域生态补偿，再进行跨市流域生态补偿。

　　由于模型关系和模型参数等的不确定性，导致测算的生态补偿额会有一些差异。而这些差异可以通过使用大量的数据和调查实际情况使其降到最小甚至为零。因此，应深度研究地区污染水平各影响因素的比重，综合相关因素，合理选择模型参数，进一步优化此跨界生态补偿额度测算模型，使此模型更贴近实际情况，得到更加真实准确的结果。

4 流域生态补偿实证分析

4.1 研究流域概况

历史以来，新安江的上游一直保持着比较好的水质和水量，归功于它的历史及地理位置，而良好的流域生态环境，也使千岛湖作为优质水源供应给下游人们使用。但是，随着皖、浙两省逐渐加大的经济发展压力，千岛湖湖面和新安江流域的生态环境遭到一定程度的破坏，表现为从2010年起两地多次出现蓝藻增殖现象且即将超过自净极限。而我国首次实施跨省江河流域生态环境补偿试点的新安江流域，但是如何平衡上、下游间利益，如何制定监测的指标和标准，如何建立共管共享机制成为新安江生态补偿的重点。

4.1.1 自然环境的概况

新安江作为安徽的第三大水系，次于长江和淮河，它发源于黄山市休宁县境内，流经安徽和浙江两省，海拔为1629米，其中包括600多条大大小小的支流，目前为止，是少数仅存的健康河流。新安江的流域干流全长359千米，总面积11452.5平方千米，而安徽境内的流域面积6736.8平方千米，干流长比58.8%。新安江平均的径流量是65.3亿立方米，占其平均入湖总量的68%。作为浙江省的重要饮用水水源地，上游新安江的水质影响了千岛湖的水质，而新安江流域的生态环境影响着饮水的安全问题。

新安江流域的上游地区包括黄山市的三区四县和宣城市的绩溪县，下游地区包括浙江省的富阳、桐庐、临安等县市。新安江的上游地区多山丘和丘陵，集水面积为 6440 平方千米，保护和建设十几年后，森林覆盖率超过全国值的 4 倍以上，成功地达到 77%，而其水库周边的植被覆盖率更是高达 95% 左右。良好的下垫面的形成得益于优良的植被状况，从而大大提高其涵养水源的能力。新安江流域上游地区的生态保护如果以全国平均径流率为基数，按照集水面积 6440 平方千米，降水深 1773 毫米计算而得，则相当于每年平均多产生径流 15 亿立方米。新安江相连着上游黄山市和下游千岛湖景区及杭州，上游是闻名遐迩的旅游胜地，而下游的发展也因其优质的水资源得到了足够的水环境容量。

4.1.2　社会经济情况

4.1.2.1　人口

截至 2010 年末，黄山市作为新安江上游，其户籍人口总数为 13346 万（其中非农业人口 42.35 万人），下游的杭州市人口 712.33 万（非农业 375.84 万人，是黄山 9 倍左右）。关于城镇居民的人均可支配收入，黄山市和杭州市分别为 13580 元和 26437 元，而杭州农村居民的人均纯收入为 11324 元，约为黄山市的 2 倍。

4.1.2.2　主要产业及经济发展水平

目前，处于新安江上游的黄山市形成了工业体系，包括机械、电子、丝绸、建材、医药、化工，但都是无规模的，使其在工业发展方面存在着一定的阻碍，这也是因为黄山市地处水源涵养区，属于完全传统的农业类型和新兴的旅游城市。2009 年，黄山市提出建立国家环保模范城市，2010 年黄山市的第一产业比重为 12.8、第二产业比重为 40.1（增加值为 96.7 亿元）、第三产业比重为 46.1。黄山市城市人均 GDP 按户籍人口计算则达到了 14626 元。因此，生态经济发展，产业结构调整，建成高新技术、旅游经济和生态农业为主的新产业结构格局成为当务之急。改革开放后，下游的杭州市社会经济发展迅速增长，使其在全国算是"经济强市"，经济的总量是第二全国省会城市，第三副省级城市，第八大中城市。2010 年，生产总值达到了 4871.62 亿元，其中第一、二、三产业生产总值分别为 186.46 亿元、2498.83 亿元、2185.33 亿元，结构比分别为 4.0∶51.2∶44.8。杭州市的人均 GDP 若按户籍人口计算，则达到了 61313 元，处于中等发达国家偏上的水平。

由此得出，上游的黄山市只是长期关注保护生态环境，落后的城市产业结构使其错失发展机会，生态保护和建设的耗费成本会不断地增加，使两市的发展差距逐渐扩大。

4.1.3 水生态状况

1993 年以来，新安江总体的水质优良较稳定。上游地区有着质量状况良好的水环境、较少的工业污染且污染程度较轻。结果表明，这与上游地区以旅游业为主息息相关。

目前国内，安徽段是新安江流域为数不多的健康流域之一。上游地区共设有 8 个监测断面，其中省界断面是在街口。2014 年全年共监测 10 次、指标 25 项、有效监测数据 2300 个，从监测结果可得出，以《地表水环境质量标准》（GB3838 - 2002）Ⅲ类水质为标准，各项检测指标均满足或优于标准。2010 年到 2017 年，从监测结果可知，8 个检测断面各项指标合格率达 100%。其中，以全年均值评价，Ⅰ、Ⅱ、Ⅲ类水约占比分别为 78%、21%、1%，均符合和优于Ⅲ类水，新安江流域水质现状具体情况见表 4 - 1。

表 4 - 1　安徽省新安江流域水质现状统计

时段		全年	汛期	非汛期
评价测站数（个）		25	8	25
评价河长（千米）		427	213	427
Ⅰ类	河长（千米）	314	170	260
	测站数（个）	18	4	17
	占评价河长（%）	73.5	79.8	60.9
Ⅱ类	河长（千米）	111.5	39	101
	测站数（个）	5	3	5
	占评价河长（%）	26.1	18.3	23.7
Ⅲ类	河长（千米）	1.5	4	66
	测站数（个）	2	1	3
	占评价河长（%）	0.4	1.9	15.5
Ⅳ类	河长（千米）	0	0	0
	测站数（个）	0	0	0
	占评价河长（%）	0	0	0

续表

时段		全年	汛期	非汛期
V类	河长（千米）	0	0	0
	测站数（个）	0	0	0
	占评价河长（%）	0	0	0
劣V	河长（千米）	0	0	0
	测站数（个）	0	0	0
	占评价河长（%）	0	0	0

资料来源：黄山市原环保局提供。

为了维持新安江良好的水质现状，需要双管齐下，既要减少排放，又要加强水土保持。上游地区的黄山市十分重视生态环境保护工作，始终将生态环境放在保护水利工程建设以及日常水利管理中的第一位。2005 年，根据《黄山生态市建设规划》规划，黄山市重点建设了八大工程，涉及项目290 个，总投资超过800 亿元。2013 年，黄山市及区县政府出台《关于实行最严格水资源管理制度的意见》，严格执行水资源论证与取水许可、用水总量控制与用水定额管理、水资源有偿使用等各项水资源管理制度。在此过程中，黄山市重点实施了新综合整治，对废水排放、河道采砂、畜禽养殖以及对沿江上游的工业企业排污，横江、率水上游的重点建设项目等情况进行明察暗访。

同时，上游地区黄山市不仅积极探索有效机制，还认真落实补偿政策。上游地区 2010～2017 年造林面积及森林覆盖率见表 4－2。

表 4－2　2010～2017 年上游地区造林面积及森林覆盖率

年份	造林面积（公顷）	林业用地面积（公顷）	森林覆盖率（%）
2010	3645	804.3	77.4
2011	6550	803.9	78.58
2012	7897	804.59	79
2013	6994	820.61	81
2014	6071	832.48	82.9
2015	3060	828.44	82.9
2016	2671	828.44	82.9
2017	1610	828.44	82.9

资料来源：2010～2017 年《黄山市统计年鉴》。

4.1.4　面临的问题

（1）上游地区发展与保护的矛盾进一步凸显。黄山市对工业和项目建设实行严格的"准入"制度，以此来保护新安江流域的生态环境，从而使工业发展缓慢，下游地区和相邻的城市群的发展存在落差，经济发展不平衡。一方面想守卫流域生态安全，另一方面也有着快发展、小差距的希冀。所以，产业转移和人口增加、发展与保护的矛盾显现。

（2）上游地水环境的发展趋势不容乐观。一是地表径流减少、质量变差，导致水体自净能力降低、水质变差。二是水利工程调控能力弱，不仅无法削减洪峰，也无法调控和平衡供水。三是日益加重污染的农村面源，成为污染流域水环境的重要地方。

（3）新安江水库突出后靠移民、水土保持等问题。当时，新安江水库建设中，主要安置方式是移民后靠。移民后靠对山的依赖程度更高，不仅加剧了水土流失，造成污水、垃圾排放，更会长期处于不够稳定的状态。新安江流域急需治理水土流失面积 1761 平方千米，需要二次移民 18 万人。

4.2　流域水生态保护补偿框架

4.2.1　实施基础

1998 年，千岛湖库区遭遇大面积蓝藻暴发，N、P 浓度上升，对人民用水产生了严重影响。2003 年，钱塘江流域由于海水倒灌，造成水污染情况极为严重，千岛湖向杭州市年调水 10 亿立方米的工程被提出。但是，"喝水生存"的问题却迫在眉睫，黄山市作为上游为发展自身经济引进了大量的污染性企业，导致下游的千岛湖出现局部富营养化。因而，浙江省强烈要求上游严格实施水源地生态保护标准，确保为下游提供相对优质的水源。

安徽也表示，长期以来，上游地区实施严格的水源地生态保护标准，保护新安江水质，使其付出了机会成本，发展被限制。不能一味地要求安徽省无偿地保护好水源，毕竟和下游的杭州市相比较，两地的经济发展差距很大。其中，黄山市和杭州市 2010~2017 年人口与 GDP 对比见表 4-3，两地区的农民人均收入见表 4-4。

表 4-3　2010~2017 年黄山市和杭州市人口与 GDP 对比

年份＼类别	人口		GDP（元）	
	黄山市	杭州市	黄山市	杭州市
2010	148.05	689.12	309.45	5965
2011	148.11	695.71	378.81	7037
2012	147.27	700.52	424.95	7834
2013	147.42	706.61	470.9	8399
2014	147.69	715.76	507.17	9206
2015	147.69	723.55	530.9	10050
2016	148.41	736	580.48	11314
2017	148.46	753.88	611.32	12603
均值	262.91	715.14	476.75	9051

表 4-4　2010~2017 年黄山市和杭州市农民人均可支配收入　　　单位：元

年份＼类别	农民人均收入	
	黄山市	杭州市
2010	6716	13186
2011	7952	15245
2012	9161	17017
2013	10389	21208
2014	10942	23555
2015	11872	25719
2016	12869	27908
2017	14034	30397

资料来源：2010~2017 年《黄山市统计年鉴》、《杭州市统计年鉴》。

从表 4-3、表 4-4 中可以看出，新安江上游的黄山市和下游的杭州市 GDP 以及农民人均收入差距也有逐渐扩大的态势。并且，黄山市作为传统农业类型和新兴旅游城市逐步成为产业转移的优先选择，也有了一定的发展机会。所以，如果要求黄山市牺牲自身的经济发展来保护好生态环境，而下游并不提供相应的补偿，这会严重降低上游保护生态的积极性。

2004 年，新安江流域交接断面的水质降为Ⅲ类，已经无法承担功能区Ⅱ类水质的目标，浙皖两地的矛盾日益升级。为此，出台了《关于在新安江流域建立国家级生态示范区和构架"和谐流域"试点的建议》。2006 年，浙江省提出会支付上游的黄山市一定的经济补偿，以换取优质水源。2007 年，新安江流域生态补偿作为全国首个跨省流域生态补偿试点进行实践。2011 年，在财政部、环保部的推进下，新安江流域开展了首个跨省流域生态补偿试点，安徽浙江两省以水质"约法"，共同设立环境补偿基金。首轮的三年试点期间，新安江水质保持为优，浙江千岛湖营养化问题得到改善。2015 年，两省签订新一轮的生态补偿协议，新安江随之启动全流域综合治理。

（1）水源保护区和受益区明确。新安江流域相对大江大河来说，生态补偿机制的构建和实施操作性更高。新安江流域跨安徽、浙江两省，上游地区黄山市是主要的集水区。浙江省杭州市及下游县市是主要受益地区，而黄山市则为千岛湖优质水源做出了贡献和牺牲。

（2）水质动态监测系统完善。目前，上游地区共设有 8 个监测断面，其中街口为省界断面。生态补偿以完善的水质动态监测系统为基础，依据上游提供水质水量进行生态补偿。

（3）下游地区经济发展水平较高。一方面，下游的杭州市作为"经济强市"，经济发展水平高，具有支付能力；另一方面，杭州市经济越发达，对水资源的需求也就越大。

4.2.2 补偿的主客体

要了解该流域实行生态补偿机制所实现的经济效益、社会效益等可以通过对主客体的分析得知。

新安江流域生态补偿主体包括三部分①②③④：一是从新安江流域水资源中广泛受益的群体；二是向新安江排放污染物、污染水环境的个人和企业；三是直接

---

① 白燕. 流域生态补偿机制研究——以新安江流域为例［D］. 安徽大学，2011.

② 麻智辉，高玫. 跨省流域生态补偿试点研究——以新安江流域为例［J］. 企业经济，2013（7）：145–149.

③ 陈东风，张世能，徐圣友. 新安江流域生态补偿机制的对策研究与实践——以新安上游休宁县为例［J］. 黄山学院学报，2013（15）.

④ 贾本丽，孟枫平. 省际流域生态补偿长效机制研究——以新安江流域为例［J］. 中国发展，2014，14（4）：24–28.

或间接获得社会效益的群体。流域生态补偿机制的补偿主体涉及的范围是极其广泛的，但是人各有异，所以所承担的补偿责任对于不同的主体是有差异的。本书将补偿主体范围限定在新安江下游流域地区。

流域上游的地区和居民是主要的新安江流域补偿客体，受补偿对象应该是为环境保护做出贡献的，即补偿客体。流域的补偿客体分为两类：一是治理环境污染的政府和企业；二是对环境的保护做出积极贡献的企业和个人，他们主动或者被动减少污染物的排放。例如，多地开展禁渔活动、保护水域生态环境等，这些主体都属于流域补偿的客体。

新安江流域生态补偿的主体应该包括：受益于水资源的一切群体，和污染水资源的一切个人、企业或单位。具体来看主要由政府和公共财政、流域生态效益的受益主体以及损害流域生态系统或对其他利益主体造成生态损害的行为主体三个部分构成。

生态补偿的客体是新安江流域的上游地区（黄山市和宣城市绩溪县），他们为流域生态环境保护和建设，保障流域水资源的可持续利用做出了贡献。上游地区丧失的经济发展机遇，下游地区乃至国家作为受益地区理应承担起补偿的责任。

4.3 流域水生态保护补偿标准

生态补偿中比较难确定的是补偿标准，因为这涉及补偿金额的量化问题。但是在实际工作中，虽然确定流域生态补偿标准以流域生态服务功能价值评估为重要依据，却存在操作困难、结果偏差大等问题。这样流域生态补偿标准就应该以在实践中了解上游地区生态环境保护投入和发展机会成本损失等为重要基础。

新安江流域生态补偿机制的建立[1][2][3][4]，首先，确定国家《地表水环境质量标准》的Ⅲ类是上游地区交水给下游地区的水环境质量的执行标准；其次，要知

① 王慧. 新安江流域生态补偿机制的建立和完善 [D]. 合肥工业大学, 2010.
② 陈磊. 新安江流域生态补偿研究 [D]. 宁波大学, 2013.
③ 吴园园. 新安江流域生态补偿机制效果分析与完善研究 [D]. 安徽大学, 2014.
④ 马庆华, 杜鹏飞. 新安江流域生态补偿政策效果评价研究 [J]. 中国环境管理, 2015, 7 (3): 63-70.

道双向性是生态补偿必不可少的，包含赔偿和补偿。其中，赔偿是指上游地区对流域水质污染超标所造成损失的赔偿，赔偿额与超标污染物的种类、浓度、水量及事件有关。当过境水质达到或优于Ⅲ类水质标准时，上游地区可得到下游地区的补偿。生态补偿依据主要有以下三种：

（1）生态服务功能价值。主要是评估与核算生态保护或环境友好型的生产经营方式所产生生态服务功能价值。

（2）机会成本。补偿标准是根据上游地区进行流域生态环境保护和建设的机会成本损失计算得来，主要包括三个方面：一是上游地区直接投入保护生态环境的；二是上游地区的损失，即间接投入；三是延伸投入，即投入以后上游地区为改善流域水质水量而新建的流域水环境保护设施、水利设施等项目的。

（3）水资源价值。以"上供下"达到Ⅲ类水质标准的水资源数量，当地的水资源价格来计算生态的补偿数额。目前国内外学术界普遍关注的热点和难点问题是生态服务功能价值化。生态服务功能的价值能被很好地评估和量化，需要生态补偿标准依据和生态服务功能市场基础被确定好。但是，在目前，研究结果表明，生态服务功能价值化因方法的不同，往往有差异性很大的估算结果，从而更直接、易接受以机会成本或水资源价值来核算生态补偿标准。因此，本书考虑新安江流域生态补偿标准分别从机会成本和水资源价值来进行。

4.3.1　基于上游地区机会成本损失的补偿标准

4.3.1.1　上游地区生态保护与建设的总成本

直接投入和间接投入是上游地区生态保护与建设的总成本的两部分。具体来看：

（1）林业建设与保护投入。上游地区林业建设有退耕还林建设、封山育林建设等投入。各区县每年进行林业建设需花费大量资金，森林覆盖率逐年增长，涵养水源、防洪蓄汛、保持土壤得到成效。

（2）水土流失治理投入。因为自然地理环境，以及人口的不断增长和开发建设活动的不断增加，上游地区水土流失现象比较严重。但是，治理了多年，目前已多有下降。

（3）污染防治投入。黄山市是著名的旅游城市，为了有效地发展旅游，政府每年都花费大量人力、物力、财力用于废水处理、配套设施建设等污染治理。

（4）发展节水投入。这里包括农业节水和工业节水两个方面。在农业节水方面，措施主要为渠道防渗；在工业节水方面，上游地区节水投入仍在逐年增加，因为工业体系并不发达、企业规模不大造成耗水量较少。

（5）在移民安置投入方面。目前上游政府每年最大的财政投入项目是用于移民安置的投入。水库移民和生态移民是上游移民安置工作主要的两方面。

（6）限制产业发展损失。上游地区的各类有污染的工农业项目长期以来被严格限制了，对污染比较严重的企业采取措施，保证了流域的水质和水量，但同时也制约上游地区的经济发展，造成一定经济损失。

4.3.1.2 补偿标准影响因素

本书主要从以下四个方面来为下游地区总成本分摊量的核算提供参考。

（1）水量分摊因素。新安江流域的总水量，一方面是保证上、下游地区植被等的生态用水；另一方面是提供经济生活用水。因此，计算下游地区总成本分摊量就是水量分摊量法，即可以用下游地区用水量占总水量的比例来表示。

（2）水质影响因素。在确定生态补偿标准时，要考虑下游地区用水量和水质。上游地区交水给下游地区的水环境质量以国家Ⅲ类标准，常用 COD 作为水质指标，在Ⅲ类水状态下，COD 浓度为 20 毫克/升。当街口断面的水质达标、优于Ⅲ类水质标准、劣于Ⅲ类水质标准时，则分别表现为补偿工作中此刻不需考虑改善成本或损失、下游要为上游的成本做出补偿、上游要赔偿下游污染的损失。中国环境监测总站以每月一次的频次进行监测，其结果作为流域补偿考核的依据，并向环保部、财政部提供。

（3）资金投入的时间效应。不是简单累加各项的投入而形成上游地区的总成本，还应考虑要资金的时间效应。换句话说，资金会因为投入社会、生产领域或存入银行，来获得的合理盈利或利息。

（4）效益修正。通过引入效益修正对补偿量进行修正，以此来保证上下游地区积极的投资性。从生产者行为理论可知，效益修正系数应大于 1。在实际补偿工作中，可以进行逐步调整。

4.3.2 基于水资源市场价格的补偿标准

公益性生态效益和国民经济用水效益等，包括在新安江流域生态环境保护和建设产生的效益中。其中，下游地区难以承担、难以精确评估，且评估数额巨大的公益性生态效益。单单从国民经济用水效益的角度，有更为直接也更易于操作的计算补偿量的方法，即根据下游地区取水量以及水资源市场价格计算出补偿量，这也可以作为生态补偿的参考标准。

主要从以下四个方面来考虑水资源市场价格的补偿标准：①下游地区的年引水量；②水资源的市场价格；③效益修正；④水质标准。水资源费、折旧费、修理费、环保费、税收、利润等所有费用都包含在综合管理费之中。经过市场交易和多次谈判确定的价格是 0.1 元/立方米，反映出当地水资源的市场价格。

　　水质影响和效益修正方面有着同样的补偿标准。以 COD 为指标，以Ⅲ类水状态下 20 毫克/升的 COD 浓度为标准。当街口断面水质达标、优于Ⅲ类水质标准、劣于Ⅲ类水质标准时，则分别表现为补偿工作中此刻不需考虑改善成本或损失、下游要为上游的成本做出补偿、上游要赔偿下游污染的损失。

　　因此，任何补偿标准，都需要国家在法规、政策层面提供协商和仲裁机制，从而促进各利益方通过协商达成补偿协议，最后确定补偿标准。

　　上游给下游提供的水质状况是下游给上游以资金补偿的前提条件。因此新安江生态流域补偿标准是需要测定的。生态保护建设是长期性的，所以随着水平变化来修改其成本、通过补偿模型测算出来的数值，只能作为当前经济发展水平下的一个参考。在新安江流域内，省际交界断面水质标准是不同的，因为上游地区是河流，下游地区是湖泊。

4.4　补偿的实现

　　2012 年，在浙皖两省共同努力下，按照"互利共赢，共同发展"的要求，正式实施了新安江流域生态补偿机制的试点工作①②③④⑤。

　　第一，新安江流域补偿模式是"中央补偿为主，地方补偿为辅"的政府补偿模式。中央补助拨给黄山市的 3 亿元，专门用于新安江流域生态保护与治理，

---

　　①　吴江海. 新安江皖浙跨省生态补偿探索双赢之路 [J]. 徽州社会科学, 2011 (4)：18 - 19.

　　②　杨爱平，杨和焰. 国家治理视野下省际流域生态补偿新思路——以皖、浙两省的新安江流域为例 [J]. 北京行政学院学报, 2015 (3)：9 - 15.

　　③　郭少青. 论我国跨省流域生态补偿机制建构的困境与突破——以新安江流域生态补偿机制为例 [J]. 西部法学评论, 2013 (6)：23 - 29.

　　④　程蔚. 新安江流域生态补偿机制的健全与完善研究 [J]. 安徽科技, 2015 (4)：15 - 17.

　　⑤　王金南，王玉秋，刘桂环，赵越. 国内首个跨省界水环境生态补偿：新安江模式 [J]. 环境保护, 2016, 44 (14)：38 - 40.

如果年度水质达到考核标准，即 P≤1，浙江付给安徽 1 亿元；反之，安徽付给浙江 1 亿元。专项补偿资金是用于其生态保护、流域综合治理、产业布局优化和产业结构调整、水污染治理等方面。

第二，皖浙两省跨界断面氨氮、高锰酸盐指数、总氮、总磷是新安江流域补偿的标准四项指标，也是作为考核依据进行补偿。

第三，在新安江水质监测上，浙皖两省联合监测水质是新安江流域生态补偿实行措施。国内首个监测系统的建成，可以使浙皖两省实现统一的监测标准，测量出交接断面监测区排放的污染物质种类和总量，作为新安江流域生态补偿的依据。国家及地方财政支持以及下游省区的补偿是补偿资金的主要来源。2010 年 12 月，财政部、环境保护部下达新安江流域生态补偿机制 5000 万元的启动资金，安排七个项目，主要用于开展新安江水源地环境监管和实施新安江水环境保护重点工程。此外，浙院两省每年设置补偿基金，其中中央财政拨款 3 亿元、院浙两省各出资 1 亿元，年度水质达到考核标准，浙江付给安徽 1 亿元；反之，安徽付给浙江 1 亿元，所以安徽省都将得到 3 亿元。

新安江流域的试点资金只能用于专项产业结构调整、水环境保护和水污染治理、生态保护等方面。2012～2014 年，被暂定为年流域生态补偿机制的试点期限。2011 年实施三年以来，新安江流域生态补偿机制共安排 79 个重点建设项目，累计完成 18.37 亿元投资，而其延伸段综合开发，累计完成 13.5 亿元投资，全面提升深入推进"四大整治"，实现了经济效益、社会效益和环境效益，累计完成 11.7 亿元的投资，整治了 84 个集镇和村庄。黄山市建立了"户集中、村收集、乡（镇）处理"的农村生活垃圾处理模式，包括在建污水处理厂 8 座，垃圾无害化处理及填埋场 5 个，乡镇小型垃圾处理站 40 多座，成立专门的河道保洁队伍 7 支，对河道垃圾进行及时清理，以推进农村环境综合整治。

4.5　存在的问题

（1）流域水环境生态补偿长效机制尚未建立。流域水环境治理是一项长期的任务，是涉及复杂利益关系调整的一项系统工程，并不是一朝一夕就能完成的事。

（2）补偿标准偏低。新安江流域 3 年的试点期间，安徽省的资金投入明显偏低。据不完全测算，3~5年，安徽省关于生态保护建设投资总规模在400亿元以上，以维持新安江持续优良水质。因此，现有投入与水环境综合治理的巨大需求的矛盾渐渐开始出现。

（3）补偿方式较单一。新安江流域生态对于补偿试点机制补偿方式的选择，注重的是通过横向转移支付的政府途径，筹集具有政策方向性、目标明确、易于启动等特点的专项资金来进行流域生态建设和水污染治理，但是补偿的方式单一，并没有发挥市场、社会途径的作用。另外，政府补偿方式只体现在财政转移支付方面，选择也过于单一，关于对异地开发、实物补偿等方式没有进行尝试，多元化的补偿方式体系有待形成。

（4）补偿范围不够全面。此次新安江流域生态补偿，浙江境内的淳安县没有被考虑进去，明确的补偿范围主要是安徽省境内的黄山市和宣城市的绩溪县，关于淳安县，新安江流域生态补偿试点方案中对此没有做出相应的规定。

（5）流域水质监测体系建设尚待加强。因为对补偿考核标准认识存在不同，新安江流域生态补偿试点方案制定过程中，采用河流水质还是湖泊水质标准，两省一直存在分歧，但是最后达成共识。以后每年的监测数据以新安江近3年的平均水质为评判基准，与之相比。另外，也明确以跨界水体新安江的街口断面作为人工监测断面，监测频次为1次/月。中国环境监测总站核定水质监测的结果，为流域补偿考核依据。虽然考核标准统一，但分歧依然存在一些。

（6）试点项目管理体系尚不完善。由于尚未出台综合规划，新安江流域生态补偿试点项目，总体上统筹规划缺乏，针对性不强，资金使用范围窄。使用了局限过紧的范围，资金效益最大化发挥不出来。项目资金缺乏一些有效的监管，由于资金管理办法只明确需要"分账核算"，因此对项目单位的试点资金支出的有效监控力度不强。

4.6 政策建议

4.6.1 建立完善的流域上下游协调机制

新安江流域的生态补偿，涉及皖浙两省，构建皖浙两省之间的磋商平台，在国家有关部门的指导之下成立了相关机构进行跨省定期协调与联席交流。成立生态补偿委员会，实际协商代理人就由生态补偿委员会担任。

4.6.2　建立新安江流域水环境生态补偿长效机制

系统持续时间久、投资大、工程项目多是新安江流域水环境补偿的特点，作为首个跨省流域生态补偿试点，它意义重大，若取得示范效应，除了需要地方政府努力的同时，国家支持也必不可少。为了保持其拥有长期稳定的水质，需要长期有效地治理上游水环境，尽快建立新安江流域水环境的生态长效补偿机制，将新安江流域生态补偿机制试点期限延长，并提高补偿标准，作为常态化机制在试点结束后固定下来，促使安徽各级政府更有效保护好新安江生态。

4.6.3　加大对新安江流域上游转移支付力度

对生态补偿机制试点的支持力度进一步加大。一是增加补偿资金额度；二是扩大资金使用范围，发挥试点资金的引导作用和放大效应；三是新安江流域工业企业转型升级工程，给予其专项资金补助。

4.6.4　进一步扩大流域生态补偿的范围

一是扩大生态补水工程的补偿。实施新安江流域水资源生态环境保护的基础和关键是建设综合利用功能的水利工程。新安江流域部分存在较弱的蓄水调节能力，分配不均的降水年份，山洪迅猛的汛期、河流断流的枯水季节现象，影响了生态。二是扩大农业面源污染的治理补偿。农业面源污染存在两方面威胁，使新安江水源地的水质严重被影响。流域水环境的治理有多方面重要意义。三是扩大水土流失综合防治项目的补偿，提高水源涵养量成为急需完成的事情。四是扩大低碳工业和产业结构优化项目的补偿。五是扩大对产业结构调整、科技研发、退种还林、企业搬迁、污染防治日常管护等方面的补偿，并加大对生态保护者的直接补偿。

4.6.5　出台流域上游生态移民相关补偿政策

国家应该出台生态移民相关政策来维护试点项目的长效作用，并严格遵循"市场引导、群众自愿、国家支持、地方政府帮助、资金多方筹措、因地制宜、统筹安排、生态移民与生态建设相结合"的原则，并且大力支持安徽省开展新安江流域生态移民工程。妥善安置四类移民生产生活，从根本上缓解农村面源污染问题。

4.6.6 建立健全新安江流域各县（区）水环境监测体系

新安江流域在每个项目县区都应选择设置合适的、有代表性的控制断面，并使环境绩效管理的地方责任加大，安徽境内的水环境监测体系逐步被完善。省级环保主管部门不断加强对断面的水质监测，考核指标也科学合理化，流域内各县区一是要守水有责，二是要防微杜渐。

4.6.7 加强补偿资金整合，科学制定试点资金管理办法

补助资金和其他来源资金的关系需要明确，地方配套问题有待解决。整合补助资金、国家开行贷款以及其他来源的资金，就要实行"集中支持，分批安排，注重绩效"的办法，使地方配套资金的落实得到保障。省级政府集中安排使用补助资金，确保项目干一个、完成一个，充分发挥生态效益。加强对财政、资金的监管，才能使试点资金使用的安全性得到保障。同时，生态补偿资金使用绩效考核评价制度的建立也是必不可少，不仅可以严格考核各项补偿资金的使用绩效，还能使补偿资金更好地发挥生态保护作用。

5 流域水污染赔偿标准核算实例分析

5.1 研究区域概况

5.1.1 自然概况

太湖流域位于长江三角洲的南部，向北倚靠着长江，向东与东海相连，向南邻近钱塘江，向西与天目山和茅山相望，总面积 36895 平方千米，覆盖了江苏、浙江、安徽三个省份以及上海市的部分地区，其中江苏省占据了一半多的面积，有 19399 平方千米；其次是浙江省，有 12095 平方千米，占了流域总面积的32.8%；上海市有 5176 平方千米，占据了约 14.0%；安徽省覆盖面积较少，有225 平方千米，只占了 0.6%。

太湖流域位于长江水系最下游，属于长江水系的支流水系，湖与江彼此连接，相互依存。长江水量十分丰沛，流域现在拥有 75 个口门，均顺着长江分布，因此其与长江之间的水量交换十分频繁。流域内河网密布，湖泊繁多，是我国典型的平原河网地区。流域水面面积占流域总面积（水面率）的 15%，其中有大约 189 个湖泊的面积在 0.5 平方千米以上，水面面积在 40 平方千米以上的湖泊有 6 个（见表 5-1），河道总长约 12 万千米，河道密度达 3.3km/平方千米。

表5-1 太湖流域大中型湖泊形态特征

湖泊名称	湖泊面积（平方千米）	湖泊水面（平方千米）	湖泊长度（千米）	平均宽度（千米）	平均水深（米）	总容蓄水量（亿立方米）
太湖	2425.00	2338.11	68.55	34.11	1.89	44.30
滆湖	146.50	146.50	24.00	6.12	1.07	1.74
阳澄湖	119.04	118.93	——	——	1.43	1.67
淀山湖	62.00	60.00	12.90	5.00	2.1	1.60
洮湖	88.97	88.97	16.17	5.5	0.97	0.98
澄湖	40.64	40.64	9.88	4.11	1.48	0.74

资料来源：《太湖流域综合规划》。

太湖居于流域的中心，水域面积2338平方千米，是我国第三大淡水湖，其对于整个流域的防洪减灾、抗旱供水、内河航运以及水域生态环境的保护具有重要的控制和调节作用。位于流域中心的太湖，将流域内的水系一分为二，即上游水系和下游水系。上游水系大多发源于西部山区，且作为独立水系汇入太湖或其他水域，各水系以太湖为水源源头，此类水系有黄浦江水系、吴淞江水系、杭州湾水系以及部分长江水系等。此外，水域内还有京杭大运河贯穿其中，有控制、调节水量和承接转送的作用。

5.1.2 社会经济状况

长江三角洲是我国经济最发达、人口最密集、大中小城市最集中的地区之一，位于其核心区域的太湖流域，更是占据了优越的地理条件和经济优势。流域内既有特大城市——上海，又有大中城市——杭州、苏州、无锡、常州、嘉兴等，同时也不乏诸多小城市和小城镇，它们共同构成了流域内多等级、多群体、结构不断优化完善的城镇体系，其城镇化率达到72.6%。

根据《2015年度太湖流域及东南诸河水资源公报》，截至2015年，太湖流域总人口有5997万人，约为全国总人口的4.4%；国内生产总值达66884亿元，占全国生产总值的9.9%；人均GDP约有11.2万元，约为全国人均GDP的2.3倍。

2010年太湖流域治理区生产总值29743亿元，第一、第二、第三产业所占比重分别为2.98%、54.56%和42.46%。较2005年，第一、第二产业有所下降，第三产业稳步上升（见表5-2）。

表5-2 2005年、2010年太湖流域治理区产业结构情况

范围	第一产业		第二产业		第三产业		合计
	2005年	2010年	2005年	2010年	2005年	2010年	
江苏省部分 GDP（亿元）	208.60	442.04	5324.00	11266.91	2857.10	8345.79	8389.70
产业结构（%）	2.50	2.20	63.50	56.20	34.00	41.60	100.00
浙江省部分 GDP（亿元）	213.00	439.63	1784.50	4898.65	1296.80	4212.82	3294.30
产业结构（%）	6.50	4.60	54.20	51.30	39.30	44.10	100.00
上海市部分 GDP（亿元）	12.60	4.50	187.40	61.90	—	70.30	200.00
产业结构（%）	—	3.30		45.30		51.40	—
GDP 总计（亿元）	434.20	886.17	7295.90	16227.46	4153.90	12629.51	11884.00
产业结构（%）	3.70	2.90	61.30	54.60	35.00	42.50	100.00

资料来源：《太湖流域水环境综合治理总体方案》。

5.1.3 水污染情况

随着流域内工业和生活污水年排放总量逐年升高，太湖流域水污染问题日益突出，生态环境日趋恶化。近年来，生态环境保护越来越得到重视，流域内水污染的防治力度也不断加强，太湖流域的水体水质和湖泊富营养化总体上均有所改善，但是，由于太湖流域过往水污染严重，治理工作量大且复杂，水环境治理任务依旧艰巨。且太湖流域内水污染事故频繁发生，太湖蓝藻爆发频率没有降低，给流域供水和工农业生产带来了不利的影响。流域内河网水质发黑发臭的现象也广泛存在，严重影响了人们的身体健康和正常生活，造成了巨大的负面社会反响。

以2014年为例，2014年太湖流域废污水排放总量达到64.1亿吨，其中，城镇居民的生活废污水排放量、第二产业的废污水排放量、第三产业的废污水排放量分别为19.1亿吨、29.7亿吨和15.2亿吨。2014年流域河流水质评价总河长5833.5千米，全年期水质没有符合Ⅰ类的优质水河长，达到或优于Ⅲ类的河长比例为24.3%，具体分布比例见图5-1。未达到Ⅲ类标准的指标为氨氮（NH3-N）、总磷（TP）、高锰酸盐指数（CODMn）、五日生化需氧量（BOD$_5$）、化学需氧量（COD）和溶解氧（DO）等。

《太湖流域管理条例》中确定的22个主要入太湖河道控制断面（江苏省15个、浙江省7个）全年期水质评价为Ⅱ类、Ⅲ类的河道控制断面有10个，Ⅳ类1

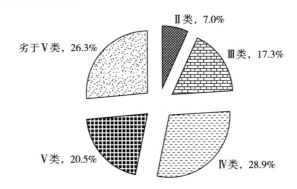

图 5 - 1　2014 年太湖流域河流全年期水质类别比例

个，Ⅴ类 10 个，劣于Ⅴ类 1 个，主要超标项目为五日生化需氧量（BOD₅）、石油类等。省界河流监测断面共 34 个，29.4% 的断面水质达到或优于Ⅲ类，Ⅳ类为 23.5%，Ⅴ类为 26.5%，劣于Ⅴ类为 20.6%，其中苏沪、苏浙、浙沪省界断面水质达到Ⅲ类分别有 16.7%、15.4% 和 8.3%，未达到Ⅲ类标准的项目为氨氮（NH3 - N）、总磷（TP）、五日生化需氧量（BOD₅）、高锰酸盐指数（CODMn）、溶解氧（DO）和石油类等。流域全年期 106 个重点水功能区水质达标 41 个，达标率为 38.7%。

5.1.4　实例的时空界定

本书中的实例对象为太湖流域内京杭运河的南段，即江南运河。江南运河北端起始于苏州镇江，从太湖东岸萦绕而过，依次流经常州、无锡、苏州、嘉兴，向南延伸至浙江杭州（见图 5 - 2）。故按照流域行政区划及自然水系特征，流域水污染赔偿标准核算就划分成这 6 个区域单元。因受社会经济统计资料的限制，赔偿标准核算的时段选为 2010 年。

5.1.5　流域水生态补偿标准核算方法

当前，成本和产出是国内外大多数流域生态补偿标准研究的侧重点①②。流域

①　李怀恩，尚小英，王媛. 流域生态补偿标准计算方法研究进展 [J]. 西北大学学报（自然科学版），2009，39（4）：667 - 672.

②　乔旭宁，杨永菊，杨德刚. 流域生态补偿研究现状及关键问题剖析 [J]. 地理科学进展，2012，31（4）：395 - 402.

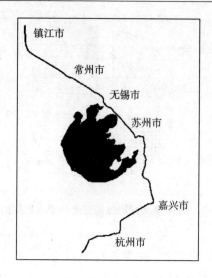

图 5 - 2 太湖流域江南运河及流经区域示意图

水污染补偿标准核算方法的理论体系构成，主要从上游的供给成本、下游的支付意愿、主客体所具有的生态价值、主客体所提供的经济价值等角度出发①②③。

禹雪中认为，合理分摊水资源保护成本，首要关键在于：进行描述时应立足于环境水力学对上下游水环境影响关系，其次在此基础上，将取水量的影响纳入考虑，这样才将上游水资源保护效果对下游地区的影响进行较为准确全面的综合反映④⑤。核算生态补偿标准是顺利实施生态补偿机制的重要前提之一。林惠凤认为，补偿标准的确定是建立补偿机制的关键内容，补偿方案是否能为各利益相关方广泛接受，是否能够尽量公平，以及最终实施的效果，与补偿标准有很大的

① 段靖. 流域水源地生态补偿标准核算研究——以南水北调中线工程十堰市为例 [D]. 中国科学院生态环境研究中心，2009.

② 刘桂环，文一惠，张惠远. 流域生态补偿标准核算方法比较 [J]. 水利水电科技进展，2011，31 (6)：1 - 6.

③ 张落成，李青，武清华. 天目湖流域生态补偿标准核算探讨 [J]. 自然资源学报，2011，26 (3)：412 - 418.

④ 禹雪中，李锦秀，骆辉煌，吴金萍. 河流水污染损失补偿模型研究 [J]. 长江流域资源与环境，2007，16 (1)：57 - 61.

⑤ 禹雪中，杨桐鹤，骆辉煌. 河流水环境补偿标准计算模型研究 [C]. 中国水污染控制战略与政策创新研讨会，2010.

联系①。以辽河流域为例，在了解上述原因的基础上，从实际情况出发，考虑上下游对水环境治理的责任与利益关系，考虑它们在流域生态补偿标准中的分配，将动态变化因素也纳入考虑，综合以上几点确定其补偿标准。目前，生态补偿标准的确定方法主要有两种②③④⑤⑥：第一，协商法，即通过协商的方式针对一定的生态补偿范围的利益相关者确定生态补偿标准的方法。第二，核算法，即通过评估核算来确定生态补偿标准的方法。

生态补偿标准可以从两个角度来看：一是环境资源角度，从生态系统服务功能的价值角度出发，对生态保护和修复后的服务价值进行核算，据此来确定生态补偿的金额。这种计算方法从自然生态的角度出发，让人们再次深度认识资源的价值。但是，在我国的国民经济核算体系中，尚未纳入资源价值的因子，所以该方法实际应用时存在很大困难。二是经济学角度，在经济、政策等方面针对保护生态环境、修复生态系统所消耗的成本进行相应补偿的基础上，通过核算确定补偿金额。但该方法的应用受限于水权归属上的模糊性，受制于生态补偿机制的不成熟及配套政策实施滞后。

5.1.5.1 水污染赔付型水生态补偿标准核算方法

此类方法有以下几种计算方法，常受跨界水质达标情况、污染物排放通量、环境监管技术水平、流域社会经济发展水平等因素的影响。

（1）基于流域上下游断面水质目标的计算方法，主要有以下两种计算思路：

1）单因子水质指标提高一级的补偿金额之和为下游应该获得的补偿金额。单因子水质指标提高一级受偿区应该获得的赔偿金额为：

$$P_{单因子} = 0.1 TCQ_{入量} \tag{5-1}$$

式中，T 为下游水质提高一级减少的水质质量浓度；C 为水质处理的总成本

① 林惠凤，刘某承，熊英，朱跃龙，李金亚. 流域水资源保护补偿标准研究——以京冀"稻改旱"工程为例 [J]. 干旱区资源与环境，2016，30（3）：7-12.

② 刘玉龙，许凤冉，张春玲，阮本清，罗尧增. 流域生态补偿标准计算模型研究 [J]. 中国水利，2006（22）：35-38.

③ 杨国霞. 丹江口水库调水工程生态补偿标准初步研究 [D]. 山东师范大学，2010.

④ 徐大伟，常亮，孙慧，段姗姗. 流域生态补偿标准核算及其财政转移支付研究：以辽河为例 [C]. 中国水污染控制战略与政策创新研讨会，2010.

⑤ 王彤，王留锁. 水库流域生态补偿标准测算方法研究 [J]. 安徽农业科学，2010，38（26）：14555-14557.

⑥ 徐大伟，常亮，侯铁珊，赵云峰. 基于 WTP 和 WTA 的流域生态补偿标准测算——以辽河为例 [J]. 资源科学，2012，34（7）：1354-1361.

或直接成本的估计值；$Q_{入量}$为下游入境总水量。

2）根据水质指标提高级别计算受偿区应该获得的赔偿金额为：

$$P_{总} = Q_{取量} \sum (L_i C_i N_i) \quad (i = 1, 2, \cdots, n) \tag{5-2}$$

式中，$Q_{取量}$为下游取水量；L_i为第i种污染物水质指标提高的级别；C_i为第i种污染物水质指标提高一级所需的成本；N_i为第i种污染物水质指标超标的倍数。

（2）基于考核断面水污染物排放通量的计算方法。此方法是指按照超标的污染物项目、河流水量（河长）以及商定的补偿标准，以跨界超标污染物排放通量确定超标补偿金额。具体计算公式为：

$$P_{单因子} = Q_{入量} S (V_{指标} - V_{目标}) \tag{5-3}$$

$$P_{多因子} = \sum \left[Q_{入量} S (V_{指标} - V_{目标}) \right] \tag{5-4}$$

式中，$P_{单因子}$为单因子补偿资金；$P_{多因子}$为多因子补偿资金；S为补偿标准，是单位超标污染物排放通量的补偿金额；$V_{指标}$为断面水质指标值；$V_{目标}$为断面水质目标值。

（3）基于经济损失的计算方法。此方法是指根据污染物超标排放对下游的影响程度，结合经济发展的损失量，确定上游对下游不同区域所应承担的赔偿额。图5-3为此方法的基本过程。

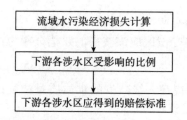

图5-3　基于经济损失的流域水污染赔偿标准核算的基本过程

首先，以下游即各受偿区由于水污染所造成的经济及以水污染对下游各受偿区造成的经济损失作为赔偿依据，采用流域水污染经济损失计算模型计算流域水污染经济损失总量。其次，上游可能存在多个区域对下游产生污染，如果超标排污，下游受偿区自身对水质也会产生影响，所以，应该采用水环境数学模型计算得到各个上游地区分别对下游各涉水地区所造成的影响程度，确定下游各地区受到各处排污影响占总体影响的比例。

1）流域水污染经济损失函数表达式。根据国民经济核算体系框架，农业、工业、旅游业、公共消费和家庭生活等内容共同构成流域水污染经济损失。可以采用水污染经济损失的计量模型，对于每个分类确定具体的分项进行定量评估。

环境经济界普遍认为，水质与经济影响关系曲线如图 5 – 4 所示[1]，横坐标代表综合水质类别 Q，纵坐标代表水污染经济损失程度 γ，将其定义为"水污染对 i 分项人类活动造成的经济损失量 ΔF_i 占 i 分项总量值 F_i 的比例"，即：

$$\gamma_i = \frac{\Delta F_i}{F_i} \tag{5-5}$$

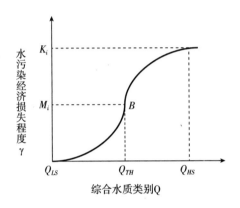

图 5 – 4　水质与流域水污染经济损失关系

该图直观反映了水质变化时的经济损失量。结合图 5 – 4，水质对各类社会经济影响过程中客观上所具有的一些共同特征表现在以下几个方面。

第一，上下极限。当水资源完全未遭受污染且质量好到一定程度时，如 $Q < Q_{LS}$ 时，水环境质量对社会经济造成的损失很小甚至没有；而当水资源质量被破坏甚至差到一定程度时，如 $Q > Q_{HS}$ 时，水体会失去原有的作用，水污染导致的经济损失率向最大值 K_i 靠近，一般 $K_i < 1$。

第二，非线性与拐点。水质对经济影响的关系是非线性且连续渐变的过程，中间会出现拐点 B，拐点处对应的水污染经济损失率为 M_i，水质类别为 Q_{TH}，此

---

① 李嘉竹，刘贤赵，李宝江，郭斌. 基于 Logistic 模型估算水资源污染经济损失研究 [J]. 自然资源学报，2009，24（9）：1667 – 1675.

处水污染经济损失程度变化最快。当水质处于 $Q_{LS} < Q < Q_{TH}$ 时，水质急剧下降时，水污染对经济损失的增长速率上升；当水质处于 $Q_{TH} < Q < Q_{HS}$ 时，水污染影响的损失的增长速率逐渐减小直至接近上限 K_i。

用数学手段量化如图 5-5 所示的水质与经济影响关系曲线展开描述，建立一个函数替代水质与经济影响关系曲线，称为流域水污染经济损失函数。可以用双曲线型函数将水质对经济影响关系特性很好地体现，函数表达式为：

$$\gamma_i = K_i \frac{e^{a(Q - Q_{TH})} - 1}{e^{a(Q - Q_{TH})} + 1} + M_i \tag{5-6}$$

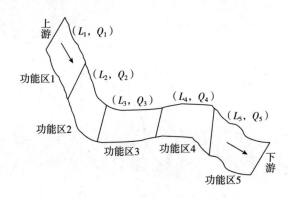

图 5-5 流域上下游功能区划分

式（5-6）中，下标 i 为第 i 项经济活动，也就是水污染经济损失计算的各个分项；γ_i、M_i 和 K_i 分别代表水污染引起的分项经济损失率、水质拐点处对应的分项水污染经济损失率和水质对社会经济活动的影响上限，即不同水质状况下的流域水污染经济损失率，是具有同一量纲单位的变量；a 是无量纲系数，是图 5-4 中曲线形态的重要表征参数，作用是反映水污染对社会经济影响的敏感程度。a 值越大，函数曲线越陡，表明水质对经济的影响越敏感；反之，函数曲线越平缓，水质对经济的影响敏感性较差；Q 和 Q_{TH} 分别代表综合水质类别和水质影响拐点处的水质类别，也是无量纲单位。

2) 流域水污染经济损失函数参数的确定。水污染对不同经济活动的影响，其程度是不一样的，即经济损失函数表达式中的待定系数应该是不一样的。下面，基于我国现有的流域水质评价资料状况及学者的相关研究确定流域水污染经济损失计量模型中的参数。

首先是水质类别 Q 的确定。依据地表水水域环境功能和保护目标，全国统一的水质评价标准按功能高低将水质划分为Ⅰ～Ⅴ类。在进行数学表述时，可用 1～5 的阿拉伯数字对应水质标准中的相应类别，如数字 1 对应于水质评价中的Ⅰ类，以此类推。对于特定研究区域，区域的综合水质类别可以使用加权平均法求解得到。

以图 5-5 为例说明，假设该区域内共分布有 5 个水功能区，各水功能区的河长为 L_i，水质类别为 Q_i，则该区域的水质综合类别 Q 为：

$$Q = \sum_{i=1}^{5} \left(Q_i L_i / \sum_{j=1}^{5} L_j \right) \tag{5-7}$$

区域内的水功能区数可以变动，即当区域内水功能区 n 个，则该区域的水质综合类别 Q 的一般表达式为：

$$Q = \sum_{i=1}^{n} \left(Q_i L_i / \sum_{j=1}^{n} L_j \right) \tag{5-8}$$

其次是拐点处水质类别 Q_{TH} 的确定。Q_{TH} 点是反映水体环境质量对人类经济活动影响敏感以及社会经济和人类生活对水体的敏感程度的点。通过查阅相关文献和咨询有关部门的管理者和专家，在综观水质发展历程，研究水环境严重污染地区的变化趋势等之后，将 Q_{TH} 宏观上确定为Ⅳ类。

再次是拐点处水污染经济损失率 M_i 和系数 a 的确定。根据目前的水质标准分类，当研究区域水质较好达到Ⅱ类，即 Q=2 时，此时水质基本不会影响到社会经济的发展，可假定为 $0.005K_i$；当研究区域水质极差达到劣Ⅴ类，即 Q=5 时，可认为水质会严重阻碍社会经济的发展。此时的水污染经济损失率 γ_i 趋近最大值，这里，我们不妨假定为 $0.995K_i$。假定条件列式如下：

$$\begin{cases} Q = 2 \\ \gamma_i = 0.005K_i \end{cases} \quad \begin{cases} Q = 5 \\ \gamma_i = 0.995K_i \end{cases}$$

将上述假定条件代入函数式（5-6），联立方程组求解得到水质敏感系数 a 为 0.54，水质拐点处水污染经济损失率 M_i 为 $0.5K_i$。

最后是水污染对社会经济影响的最大损失率 Ki 的确定。该系数反映的是，当水污染最为严重时，此时的水污染将分别可能给社会经济的各个计算分项所带来的经济损失率的最大值。各地区因生活水平不同导致社会各个阶层对水污染的防御性消费也不同，也会影响各分项最大损失率的数值。

至此，将以上确定的参数代入式（5-6），得流域水污染经济损失函数表达式为：

$$\gamma_i = K_i \left(\frac{e^{0.45(Q-4)} - 1}{e^{0.45(Q-4)} + 1} + 0.5 \right) \qquad (5-9)$$

结合式（5-7）得到各分项损失额，再将各分项损失额相加即得到该功能区或该流域水污染经济损失总量，具体表达式如下：

$$\Delta F = \sum_{i=1}^{n} F_i K_i \left(\frac{e^{0.45(Q-4)} - 1}{e^{0.45(Q-4)} + 1} + 0.5 \right) \qquad (5-10)$$

结合以上介绍总结实际应用中流域水污染经济损失核算步骤如图5-6所示。

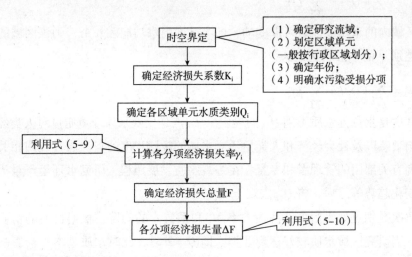

图5-6　流域水污染经济损失核算步骤

上述模型的建立基于以下三个条件：

第一，水质超标造成流域水污染损失，水体达标时，也存在少量的污染，但这部分污染所带来的污染损失量比较小，因此，我们这里将其忽略不计。

第二，对具体的功能区规定污染物的最大排放量，即水环境容量，这是水污染物的总量控制原则。

第三，排放超标污染物的企业或者区域作为污染源，应该承担该流域内水污染损失赔偿的责任，即作为赔偿主体；而受到污染影响的区域，则作为赔偿客体。

前两个条件的作用是：厘清水体水质超标与水污染经济损失之间的关系；第三个条件的作用是：明确流域水污染赔偿的主客体。以上三个条件能够以经济学与环境学进行合理解释，是模型建立的基础。在以上条件中，超过水环境容量的部分污染量所产生的经济影响是我们研究的核心内容，建立污染损失赔偿的数学模型也正是意在于此。

采用输入响应模型[①]对超过允许最大排放量的部分进行计算，其是通过采用一维均匀流水质模型的基本方程得出的，具体方程为：

$$C = \frac{W_E}{(Q_0 + Q_E)m} \exp\left[\frac{u}{2D_x}(1-m)x\right]$$

$$(m = \sqrt{1 + 4KD_X/u^1}, \quad x > 0) \tag{5-11}$$

式中，K 为污染物综合衰减系数；Q_0 为上游来流量（m^3/s）；Q_E 为污水排放量（m^3/s）；W_E 为单位时间污染物排放量（g/s）；x 表示到排污口的距离（m），表达式为：

$$C = C_0 e^{kx}$$

$$\left(C_0 = \frac{W_E}{(Q_0 + Q_E)m}, \quad k = \frac{u}{2D_x}(1-m)\right) \tag{5-12}$$

式中，C_0 表示污染源排放处的混合浓度；k 为反映污染物对流、扩散和衰减作用的综合系数。

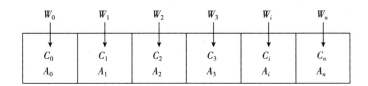

图 5-7 河流水污染损失赔偿的河流分段概化

图 5-7 为河流水污染损失赔偿的河流分段概化示意图，按照水功能区划把河流分为若干河段 A_n，各个功能区超过本功能区允许最大排放量的负荷量为 W_n，相应的混合浓度 C_n，以功能区的起始断面作为水质控制断面，某个污染源 i 与下游河段控制断面的距离分别为 x_i，x_{i+1}，x_{i+2}，…，x_{i+n}。

对于某个功能区来说，水质的变化受到上游排放和本地排放两部分的综合作

---

① 张利静，余麟，刘红琴，段海燕，王宪恩. 辽河源头区跨界污染输入响应模型的建立［J］. 科学技术与工程，2012，12（23）：5952-5955.

用。我们以输入响应模型来计算上游排放对该功能区的水质影响；用排放混合浓度来代表本地排放对该功能区的水质影响。如此，每个河段分别受到超量排放影响的水质浓度可以通过计算得到，见表 5 – 3。

表 5 – 3　上游水功能区超量排放部分对下游水质影响的水质浓度关系

	A_0	A_1	A_2	A_i	A_n
A_0	C_0	0	0	0	0
A_1	$C_0 \exp(k_0 x_{0,1})$	C_1	0	0	0
A_2	$C_0 \exp(k_1 x_{0,2})$	$C_1 \exp(k_1 x_{1,2})$	C_2	0	0
A_i	$C_0 \exp(k_{i-1} x_{0,i})$	$C_1 \exp(k_{i-1} x_{1,i})$	$C_2 \exp(k_{i-1} x_{2,i})$	C_i	0
A_n	$C_0 \exp(k_{n-1} x_{0,n})$	$C_1 \exp(k_{n-i} x_{1,n})$	$C_2 \exp(k_{n-i} x_{2,n})$	$C_i \exp(k_{n-i} x_{i,n})$	C_n

表中每一列表示该功能区内的超量排放对其下游功能区产生的影响，每一行表示该功能区受到其上游超量排放和本地超量排放的共同影响。将表中数据转换成矩阵 A，该矩阵表示功能区河段超量排放所对应的水质超标浓度。

$$
A = \begin{bmatrix}
a_{01} & 0 & 0 & 0 & 0 & 0 \\
a_{02} & a_{12} & 0 & 0 & 0 & 0 \\
a_{03} & a_{13} & a_{23} & 0 & 0 & 0 \\
a_{04} & a_{14} & a_{24} & a_{34} & 0 & 0 \\
a_{0i} & a_{1i} & a_{2i} & a_{3i} & a_{ii} & 0 \\
a_{0n} & a_{1n} & a_{2n} & a_{3n} & a_{in} & a_{nn}
\end{bmatrix}
$$

对矩阵 A 进行变换，将该行的每个元素都除以该行全部元素之和，即：

$$
b_{ij} = a_{ij} \Big/ \sum_{k=0}^{n} a_{kj} \tag{5–13}
$$

这样得到矩阵 B，该矩阵表示超量排放对水质超标的贡献率。

$$
B = \begin{bmatrix}
b_{01} & 0 & 0 & 0 & 0 & 0 \\
b_{02} & b_{12} & 0 & 0 & 0 & 0 \\
b_{03} & b_{13} & b_{23} & 0 & 0 & 0 \\
b_{04} & b_{14} & b_{24} & b_{34} & 0 & 0 \\
b_{0i} & b_{1i} & b_{2i} & b_{3i} & b_{ii} & 0 \\
b_{0n} & b_{1n} & b_{2n} & b_{3n} & b_{in} & b_{nn}
\end{bmatrix}
$$

以相应区域的统计资料为基础，运用前文中介绍的流域水污染经济损失函数，可以计算出区域内水质超标分别对各功能造成的水污染经济损失总量，假设其为矩阵 E，将 B 矩阵和 E 矩阵结合起来进行运算，用 B 的第 i 行的每个元素乘以 E 的第 i 行的元素，即 $d_{ij} = b_{ij} \times e_i$

$$
B = \begin{bmatrix}
b_{01} & 0 & 0 & 0 & 0 & 0 \\
b_{02} & b_{12} & 0 & 0 & 0 & 0 \\
b_{03} & b_{13} & b_{23} & 0 & 0 & 0 \\
b_{04} & b_{14} & b_{24} & b_{34} & 0 & 0 \\
b_{0i} & b_{1i} & b_{2i} & b_{3i} & b_{ii} & 0 \\
b_{0n} & b_{1n} & b_{2n} & b_{3n} & b_{in} & b_{nn}
\end{bmatrix}
\quad
E = \begin{bmatrix}
e_1 \\
e_2 \\
e_3 \\
e_4 \\
e_i \\
e_n
\end{bmatrix}
$$

我们得到新的矩阵 D，该矩阵表示赔偿主体应支付的赔偿额。矩阵 D 中第 i 行所有元素之和是第 i 个河段的水污染经济损失量，第 j 列所有元素之和是第 j 个河段应该作为赔偿主体支付给下游河段的赔偿额。

$$
D = \begin{bmatrix}
d_{01} & 0 & 0 & 0 & 0 & 0 \\
d_{02} & d_{12} & 0 & 0 & 0 & 0 \\
d_{03} & d_{13} & d_{23} & 0 & 0 & 0 \\
d_{04} & d_{14} & d_{24} & d_{34} & 0 & 0 \\
d_{0i} & d_{1i} & d_{2i} & d_{3i} & d_{ii} & 0 \\
d_{0n} & d_{1n} & d_{2n} & d_{3n} & d_{in} & d_{nn}
\end{bmatrix}
$$

从现有实践，我们可以总结得到：对于水体污染严重和跨界影响问题突出的流域，我们一般需要使用跨界断面水质水量生态补偿标准核算方法进行分析。在上述的几种计算模型中，均全面而综合地考虑了上下游之间的补偿。但是，假如一些流域上游的几乎没有经济实力，则将无法为上游的水质超标对下游地区补偿。这种核算方法的局限性就体现在这里，它只适用于水污染严重、上下游发展水平相近的流域。

5.1.5.2　保护补偿型水生态补偿标准核算方法

目前，流域水源地保护的生态补偿机制在我国境内的实践中，补偿额度的确定主要通过两个方面来进行①②③：一是生态保护与建设成本的投入；二是上游地区因保护水源地生态环境而导致发展权的损失。上述两个方面都是从成本的角度进行的，此外，学术界还从效益的角度对上游地区提供的生态系统服务价值进行了计算，并将结果也作为确定补偿标准的依据。

（1）基于生态保护与建设成本的核算方法。生态保护与建设成本是指开发和建设生态保护项目，为达到改善水源地生态环境的目的而进行的相关投入④。收集数据资料，参考研究区内的生态保护建设情况，综合研究区内的污染治理规划力度，可得出相应的生态保护建设的成本和污染治理成本之和。

通过引入水量分摊系数、水质修正系数、效益修正系数，结合计算所得水源区生态保护与建设成本，测算流域下游应为上游生态建设和保护支付而向水源区支付的补偿金额。但是，结合我国实际情况，由于我国大多数河流发源的上游地区都相对贫困落后，在补偿的初级阶段，我们一般略去下游地区污染治理成本，而直接以生态保护与建设的总成本作为对此类上游地区的补偿标准。

1）确定生态保护与建设的总成本，包括直接成本和间接成本。前者是指为涵养水源，开展林业建设、污染防治等方面的生态保护各项措施，直接投入的人力、物力、财力；后者是指为保护水资源而进行坡地退耕、移民安置以及关停并转部分企业后所遭受的经济损失，这部分成本是潜在的，故为间接成本。

2）计算水量分摊系数。上游地区的总水量为上下游地区提供了国民经济和生活用水，同时确保了整个流域的生态用水，这样确定水量分摊系数应为 $K_{水量} = W_{下游}/W_{总}$，其中 $W_{下游}$ 为下游地区用水量，$W_{总}$ 为上下游地区总用水量，$0 < K_{水量} < 1$，则下游因利用上游水量而需承担上游生态建设和保护的成本 $C_{总}$ 的分担量为 $C_{总} \times K_{水量}$，其中用水量是指农业、工业、生活、生态等各方面用水量之和。

---

① 黄宝明，刘东生．关于建立东江源区生态补偿机制的思考［J］．中国水土保持，2007（2）：45－46.

② 孔凡斌．江河源头水源涵养生态功能区生态补偿机制研究——以江西东江源区为例［J］．经济地理，2010，30（2）：299－305.

③ 孟浩，白杨，黄宇驰，王敏，鄢忠纯，石登荣，黄沈发，王璐．水源地生态补偿机制研究进展［J］．中国人口·资源与环境，2012，22（10）：86－93.

④ 刘俊鑫，王奇．基于生态服务供给成本的三江源区生态补偿标准核算方法研究［J］．环境科学研究，2017，30（1）：82－90.

3）计算水质修正系数。以常用的水质指标 COD 质量浓度作为流域上下游交界断面处的代表性指标，流域下游地区既要分摊成本 $C_{总} \times K_{水量}$，还要承担水质优于预期目标所少排放的 COD 质量 P（单位：吨），设上游地区年削减单位 COD 排放量的投资为 M（单位：万元/吨），则上游地区向下游地区提供优质水量而应获得的补贴为 PM，因此水质修正系数为 $K_{水质} = 1 + PM/(C_{总} \times K_{水量})$。

综上，下游地区应承担的生态补偿量为：

$$Y_1 = C_{总} \times K_{水量} \times K_{水质}$$

（2）基于发展机会成本的核算方法。机会成本这一概念常用来衡量决策的后果。上游进行坡地退耕、移民安置、关停并转部分污染较大的企业，以影响流域上游地区经济发展为代价，为流域生态保护让路，由此影响当地经济发展，所以应该对上游给予补偿。

1）生态公益林补偿标准。生态公益林比经济林建设带来了显著的生态益处，但其经济效益就微乎其微，严重限制当地居民的发展。因此，国家制定了补偿生态公益林地区农民发展权损失的政策，现行补偿标准为 75 元/公顷，由于生态公益林的建设和管理还需要另一部分的资金投入，有能力的区域将这些因素也纳入考虑，形成了因地制宜的补偿标准。

2）退耕还林工程补偿标准。西部作为我国诸多重要河流的发源地即最上游地区，国家应对当地居民给予一定的补偿，因为他们为流域生态保护建设而丧失了大多数发展的机会。根据不同农户的不同需求，给予不同的补助措施，例如，直接提供粮食补助，植物种苗补助等；运用转移支付的方式，对退耕还林的减收部分进行补给。

可以推算出补偿的测算公式为：

$$Y_2 = (R_{城镇} - I_{城镇})P_{城镇} + (R_{农业} - I_{农业})P_{农业} \qquad (5-14)$$

$$Y_2 = (G_{参照} - G_{上游})P_{上游} \qquad (5-15)$$

式中，Y_2 为年补偿额度；$R_{城镇}$ 为参照县市的城镇居民人均可支配收入；$I_{城镇}$ 为上游地区城镇居民人均可支配收入；$P_{城镇}$ 为上游地区城镇居民人口；$R_{农业}$ 为参照县市的农民人均纯收入；$I_{农业}$ 为上游地区农民人均纯收入；$P_{农业}$ 为上游地区农业人口；$G_{参照}$ 为参照县市的人均 GDP；$G_{上游}$ 为上游地区人均 GDP；$P_{上游}$ 为上游地区总人口。

（3）基于生态系统服务价值的核算方法。之前的研究将生态系统服务功能价值划分为三类：生态功能价值、经济功能价值和社会功能价值①。借由适当的经济学方法，我们可以将这些生态系统服务功能进行货币化，确定其价值，从而进一步可确定生态补偿的标准。根据目前生态经济学、环境经济学和资源经济学的研究成果，下面介绍几种评价生态系统服务价值的常用核算方法：

1）市场价值法。市场价值法的原理是通过生态系统服务产品的市场价格来对其经济价值进行估算②。计算的具体方法是，以某种生态系统服务的定量值与其市场价格相乘可得其经济价值，各种生态系统服务经济价值之和为其总的经济价值。

2）调查估值法。该方法也称条件价值法或支付意愿法③。最大支付意愿的补偿标准是指调查得出的人均最大支付意愿与人口数量的乘积，估算公式为：

$$Y_3 = WO \tag{5-16}$$

式中，Y_3 为补偿额度；W 为最大支付意愿；O 为人口数。

3）土地利用类型面积计算法。根据 GB/T21010—2007《土地利用现状分类》，按照 6 种土地利用类型（林地、草地、耕地、湿地、水域、未利用土地）确定其单项服务功能价值系数，以此作为计算依据，计算公式为：

$$E = \sum (A_k V_k) \tag{5-17}$$

式中，E 为研究区生态系统服务总价值；A_k 为研究区第 k 种土地利用类型的面积；V_k 为生态价值系数。

在一个流域之中，上游地区提供的生态系统服务是由上下游地区共同享用的，以生态系统内居民生活水平为基准，下游地区居民收入水平占流域总体水平的比例，可以作为确定下游地区的受益程度的标准。居民生活水平按照公式 $L = \alpha B + (1 - \alpha) H$ 确定，其中 L 为居民生活水平，B 为城镇居民人均可支配收入，H 为农民人均纯收入，α 为人口比例的权重，$\alpha < 1.0$。

在确定生态补偿标准时，应将补偿主体的支付意愿及能力和补偿客体所能提供的生态及经济价值进行综合考虑。核定生态补偿标准有以下几种方法：

第一种，基于下游水量和水质需求的补偿标准。根据下游引用水量的多少可以推算出流域生态补偿量的估算公式为：

① 徐琳瑜，杨志峰. 基于生态服务功能价值的水库工程生态补偿研究［J］. 中国人口·资源与环境，2006，16（4）：125－128.

② 徐大伟，常亮. 跨区域流域生态补偿的准市场机制研究［M］. 北京：科学出版社，2014.

③ Ariely D, Bracha A, Meier S. Doing good or doing well? Image motivation and monetary incentives in behaving prosocially［J］. American Economic Review, 2009（99）：544－555.

$$P = Q \times \sum (L_i \times C_i \times N_i) \tag{5-18}$$

式中，P 为补偿支付的数额；Q 为下游引用水量；L_i 为第 i 种污染物水质提高的级别；C_i 为第 i 种污染物提高一个级别净化所需成本；N_i 为第 i 种污染物超标的倍数。

下游引水量估算公式为：

$$Q = \frac{S_1 \times P_1}{S_2 \times P_2} \times V_1 \tag{5-19}$$

式中，S_1、P_1 为上游支流流域面积和降水量；S_2、P_2 为下游库区流域面积和降水量；V_1 为水库正常库容。

第二种，基于意愿价值评估法（CVM）的补偿标准。意愿调查法（Willingness to Pay WTP），又称条件价值法（Contingent Valuation Method，CVM），是最成熟、应用最为广泛的生态补偿标准核算方法之一[1][2]。首次应用 CVM 的是 Davis，其于 1963 年用该方法研究了美国一处林地的游憩价值，之后被发达国家广泛应用于河流景观保护、休闲、生物多样性保护等领域[3]。直到 20 世纪 80 年代，国内才开始研究 CVM，早期主要集中于理论探讨，从 90 年代开始进行实例研究。

最大支付意愿的补偿标准是指调查得出的人均最大支付意愿与人口数量的乘积，估算公式为：

$$P = WTP \times pop \tag{5-20}$$

式中，P 为补偿支付的数额；WTP 为最大支付意愿；pop 为人口数。

第三种，基于水资源价值的补偿标准。水资源价值法是将洁净水资源价值直接货币化，按照其市场价进行流域补偿的方法。依据当地水资源价格及质量来确定流域生态补偿量，使水资源价值法成为一种非常直接的交易补偿方式。估算公式如下：

$$P = Q \times P_r \times C \tag{5-21}$$

式中，P 为补偿支付的数额；Q 为水量；P_r 为水资源费的市场价格；C 为判

① 张志强，徐中民，程国栋，苏志勇. 黑河流域张掖地区生态系统服务恢复的条件价值评估 [J]. 生态学报，2002，22（6）：885-893.

② 张志强，徐中民，程国栋. 条件价值评估法的发展与应用 [J]. 地球科学进展，2003，18（3）：454-463.

③ Hein L, Meer P J V D. REDD + in the context of ecosystem management [J]. Current Opinion in Environmental Sustainability, 2012, 4（6）：604-611.

断函数，当上游供水水质优于Ⅲ类水时 $C=1$，否则 $C=0$。

随着流域水资源交易市场的逐步形成和完善，这种方法被公认为简单易行，而且是将水质和水量结合起来判断的。但是计算中参数的取值对结果影响较大，有待改进。例如，系数 δ 可根据优质优价的原则进行细化，C 可以采用水资源的价值来替换等。在实践中选取参数时要慎重，必须将流域实际状况予以结合考虑。另外，该方法仅从水资源的使用价值进行分析，未涉及水环境等其他因素的价值。

5.2 水污染经济损失核算

分析太湖流域水环境污染对流域经济、生活等方面产生的影响，并根据三大产业类型分别计算其水污染损失，即对第一产业的影响主要是导致农产品品质下降，对第二产业的影响主要是大量增加了工业生产成本，对第三产业的影响是旅游景区的锐减。

为了运用流域水污染经济损失函数式（5-9）计算太湖流域江南运河相关地区水污染经济损失，需确定太湖流域水污染经济损失系数 K_i。在太湖流域内，不同城市在社会经济发展模式、社会环境和文化景观等方面存在很大程度的相似之处，其城市产业结构同构化现象非常突出，流域内水污染的类型及状况也比较一致。因此，流域内水污染对不同城市社会经济的影响也具有一定的一致性。计算无锡市水污染经济损失各分项，结果表明，在流域内使用统一的分项污染影响损失函数是可行的。由于资料和时间所限，本书在已有的数据资料基础上估算所需的 K_i 值。通过分析李锦秀、张增强以及杨桐鹤等对 K_i 的调查计算结果，同时为使核算通俗易懂且不失合理性，本书采用的各分项 K_i 如表5-4所示。

表5-4 太湖流域水污染经济损失系数 K_i 值

计算内容	K_i 值	对应产业	对应 K_i 值	单位经济损失含义
农业	0.450	第一产业	0.450	经济损失量/农业增加值·年
电子工业	0.060	第二产业	0.554	生产成本增加值/生产总成本·年
食品工业	0.060			
一般工业	0.013			
旅游	0.106	第三产业	0.106	经济损失量/旅游收入增加值·年

根据各个地区 2010 年环境状况公报，结合相关文献，得到相关地区水质情况，即综合水质类别 Q_i 值，如表 5-5 所示。

表 5-5 太湖流域相关地区综合水质类别 Q_i 值

地区	镇江市	常州市	无锡市	苏州市	嘉兴市	杭州市
Q_i 值	3.51	4.04	3.42	4.00	5.47	4.16

下面先将 6 个地区水质综合类别 Q_i 值分别代入式（5-9），通过计算可以得出每个地区单元不同分项的流域水污染损失率 Y_i，再根据这 6 个地区的社会经济情况的统计数据（见表 5-6），代入式（5-5）即可得到太湖流域江南运河各地区内分项水污染经济损失量，进而得到该流域水污染的经济损失（见表 5-8）。

表 5-6 2010 年相关地区社会经济情况统计 单位：亿元

地区	生产总值	第一产业增加值	第二产业增加值	第三产业增加值
镇江市	1956.64	81.58	1124.52	750.54
常州市	2976.7	99.8	1667.2	1209.7
无锡市	5758	104.94	3208.79	2444.27
苏州市	9168.9	156.34	5232.8	3779.76
嘉兴市	2296	126.3	1342.12	827.58
杭州市	5945.82	207.96	2844.47	2893.39

表 5-7 2010 年相关地区水污染经济损失量 单位：亿元

产业 \ 地区	镇江市	常州市	无锡市	苏州市	嘉兴市	杭州市	合计
第一产业	1.43	2.29	1.75	3.52	4.35	2.51	15.84
第二产业	24.31	47.01	65.82	144.95	56.93	42.23	381.25
第三产业	3.10	6.53	9.59	20.03	6.72	8.22	54.19
合计	28.85	55.83	77.16	168.50	68.00	52.96	451.29

注：因杭州市用水约一半取自太湖流域，另一半取自钱塘江水系，故此处杭州市的水污染损失量是依据各产业值的一半纳入水污染损失量的计算。

表 5-8 2010 年相关地区水污染经济损失量占生产总值的比例

地区	镇江市	常州市	无锡市	苏州市	嘉兴市	杭州市
经济损失占生产总值的比例（%）	1.47	1.88	1.34	1.84	2.96	1.78

5.3 水污染赔偿比例核算

根据《太湖流域水环境综合治理总体方案》（2013 年修编），太湖流域综合治理区 2010 年化学需氧量（COD）、氨氮（$NH_3 - N$）、总磷（TP）和总氮（TN）排放总量分别为 39.19 万吨、5.94 万吨、0.77 万吨和 11.22 万吨，具体见表 5 -9。

表 5 - 9　2010 年太湖流域综合治理区主要污染物排放总量　　单位：吨

行政区	COD	$NH_3 - N$	TP	TN
江苏省	216900	30700	4486	56200
浙江省	168800	28100	3087	54993
上海市	6157	638	161	960
合计	391857	59438	7734	112153

在表 5 - 9 的基础上结合各地区 2010 年环境公报，以及相关文献数据，通过比例分析的方法可以得到 2010 年各个地区太湖流域各地区化学需氧量（COD）入河量，具体见表 5 - 10。

表 5 - 10　2010 年太湖流域各相关地区 COD 排放量

地区	江南运河段河长（千米）	总河长（千米）	2010 年 COD 入河量（吨）
镇江市	40.7	225.42	19839
常州市	44.7	362.7	52904
无锡市	41.4	549.52	56211
苏州市	88.2	749.95	79357
嘉兴市	69.8	443.5	101301
杭州市	55	371	63313

通过查阅相关文献并咨询相关专家[①]，本书认为模型中"河流流量取 48.64

---

① 王佳伟，张天柱，陈吉宁．污水处理厂 COD 和氨氮总量削减的成本模型［J］．中国环境科学，2009，29（4）：443 - 448．

亿立方米，流速取 0.5 米/秒，衰减系数取 0.15"可行。选取化学需氧量（COD）这一指标作为测试水质的指代性指标，结合太湖流域水资源综合规划对水功能区环境容量和入河量的统计数据，能够得出每个水功能区的超量排放量。利用输入响应模型（具体见前文"基于经济损失的计算方法"的相关内容），并依据徐爱兰等学者关于模型参数内容的研究成果，将各参数代入模型计算得出上游功能区超量排放对于下游功能区污染浓度产生的影响。

5.4 水污染赔偿标准核定

根据 6 个地区对水污染产生的经济损失的计算结果，结合江南运河在各地区的河长占比，可以得出各个地区相应河段水污染的经济损失量（见表 5 - 11）。

表 5 - 11 江南运河在相关地区范围内河长占比及相应的水污染经济损失量

单位：亿元

地区	江南运河段河长占比	相应水污染经济损失量
镇江市	0.18	5.21
常州市	0.12	6.86
无锡市	0.08	5.81
苏州市	0.12	19.97
嘉兴市	0.16	10.69
杭州市	0.14	7.28

如表 5 - 12 所示，每一列的数据表示所在地区对本地及其下游地区造成的水污染而应支付的经济损失赔偿量，每一行的数据表示所在地区得到的本地及其上游地区对水污染经济损失的赔偿量。纵向来看，镇江市对本地及其下游地区，包括对常州、无锡、苏州、嘉兴和杭州的经济损失赔偿量分别为 5.21 亿元、1.57 亿元、0.86 亿元、1.71 亿元、0.58 亿元和 0.29 亿元，合计 10.21 亿元；常州市对本地及其下游地区，包括无锡、苏州、嘉兴和杭州的经济损失赔偿量分别为 5.30 亿元、2.88 亿元、5.76 亿元、1.95 亿元和 0.97 亿元，合计 16.85 亿元；其他地区依次类推。横向来看，江南运河镇江段的水污染经济损失 5.21 亿元全由

镇江负担（这是因为镇江段的上游与长江相连，而长江水质较好，对下游河流不会产生污染）；常州的水污染经济损失，由镇江向其赔偿 1.57 亿元，常州承担 5.3 亿元；其他地区依次类推。各地区承担的赔偿量（包括自身承担部分）合计为 55.83 亿元，与这些地区总损失量相等。

表 5-12　2010 年江南运河沿线行政区之间水污染经济损失赔偿标准

单位：亿元

地区	镇江市	常州市	无锡市	苏州市	嘉兴市	杭州市	合计
镇江市	5.21						5.21
常州市	1.57	5.30					6.86
无锡市	0.86	2.88	2.07				5.81
苏州市	1.71	5.76	4.14	8.37			19.97
嘉兴市	0.58	1.95	1.40	2.84	3.92		10.69
杭州市	0.29	0.97	0.70	1.43	1.95	1.95	7.28
合计	10.21	16.85	8.31	12.64	5.87	1.95	55.83

5.5　参数敏感性及计算结果分析

5.5.1　参数敏感性分析

污染物衰减系数和纵向离散系数是水质影响因素数学模型中两个重要的参数，要分析这两个参数的变化是否对赔偿标准结果有影响，以及如果有影响，是怎样影响的，就要对这两个参数进行敏感性分析。

5.5.1.1　污染物衰减系数敏感性分析

表 5-13 给出了污染物综合衰减系数分别取值 0.25K、0.5K、K、2K 和 4K 运河沿线各行政区划应承担的水污染经济损失赔偿量。从表中数据可以看出，K 值的变化会影响水污染损失总量在上下游地区之间的分配。K 值越大，越往上游的地区的水污染经济损失赔偿量越少，越往下游的地区的水污染经济损失赔偿越多。

当污染物衰减系数的取值由 0.25K 依次增大到 4K 时，镇江、常州和无锡的水污染经济损失赔偿量分别减少了 4.64 亿元、8.02 亿元和 2.36 亿元，减少的幅度较大；而苏州、嘉兴和杭州的水污染损失赔偿量分别增加了 5.32 亿元、7.41 亿元和 2.74 亿元，增加的幅度较大。所以，为了使各地区间的赔偿标准更加科学与公平，应多进行实地考察来确定一个合理的 K 值。

表 5-13　不同污染物衰减系数对应的各个地区承担的赔偿量

衰减系数	镇江市	常州市	无锡市	苏州市	嘉兴市	杭州市
0.25K	12.23	18.49	8.26	10.72	5.09	1.04
0.2K	11.68	17.78	8.19	11.27	5.69	1.22
K	10.73	16.37	7.93	12.30	6.91	1.60
2K	9.23	13.82	7.23	13.88	9.26	2.41
4K	7.59	10.47	5.90	15.59	12.50	3.78

5.5.1.2　纵向离散系数敏感性分析

表 5-14 给出了纵向离散系数分别取值 0.02D、0.1D、D、10D 和 50D 时，运河沿线各行政区划应承担的水污染经济损失赔偿量。根据表中计算结果可以看出，D 值在较大的变化范围内，各个地区应承担的损失赔偿量大体上没有变化，这反映了纵向离散系数的大小对不同地区承担的水污染经济损失赔偿量的影响很小，可以忽略不计。

表 5-14　不同纵向离散系数对应的各个地区承担的赔偿量

离散系数	镇江市	常州市	无锡市	苏州市	嘉兴市	杭州市
0.02D	10.21	16.86	8.30	12.62	5.89	1.95
0.1D	10.21	16.86	8.30	12.62	5.87	1.95
D	10.21	16.86	8.30	12.62	5.87	1.95
10D	10.22	16.86	8.30	12.61	5.86	1.95
50D	10.24	16.89	8.30	12.60	5.81	1.94

5.5.2　计算结果分析

通过上文所建模型的数据分析可以得出，流域水污染经济损失赔偿标准主要依据水污染经济损失量和超量排放的环境影响两个因素来确定，并且会受到地区经济发展水平、自然地理位置、入河削减量、地区河长等多重因素的综合影响。就如何削减量而言，当某地区的入河削减量增大，意味着该地区超量排污情况越严重，即对其他地区产生的影响越大，其应承担的水污染经济损失赔偿额度就越高；就地区河长而言，当某地区的河长越长，意味着该地区纳污能力越强，也即对其他地区的影响就相对较小，该地因水污染而承担的对其他地区的经济损失赔偿额度就越小。地理位置对一个地区的水污染赔偿量有直接的影响，例如，常州与苏州的入河削减量大体相等，但由于常州位于河流上游而对下游水质产生较大影响，其对下游地区的水污染损失应负更大的责任，因此常州所承担的水污染损失赔偿量要明显比苏州多。

本章所构建的模型界定了太湖流域江南运河沿线上不同地区之间水污染经济损失的赔偿标准，该模型对水污染赔偿标准的测定方法同样适用于其他河流。由于不同地区之间的赔偿关系还会受到入河负荷量和入河控制量的影响，因此在对入河负荷量的实际调查以及对入河控制量的计算过程中应特别注意，以确保这些数据的科学、有效性，并且做好相对应的实时跟进与动态调整。

6　流域水污染损失赔偿实证分析

作为七大河流之一的辽河，既能为沿河居民提供生活用水，又具备极强的纳污能力。主要体现在为社会经济发展提供水资源，又承载流域周边生产活动造成的各类污染物。根据国家环保部提供的相关数据，辽河已经是我国污染最严重的河流之一。

东辽河、招苏台河以及条子河是辽河流域的主要支流，均发源于吉林省。辽河流域跨吉林、辽宁两省，但是水资源却严重匮乏，其中，区域内人均水资源占全国人均占有量的1/5，仅为619立方米。但是，流域内的水资源开发利用率却超过了80％。由于流域内主要城市均以机械、印染、化工等为主导产业，包括四平、辽源等在内的城市，其主导产业都存在耗水量大、污染排放高、效率低下等情况。而且由于地区产业经济效益不高，且治污技术要求相对较高，因而无法对造成的污染进行有效治理，导致水污染情况严重。自辽河流域水污染防治"九五"计划开展以来，辽河与淮河、海河和太湖、巢湖、滇池共同成为国家重点治理对象。但是，数十年的水污染治理并未根本改善辽河流域的水污染情况。特别是在投入了大量财力、物力、技术支持等，流域内的黑臭河段仍未得到根本治理。流域水污染问题的恶化已经严重制约了当地社会经济发展，并引发了冲突事件。

6.1 研究流域概况

6.1.1 自然环境概况

位于吉林省西南部并跨越吉、辽两省的辽河流域包括东辽河、招苏台河以及条子河等主要河流，其中，流域面积占吉林省土地总面积的 8.4%。该流域发源于吉林省东辽县的哈达岭山脉小寒葱顶子峰东南萨哈陵五座庙福安屯附近，海拔高达 360 米。整条河流从源头至西穿过深谷地区，经过杨木咀子汇至西北方向，继而经过二龙山流至平原地带转至西南，最后与西辽河在辽宁铁岭市昌图县长发乡汇合。

东辽河发源于吉林省辽源市萨哈岭山脉，河流总长为 406 千米，其中吉林省境内长度为 321 千米，卡伦河、孤山河、小辽河等均是东辽河较大的支流。辽河的另一条主要支流是西辽河，其中吉林省境内长度为 31 千米。招苏台河在吉林省境内长度为 103 千米，条子河是其主要支流。从地理位置看，位于松辽平原中部的辽河流域丘陵、平原兼备且由东南向西北依次降低，其中，东南部地区为丘陵地带，因而土质肥沃较好；中西部地区为平原地带，招苏台河和东辽河纵横其间。从气候角度来说，辽河流域属温带大陆性季风气候，6~9 月是其集中降水期，约占全年降水量的 80%。从资源储备情况看，辽河流域地表水资源量短缺，总量约为 8.38 亿立方米，占吉林省地表水资源总量的 2.6%。此外，降水是辽河流域河川径流量的主要来源并呈现季节性变化，主要体现在春汛期、春夏之间枯水期、夏汛期以及冬季枯水期河川径流量最大。这也就意味着 6~9 月为流域丰水期，3 月、4 月、5 月以及 10 月四个月是流域平水期，且到 11 月进入全年枯水期。

6.1.2 社会经济情况

6.1.2.1 基本情况

辽河流域跨界断面横跨吉林省辽源市和四平市、公主岭市、东辽县、梨树县、双辽县、伊通县等行政区域，约有 368 万人口，占吉林省总人口的 13.8%。

但是以上几个行政区域城镇化水平仅为 45%，大大低于吉林省 53.4% 的城镇化水平。目前，食品加工、机械化工等是吉林省境内辽河流域的主导产业。此外，流域内的食品加工产业已经成为其支柱产业之一，农业产业化进程相较之前有了大幅提高。根据相关数据，2005 年流域内地区生产总值仅为 401.6 万元，约占全省生产总值的 11.1%。其中，第一、第二、第三产业分别占地区生态总值的 29.8%、35.4%、34.8%。同年，流域内耕地总面积为 4064 平方千米，主要以大豆、玉米等粮食作物为主。作为吉林省重要粮食生产基地，流域内丰富的粮食资源为畜牧业提供了极为便利的条件，其中大牲畜将近达到 110 万头，小牲畜将近达到 400 万头。辽源市和四平市作为流域内主要城市，其行政区划面积共计约为 72 平方千米。其中，辽源市占 33.2 平方千米，四平市占 38.8 平方千米。四平市市区人口相比辽源市较多，达到 51.38 万人，而辽源市约为 44.5 万人。两地主导产业有所不同，化工均为其主导产业之一。不同的是，煤炭、纺织、电力等是辽源市主导产业，而机械制造、啤酒和食品加工是四平市主导产业。

6.1.2.2 水利状况

当前，吉林省境内的辽河流域共计有 129 座不同大小的湖库以及 238 处坝塘，其中，湖库库容共计约 22.6 亿立方米，塘坝库容共计约 1350 万立方米。湖库包括二龙山大型水库，19 座中型湖库，109 座小型湖库。从水力发电来看，流域内有约 440 处机电排灌点，其中 15 处电力都超过 100 千瓦，还包括 6600 多口机电井。2004 年，吉林省境内的辽河流域地表水资源开发率（84.5%）远远高出了国际通用生态警戒线 36% 的设定值。其中，地表水工程供给量占到流域内总供给量的 53.3%，约为 5.54 亿立方米。

6.1.2.3 单元用水状况

以辽源市和四平市为例，2004 年，辽源市用水量仅为 1.71 亿立方米，而四平市用水量高达 7.41 亿立方米。这些水资源主要用于农业灌溉，继而才是工业用水。其中，农业灌溉占总用水量的 65.1%，工业用水占总用水量的 16.4%。以个人用水为例，流域内人均用水量仅为 248 立方米，大大低于全国平均水平。由于流域内水资源严重不足，使其开发利用强度高，如鼓励节约用水，特别是减少农业灌溉用水量，发展节水灌溉技术，包括滴灌等。

6.2 流域水污染现状

辽河流域水污染情况严重，特别是生态水严重缺乏。根据 2015 年发布的环境状况公报，辽河流域在十大水系水质检测结果中依旧占据高位，水质总体质量为中至重度污染（见图 6 – 1），化学需氧量、五日生化需氧量和总磷是其主要的污染指标。

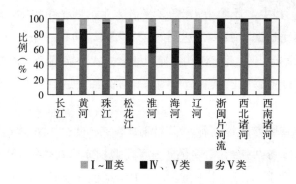

图 6 – 1 2015 年十大水系水质类别比例

整条流域中，吉林省境内水污染严重。2015 年在大辽河水系 16 个国控断面中，无 I 类和 III 类水质断面，II 类水质断面占 18.8%，均与 2014 年持平；IV 类占 43.8%，比 2014 年下降 12.4 个百分点；V 类占 6.2%，与 2014 年持平；劣 V 类占 31.2%，比 2014 年上升 12.4 个百分点。主要污染指标为氨氮、五日生化需氧量和总磷。从表 6 – 1 中可以得到 2010 ～ 2015 年吉辽两省交界处四双大桥、六家子和林家（汇合口）的三个断面的水质类别逐年变化情况。

表 6 – 1 2010 ～ 2015 年辽河流域吉林—辽宁省跨界断面水质类别

河流	监测断面	水质现状类别						水质目标	是否达标
		2010 年	2011 年	2012 年	2013 年	2014 年	2015 年		
东辽河	四双大桥	IV	IV	III	III	IV	IV	III	否
招苏台河	六家子	劣 V	V	劣 V	劣 V	V	IV	III	否
条子河	林家（汇合口）	劣 V	劣 V	劣 V	劣 V	V	劣 V	III	否

6.2.1 东辽河

东辽河上游在 2012～2013 年的水质较好，基本达到预设的水质控制目标，而辽源市以下河段均为 V 类或劣 V 类水质，水质污染较为严重。超标污染物氨氮最高浓度 8.45 毫克/升，超标 7.45 倍；化学需氧量最高浓度 67.36 毫克/升，超标 2.4 倍；五日生化需氧量最高浓度 19.44 毫克/升，超标 3.8 倍。个别断面挥发酚超标。国控省界断面四双大桥水质为 Ⅳ 类。另外，东辽河二龙山水库是四平市饮用水水源地，日供水 10 万吨。

6.2.2 招苏台河

梨树县是吉林省四平市下辖县，其饮用水来源于招苏台河支流条子河上游的下三台水库。而招苏台河流量较低，导致其稀释污染物的能力也很低。随着梨树县为发展食品、建材、机械等工业产业而排放大量污水，使招苏台河水污染严重，水生生物濒临灭绝。2007 年，招苏台河除四台子断面为 Ⅳ 类水质外，其余 2 个断面均为劣 V 类。主要超标污染物五日生化需氧量 380.75 毫克/升，超标 94.2 倍；氨氮 19.64 毫克/升，超标 18.6 倍；化学需氧量 882.91 毫克/升，超标 43.1 倍。

6.2.3 条子河

与招苏台河情况相类似，条子河的天然流量极低，稀释污染物的能力也极差。随着四平市发展经济而排放大量污水，使条子河无法稀释污染物，水体污染严重。2007 年，两个监测断面汇合口和林家的水质均为劣 V 类。超标污染物化学需氧量 116.69 毫克/升，超标 4.8 倍；氨氮 23.86 毫克/升，超标 22.9 倍。

6.2.4 典型点源污染计算

6.2.4.1 点源污染物产生量

"点源污染"指的是固定排污点的污染源，在数学模型中经常会用一点代入算式而简化计算，如工业废水及城市生活污水，由排放口集中汇入江河湖泊。"水污染点源"与之不同，指的是以点状形式排放污染物而导致水体污染的发生源。具体来说，生活污染源产生的城市生活污水以及工业污染源产生的工业废水经过污水处理厂或者被运输到污染排放口，作为重要水污染点源排放到附近流域内。此类污染点源具备季节性、随机性规律，即会随着生活污水与工业污水的排放而有规律地变化，且其中包含着众多污染物，成分较为复杂。

6.2.4.2　点源污染物入河量

各水功能区污染物年入河量计算方法如下：

（1）污染物平均浓度：

$$\overline{C} = \sum_{i=1}^{n} Q_i C_i \Big/ \sum_{i=1}^{n} Q_i \ (\text{mg/L}) \tag{6-1}$$

其中：C_i 表示入河污染物实测浓度；Q_i 表示入河污染物实测流量。

单个排污口污染物入河量：

$$W_j = \overline{Q} \cdot \overline{C} \times 0.0864 \times 365 (\text{t/a}) \tag{6-2}$$

（2）水功能区的污染物总量：

$$W = \sum_{j=1}^{n} W_j \tag{6-3}$$

6.2.5　典型面源污染计算

面源污染又称非点源污染，是指大气中、地面以及地下污染物在自然降雨的流动冲刷下，进入到江河、湖泊水库和海洋中造成的水质污染。随着国家对生态环保的重视，并且加大对生活及工业污染源的治理，面源污染逐渐成为水污染治理中的重要议题。辽河流域作为三河之一，流域内地形复杂，生态环境问题比较严重，面源污染极为严重。特别是夏季，流域内降水集中造成水土流失较为严重，水质中的含沙量比较多。因此，对辽河流域的面源污染进行有效治理是相关部门应当着重解决的问题之一。

6.2.5.1　农业面源污染量

辽河流域农村面源污染主要是由施肥、喷洒农药过程中的化学残留物质、养殖业产生的粪便以及生活污水等造成。为了促进粮食的产量，流域内农民对农作物大量施肥，这在很大程度上给流域内土地、水质造成了污染。由于过量施肥，土壤中的化学残留物，包括 N、P 元素等，会随着降水或是农田排水排入到周边的河流、湖泊等，继而导致地表水和地下水水质恶化，水体富营养化等。此外，由于化肥中的硝酸盐较多，会集中累积到农作物、土壤、水体中，威胁人们身体健康。实际上，在施肥过程中，农药有效利用率仅为20%～30%，剩余均散落在空气、土壤以及水体中，在降水与农田灌溉的作用下，会污染水体或通过农产品继而影响居民。

从畜禽养殖业的角度来说，由于养殖场的废水未经处理且含有较多的污染物，如此排放在河流中，会造成水质污染，富营养化严重，继而造成大量水生物灭绝。排放在水体中的有毒物体会减少水溶氧量，更严重的则会使水体黑臭，造成大范围污染，这加大了水污染的治理工作的难度。此外，畜牧养殖过程中产生的有毒气体，也会对大气造成影响，并且威胁居民的身体健康。

从主导工业产业来说，大部分农村的工业废水排放没有进行任何环境影响评价，且污水处理技术低端，工厂没有充足的资金对工业废水进行再处理。由于对经济的过高追求，大到塑料厂小到小作坊等工厂产生的大量垃圾，包括有毒、重金属成分的工业垃圾，直接排放到河流中，造成水质严重污染。从生活污水排放的角度看，近年来新农村建设的开展使农村居民生活水平得到稳步提升。生活品质的提高也带来了很多副作用，如生活垃圾的多样、垃圾成分的多元给环境带来了极大负担。目前的农村，基础设施建设尚未健全，如垃圾中转站、垃圾处理厂等基本设施鲜有存在。大部分生活垃圾都是直接丢弃在道路上。垃圾累积腐烂，经过降雨的洗刷和发酵，产生各种毒害气体、污染物，进而对各类水体、土壤造成严重污染。此外，农村居民点的生活污水也未像城市生活污水一样经过处理再排放，因而也会在一定程度上影响水质。

农村生活污染源调查分析主要包括农村生活污水部分。根据《全国水资源综合规划地表水水质评价及污染物排放量调查估算工作补充技术细则》（以下简称《细则》）可得生活污水中污染物排放系数：COD_{cr} 为 50 克/人·天；$NH_3 - N$ 为 3.2 克/人·天。

农药化肥污染估算。根据《统计年鉴》，得到农作物的播种面积和各种作物农药、化肥的施用量。化肥流失量计算公式如下：

$$氨氮 = （氮肥 + 复合肥 \times 0.3 + 磷肥 \times 0.185）\times 20\% \times 10\% \tag{6-4}$$

农药污染负荷量则根据有机磷和氨基甲酸酯类进行估算，其中 COD 估算量根据 $NH_3 - N$ 的 0.3 倍取值。

根据耕地面积及其化肥施用总量可求出单位耕地面积上各化肥种类的施用量，进而根据耕地面积估算出相应不同化肥量，同理可求得农药使用量。根据调查统计化肥、农药施用量，折算成有效成分（化肥以 N、P 计，农药以有机氯、有机磷计）。

禽畜养殖污染估算。根据《畜禽养殖业污染物排放标准》（GB18596—2001）和《细则》可得畜禽粪便排泄系数和饲养周期如表6-2所示。

表6-2 畜禽粪便排泄系数和饲养周期

畜禽种类	猪	家禽	羊	大牲畜
排泄物	粪	粪	粪	粪
每天排泄量（千克/只）	3.5	0.1	2.0	10.0
饲养周期（天）	199	210	365	365
每年排泄量（千克/只）	696.5	21.0	730.0	3650.0

从《统计年鉴》得到畜禽的饲养数量，牛、羊饲养数量以存栏数计，猪、鸭、鸡饲养数量以出栏数计。根据统计结果可知每年的禽畜养殖数量，再将禽畜数量乘以对应的粪便年排放量就可求每种禽畜的年粪便排放量。

6.2.5.2　城市径流污染量

仅次于农村面源污染的是城市径流污染，因此，估算城市径流污染是学术界一直热议的话题。20世纪50年代，美国农业部开发了小流域设计洪水模型——SCS（Soil Conservation Service）模型。该模型不仅可以考虑人类活动对城市径流量的影响，也考虑到了流域下垫面的特征。随后，此模型在美国及其他一部分国家进行了应用，特别是在无资料流域，相关人员对其不断地进行着改进。从辽河流域水污染现状出发，采用SCS模型模拟流域内典型示范区的降雨径流，并以此建立了年降水量与不同典型城市用地类型径流系数之间的对数相关关系。以上工作的顺利开展，在理论和现实层面都丰富了估算辽河流域城市径流污染的研究。

根据径流总量和径流污染物浓度估算辽河流域城市径流污染负荷排放总量，辽河流域城市径流总量约为26986万吨/年，COD排放总量约为62770吨/年，氨氮排放总量约为1552吨/年，总氮排放总量约为4318吨/年，总磷排放总量约为6908吨/年。

6.2.5.3　面源污染物入河量

根据综合规划中非点源污染负荷入河量的计算，将化肥农药使用、农村生活污水、畜禽养殖污水、城市径流污染物入河系数分别取7%、0.15%、7%以及16%，其中化肥农药使用中的氨氮入河系数定为3%。面源污染物的入河总量是它们的总和。

6.3 流域水污染赔付框架

6.3.1 实施基础

6.3.1.1 辽河流域跨界水污染管理现状

加强两省间的沟通与合作，开展省际区域环境保护合作，做到优势互补，资源共享，经验交流，取长补短[1][2][3]。2007 年 1 月，吉林省与辽宁省建立了辽河流域水污染防治省际会商机制，建立两省相邻地区环保部门的定期会商、省界水质共同监测、污染源互检和工作信息通报四项制度。召开辽河流域水污染防治工作专题会议，对目标和任务的完成情况及责任履行情况进行调度和通报，并研究解决存在的问题。

依据 2009 年 5 月签订的《吉林省、辽宁省辽河流域跨省界断面联合监测协议书》，为加快辽河流域水环境质量的进一步改善，早日实现《辽河流域水污染防治规划（2006 - 2010）》跨界水质控制目标，经吉林和辽宁两省环境监测中心站协商，双方同意对两省辽河流域跨省界断面进行联合监测。在跨吉林、辽宁两省界的辽河支流条子河、招苏台河和东辽河上共同选择三个监测断面，于每月的同一时间同时到达三个监测断面，共同采集双平行样带回，监测化学需氧量和氨氮两项指标。两省环境监测人员于每月的第二周的周一约定次日共同监测的时间及汇合地点，共同前往三个监测断面进行采样。两省环境监测中心站对各自样品进行监测，于采样后 7 日相互通报监测结果，并同时报告环境保护部东北督察中心和两省原环保厅。如两站监测数据差异超过 20% ~ 30%，由两站协商，重新采样监测。

建立辽河流域协同应急处理机制，发生跨省界水污染事故时，上下游环保部

---

① 于学，张帅. 辽河流域跨省界断面生态补偿与博弈研究 [J]. 水土保持研究，2014，21（1）：203 - 208.

② 李璇. 辽宁省辽河流域生态补偿现状分析及策略思考 [J]. 才智，2013（14）：134 - 134.

③ 于成学. 辽河流域跨省界断面生态补偿共建共享帕累托改进研究 [J]. 干旱区资源与环境，2013，27（8）：125 - 130.

门要立即报请当地政府迅速启动环境应急预案，通知下游省市，并提出控制、消除污染的应急措施，协助当地政府按有关规定和程序控制消除水污染。信息由政府通过新闻发布会的方式发布，由地方环保部门报送省政府或环保部，再上报国务院，由国务院进行通报。

按照污染造成直接损失的20%~30%进行赔款，对于国家重点流域，按上限进行罚款。采取双罚制，既对企业进行罚款，也对直接负责的主管人员，即主要责任人进行罚款，处罚额度按照国家标准，地方不能自己制定高于国家标准的罚款。

对经济损失的赔偿额，要根据具体情况而定，如对农田、水、鱼、人畜的损害，既可赔钱，也可陪物。对农田可以进行量化，如多少亩减产，一亩打多少粮，一斤粮卖多少钱，通过这样计算出经济损失，但对一些其他的损失难以计量，最后可以通过双方的协商、谈判来找到一个双方都能接受的赔偿额。

6.3.1.2 辽河流域跨界水污染管理存在的主要问题

（1）流域水资源需要进一步合理配置。水资源的缺少与不合理的开发以及跨界水污染管理体制中缺乏对水资源的合理配置，人在与自然的争斗中而引起的环境问题，造成了各个流域之间的水资源、水环境矛盾①。

（2）缺乏科学、合理水价机制。由于缺乏科学、合理的水价机制，导致现有水价总体较低，无法合理优化市场资源配置，特别是造成了水资源的大量浪费、水体污染程度加重等情况。面对这一不合理的局面，要积极形成科学、合理的水价机制，水资源的开发布局和水资源配置格局可以用科学的水资源收费标准进行宏观调控。

（3）相关法律体系尚需完善。早在2002年，《中华人民共和国水法》赋予了流域管理机构在所管辖的范围内行使相关法律。行政法和国务院水行政主管部门授予流域管理机构水资源管理和监督职责，但由于其法律地位和职责都不够明确，实际工作很难展开。因此，努力加快立法工作、完善辽河流域跨界水污染相关的法律法规体系是接下来的工作重点。

6.3.2 赔付框架

辽河流域跨界水污染赔偿补偿方案的制定主要以 COD 为控制指标，从赔偿

---

① 于成学，张帅. 辽河流域跨省界断面生态补偿与博弈研究 [J]. 水土保持研究，2014，21（1）：203－207.

和补偿两方面计算赔偿与补偿金额，分别制定赔偿方案和补偿方案①②。水污染赔付框架如图6-2所示。

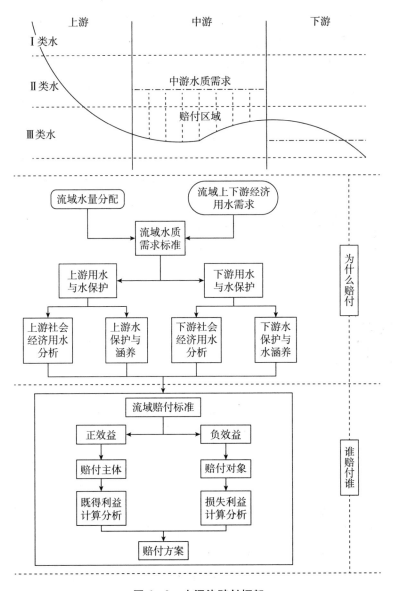

图6-2 水污染赔付框架

① 范志刚．辽河流域生态补偿标准的测算与分配模式研究［D］．大连理工大学，2011.

② 武中波，孙秀玲，王鹤．浅析改善招苏台河吉辽跨省界断面水质措施［J］．科技创新与应用，2016（29）：165.

6.3.3 主体的选择

流域水污染索赔权是指索赔权方享有的要求责任方对其侵犯流域水生态并造成损害后果的行为所需承担赔偿责任的权利。在合法权益被侵犯之后,受害方将被损害的权益转化为索赔权,责任方的义务将转化为水生态损害责任的承担,双方当事方形成一种法律上的索赔关系,即索赔权与赔偿责任。流域水污染索赔法律关系的客体是流域整体的水生态权益,作为一种公共权益,其主体的选择当由能够代表这种公共权益的组织或机构来行使索赔权。

流域水污染索赔主体资格的确定①。美国一般采用信托管理理论来确定生态损害主体。信托管理理论最早源自罗马,其主要观点是公共利益高于私人利益。在此之后,美国普法拓展并发展了这一理论,将该理论运用到自然损害索赔上,该理论的基本思想是:公共自然资源的所有权归属于国家,政府作为国家自有财产的受托管理人,代替国家行使财产管理权,当国家财产受到侵犯,政府授权具体行政部门来实施索赔权,同时在损害发生危险时有义务及权利采取必要行政措施来避免损失的扩大,随之对损失做出估算,当获得赔偿之后须及时地实施恢复、修复、替代等措施。

一些制定了水污染赔偿法的国际组织或国家也规定了水行政主管部门所拥有的索赔权。《欧盟环境责任指令》第11条中明确要求各成员国必须确定履行该指令主要职责的主管部门。主管部门的权力与义务包括以下几个方面:确认造成水生态损害不良后果或引起这种环境破坏危险的主体责任人;评估水环境损失并选定恢复措施;要求主体责任人提供评估损失所需要的信息;要求主体责任人提出预防、整改、恢复等措施,并执行以上措施;授权或委托第三方监督执行必要的恢复、预防等措施;对主体主管部门及授权或委托的第三方实施以上措施所产生的费用,主管部门有权要求责任人赔偿。在德国的《环境损害赔偿法》和英国的《环境损害赔偿规则》中也同时规定了生态环境损害索赔人应当为政府的行政主管部门,并且英国在《环境损害赔偿规则》中对各类自然资源损害索赔的执行主体也作了具体的规定,比如水资源损害索赔主体应当为区域或流域水行政主管部门、土地资源损害索赔主体应当为区域土地管理机构、栖息地与受保护物

---

① Huber R., Briner S., Peringer A., et al. Modeling social – ecological feedback effects in the implementa-tion of payments for environmental services in pasture – woodlands [J]. Ecology & Society, 2013, 18 (2): 247 – 261.

种损害索赔主体应当为保护地行政主管部门或自然署、对具有特殊科学价值地损害的索赔主体应当为相关科研机构等。同时，对于非依据《英国环境许可规则》确具有许可的主体造成环境损害，水资源损害索赔主体应当为环境部；栖息地与受保护物种或者具备特殊科学价值地损害由环境部负责管理或者由自然署管理；土地资源损害的应当为地方当局。假设同一流域同时发生 2~3 种的环境损害，这些损害主体为不同的管理部门，那么所有的执行机构将共同来行使索赔权。主体索赔机关有权将索赔权授权其他机构行使，并且相关部门的索赔权包括要求责任方履行预防、整改、恢复等措施，也要求责任方赔偿预防、整改、恢复等措施产生的费用。

但是在许多实际案例中，索赔权由行政机构行使来解决水污染损害的赔偿问题也显现出了一些缺点，赔偿主体赔偿不积极，索赔主体越位，索赔主体重叠，赔偿主体或第三方机构贪污赔偿金，部分相关部门在获取赔偿款之后执行恢复措施不积极等问题时常发生。这些问题的存在表明，对水污染赔付问题施加外界的监督，制定补充的索赔主体制度及完善政府责任制度的要求非常迫切。

依据《中华人民共和国宪法》第 9 条及第 26 条，明确规定了对于公共自然资源，国家拥有其所有权，国家有权禁止他人侵犯公共自然资源，还有义务保护和改善生态环境、治理污染与公害，并保障自然资源的合理利用。《中华人民共和国物权法》第 46 条和第 49 条分别赋予了国家对海域，以及对国有野生动植物资源的所有权。《中华人民共和国物权法》第 45 条规定，国务院能够代表国家行使国有财产的管理权。由此，国务院必须代表国家管理和保护诸如水、土地等公共自然资源，并有权禁止组织或个人侵害国家所有的公共自然资源。《中华人民共和国环境保护法》第 7 条明确规定，我国的环境监督与管理机制的基本结构具体表现为，由国务院环境保护行政主管部门统一进行监督与管理工作，各级地方政府对其所管辖区的环境保护工作进行监督与管理，各类自然资源的主管部门分别负责该类资源保护工作的监督与管理，并对环境污染的防治实施监督与管理；第 38 条规定了相关部门拥有行政处罚权，但是，相关部门的索赔权利并不是体现在这种行政罚款之上，行政罚款仅仅是一种处罚权力。索赔权究其本质是一种请求权，这种索赔的请求对责任方实际上不具备任何强制执行力，而行政处罚权力则不同，这种权利是一种公权力，具有国家赋予的强制执行力。上文提到的立法确定了国务院、中央与地方的环境保护相关行政主管部门及其他相关的各类资源的主管部门对自然资源的管理与监督的职能，但没有明确这些主体是否具有向责任方进行索赔的权利。

现在我国从国家层面到地方层面的立法都已经明确规定了行政机关在水污染损失索赔中的主体地位，合法主体资格由相关部门代表国家、社会公共利益行使水污染损失索赔权的合法地位是不可动摇的。相关行政主管部门不仅可以拥有对责任人直接行使环境管理与监督的权力，而且拥有直接向责任人提出水污染损害赔偿的权利。

虽然理论与立法支持由行政主管机关代表国家行使水污染索赔权，但行政主管机关的概念太过笼统，具体到每个具体的地方、各种各样的水资源遭受的损害的形式，还需要具体情况具体分析，结合实际情况，进行各地、各类水资源损害的索赔主体的确认工作。我们可以看到，在上述现行法律法规的规定中，对水生态环境存在多个享有监督与管理权力的环境行政主管部门，而现行的法律法规却没有明确规定在具体的案件中应由哪个具体的部门来代表国家行使索赔权，这就导致了在索赔实践中依然会存在索赔主体重叠、主体之间相互冲突甚至越权的问题。

譬如，当水污染损害的范围波及相邻的多个行政区域的时候，是由水污染损害的实际发生地的水环境主管部门进行索赔申请，还是由每个区域的水环境主管部门分别进行索赔申请？还是由所有被波及地区的上一级水环境行政主管部门来进行索赔申请呢？在具体的案件中到底应由谁来代表国家提出水污染索赔呢？通过以下具体的生态损害案例，我们可以获得启发。

根据《1992年油污公约》中涉及的《国际海事委员会油污损害指南》，该指南对索赔主体进行了明确规定，油污损害的包括自然资源的所有人和管理人，依据《1992年油污公约》所做出的规定，油污损害不但包括对人身、财产的损害，同时也包括对纯生态环境所造成的损害。依据我国《中华人民共和国宪法》和《中华人民共和国物权法》做出的规定，国家和国务院分别是我国公共自然资源的所有人和管理人。根据《中华人民共和国海洋环境保护法》第5条的规定，国家海洋行政主管部门是代表国家向造成海洋生态损害的责任人行使索赔权的主体。

《中华人民共和国海洋环境保护法》实施以来，中国海洋行政主管部门第一次作为生态损害索赔的原告向责任方提起的民事索赔公益诉讼是在2002年的"塔斯曼海"溢油案。依据《中华人民共和国海洋环境保护法》所做的相关规定，国家海洋局是这次案件的生态损害索赔主体，而天津海洋局却是本案中提起索赔诉讼的原告方，因此，被告方多次对天津海洋局是否具有原告资格提出了质疑。而一审判决认可了天津海事局的作为原告资格，判决书指出，国家海洋局作为海洋行政主管部门，对海洋中发生的生态损害享有索赔权，国家海洋局将其索赔权依法授予原告方（天津海洋局）的行为符合法律的规定。

发生于 2011 年 6 月的"蓬莱 19 – 3 油田"溢油事件在涉及海洋生态损害的索赔要求的同时，还牵涉渔业资源损失的索赔要求。本案与"塔斯曼海"溢油索赔案存在诸多不同，"蓬莱 19 – 3 油田"溢油的索赔工作是在庭外经过索赔方与责任方当事人的协商立约而达成的。依据《中华人民共和国海洋环境保护法》的相关规定，该案中国家海洋局应为海洋生态损失的索赔主体，虽然国家海洋局在该案中积极参与并推进了案件的调查，并积极参加生态损害和渔业资源损失的索赔工作，但是，国家海洋局北海分局却是实际事故责任方，即康菲公司、中海油达成海洋生态损害赔偿协议的主体。北海分局由国家海洋局派驻青岛，其主要职责是代表国家海洋局在黄海海域实施海洋行政管理的机构，因此北海分局对于该海域发生的生态损害索赔有资格担当索赔主体。

从上文所述的两个案例可以看出，虽然在相关立法中仅规定了国家海洋局所具有的索赔资格，但是，对于特定区域内发生的海洋生态损害事件，国家海洋局可以授予相关损害地具有管辖权的特定海洋行政主管部门行使索赔权。索赔权的授予必须根据该机关的具体职责，授予的索赔权必须在该机关的职责范围之内。这种方法不仅可以适用于海洋领域的生态损害索赔主体的确定，还可以适用于水污染损害的索赔。

所以，对于辽河流域的水污染赔付主体，应为中国水利部，或是由中国水利部授权的辽河流域水污染损失发生地的水行政管理单位。

6.3.4 赔付方与受偿方界定

水污染赔付机制需要经过主体的确认，如政府和企业，它们是拥有补偿义务的主体。环境污染损害赔偿责任主体主要是污染者，保险公司在特定情况下充当赔偿主体，对于责任主体界定不明确的生态补偿，主要由政府充当补偿主体。水污染赔付属生态赔付一种。

目前在实际操作中，政府是水污染解决方案的主要倡导人。政府在扮演补偿主体的时候，会减少交易成本，但制度运行的投入会提高。相反，以市场担当补偿主体的时候，制度运行成本会降低，但交易成本会提高。综上所述，在小规模、产权界定明晰的情况下应该让市场作为主体；在补偿具有大规模、产权界定模糊的情况下应该以政府作为补偿主体。

水污染的补偿赔付问题研究是一项利国利民的公益事业，作为水污染赔付的主体应当由政府这个公益代表来体现，全面掌握水污染清理和赔付。然而，政府在实际应用中也会存在各种各样的问题，所以作为赔偿主体的政府也只能是众多选择备案之一。从各方面的实践中可以得出这样的趋势，政府掌控水污染赔付，并且逐步发展转向为市场主导政府监督的过程。刘旭芳、李爱年等认为，水污染赔付的实质从法律法规的角度去看，实际上就是一个法律行为①。法律关系联系着各个利益方，法律关系被利益关系确定和整理。孔凡斌、魏华等认为，赔付机制作是一种利益调整的机制，单单局限于法律机制是不科学的②。洪尚群、吴晓青等根据市场机制讨论了赔付的融资问题③。

从政府担任水污染赔付主体的补偿机制这个角度来看，部分学者将政府补偿机制的情形重新规划分类，包括发展权受限时的政府补偿机制、收入支出增加或收入减少时的政府补偿机制、财产权受限时的政府补偿机制等。此外，有些学者根据水污染赔付机制的财政制度和税收制度做了深入研究④。这些研究在不同方面对我国水污染赔付机制研究和发展做出了杰出贡献。

国内越来越多的学者开始关注水污染赔付机问题，所以关于如何评价赔付机制运行的效果和质量问题也提到日程上来。有些学者认为，对水污染赔付机制进行评价时应该将社会因素、政治因素等同成本收益因素一样，加入到考虑的范围内，这样做的好处就是对水污染赔付效果的评估预算更加具体⑤⑥。这种观点来源于水污染赔付的多重属性，受到当地人文、传统、政治等因素的影响。总体上来看，我国在水污染赔付方面的研究还有待进一步细致化，主要局限在评价的方法概括、计量分析的缺少以及模型的建立。对于具体化的水污染赔付类型的方法

① 袁伟彦，周小柯. 生态补偿问题国外研究进展综述［J］. 中国人口·资源与环境，2014，24（11）：76–82.

② 刘春兰，裴厦，王海华，陈龙等. 京津冀之间生态环境关系与生态补偿机制研究［M］. 北京：中国水利水电出版社，2015.

③ 姚丽婷. 首都跨界水源地生态补偿与合作调控模式研究——以官厅水库为例［D］. 首都经济贸易大学，2015.

④ 吴超. 财政视角下的流域水环境生态补偿研究［D］. 东北财经大学，2012.

⑤ 陈玉清. 跨界水污染治理模式的研究［D］. 浙江大学，2009.

⑥ 郑海霞. 中国流域生态服务补偿机制与政策研究［M］. 北京：中国经济出版社，2010.

在国内还没有人具体研究。

从国外的相关研究可以看出学者对排污交易制度优越性的肯定。Montgomery 运用数理经济学证明了基于市场排污权交易制度优越性，污染治理成本决定了污染治理量，降低了总协调成本①。目前，水补偿成功的例子比比皆是。

在水污染赔付问题中，我国主要采用行政管制的方法。现今，在较多的价格调理政策中，污水处理收费是其表现形式之一。我国多数学者的研究方向主要是经济激励型政策，政策试点阶段主要研究内容有排污权交易、水环境生态补偿，但是它们都缺乏全面的贯彻实施。

6.3.5　赔付的实现

政策是调剂群众集体利益的关键手段和措施，不同的利益群体会根据不同的需求选择不同的政策利益来完成自己本身利益最大化。因此，国家制定政策时必须顾及不一样的利益群体的益处，每一种单独利益群体都无法实现自己本身的利益最大化，必定需要做出一定的益处让渡与牺牲，促使各个利益群体基本上达到一种均衡。由此才能制定出"双赢"或"多赢"的政策。

辽河流域水污染赔付展现着庞大的生态利益，可是没法经过市场实现它的价值。市场失灵与制度缺失，限制了水资源的设置优化，这促使建立科学、合理的水污染赔付机制成为必然。但水污染赔付机制的实质是利益协调机制，它涉及个人、农户、企业与政府，中央与地方、东部省区与西部省区以及辽河流域地方各级政府之间利益的调整。因此，这项制度的实施和推广，不但要求地方政府与中央政府、东辽河流域地方各级政府及个人、农户、企业等微观主体达成共识、联合行动，还需要中央政府在宏观层面进行必要的协调并提供配套政策的支撑。

辽河流域水污染赔付机制本质上是一种利益协调机制。利益协调可以经由观念途径、制度途径、经济途径等多条途径实现。跟利益协调的观念协调以及经济协调不一样，利益冲突的制度的协调是针对利益关系进行直接的协调，是经过对人民之间利益的重新定位和对人利益行为界限的约束来达到利益协调的。从研究人的社会利益协调的历史得知，利益冲突其中的利益协调通常会通过国家协调的形式表现，利益协调是国家的职能之一。在协调社会利益冲突的制度中，其核心

① Levrel H., Pioch S., Spieler R. Compensatory mitigation in marine ecosystems: which indicators for assessing the "no net loss" goal of ecosystem services and ecological functions? [J]. Marine Policy, 2012, 36 (6): 1202 – 1210.

内容之一是法律制度。经过法律机制的调和，能够有效减少观念协调、政策协调和经济协调的主观随意性，进而最大限度地维持利益制度以及社会的稳定。就辽河流域水污染赔付制度建立和实行来说，一方面，制度的建立要依据有关法律法规对企业、农户、中央政府和各级地方政府在开发利用大自然资源和保护生态以及明确界限为建设方面的义务、权利和责任的前提；另一方面，制度的顺利、有效实行是以相关法律为凭据和保证的。

长期以来，我国政府很重视水污染赔付问题，并致力于有关水污染赔付法律法规的研究与制定。这对建立完善的水污染赔付制度、促进生态建设与发展起着重要作用。1981 年《关于保护森林发展林业若干问题的决定》（中发〔1981〕12号）提出，建立国家育林基金制度，适当提高（除黑龙江、吉林、内蒙古林区外）集体林区和国有林区育林基金和更改资金的征收标准，扩大育林基金征收范围。1992 年《国务院批转国家体改委关于一九九二年经济体制改革要点的通知》（国发〔1992〕12 号）明确指出，要建立林价制度和森林生态效益补偿制度，实行森林资源有偿使用。1992 年，中共中央办公厅、国务院办公厅转发外交部、国家环保局《关于出席联合国环境与发展大会的情况及有关对策的报告》（中办发〔1992〕7 号）中提出，按照资源有偿使用的原则，要逐步开征资源利用补偿费，并开展对环境税的研究。1993 年，国务院在《关于进一步加强造林绿化工作的通知》（国发〔1993〕15 号）中指出，要改革造林绿化资金投入机制，逐步实行征收生态，效益补偿费制度。1994 年 3 月 25 日，国务院第 16 次常务会议讨论通过的《中国 21 世纪人口、环境与发展白皮书》中也要求，建立森林生态效益有偿使用制度，实行森林资源开发补偿收费。1996 年 1 月 21 日，中共中央、国务院《关于"九五"时期和今年农村工作的主要任务和政策措施》（中发〔1996〕2 号）再次明确"按照林业分类经营原则，逐步建立森林生态效益补偿费制度和生态公益林建设投入机制，加快森林植被的恢复和发展"。1998 年 4 月 29 日，九届全国人大常委会第二次会议通过的《中华人民共和国森林法》修正案明确规定，国家设立森林生态效益补偿基金，用于提供生态效益的防护林和特种用途林的森林资源、林木的营造、抚育、保护和管理、森林生态效益补偿基金必须专款专用，不得挪作他用。具体办法由国务院规定。2000 年 1 月 29 日发布实施的《中华人民共和国森林法实施条例》第 15 条规定，防护林和特种用途林的经营者，有获得森林生态效益补偿的权利，这条规定一经生效，森林生产经营者获取补偿的权利得到法律依据，从此法定化。2001 年，我国在多地实行生态效益补助资金试点，把补偿资金纳入国家每年的公共财政预算内。另外，对公益林的营造和管护进行财政投入通过天然林资源保护、退耕还林、防沙治沙等工程进行扩充（已于 2004 年 12 月在全国范围内容全面实施）。《中华人民共和国环境保护法》《中华人民共和国野生动植物保护法》《中华人民共和国水法》《中华人民共和国草原法》《中华人民共和国水土保持法》《中华人民共和国渔业法》《中华人民共和国土地管理法》等相关法律法规也涉及水污染赔付问题。

尽管对于水污染赔付已经有不少相关法律法规中有所涉及，但从总体上来看，我国关于水污染赔付方面的法律体系仍然有待完善，主要表现在以下四个方面。

第一，《中华人民共和国环境保护法》中，生态环境保护补偿方面的规定缺失。受限于当时的立法背景，《中华人民共和国环境保护法》只明确提出要严控水污染防治工作，具体实行对过量排污造成的外部影响进行相应收费。但是，对某些因生态保护工作而产生的积极影响却未进行相应的补偿。

第二，我国对于自然资源保护的法律建设尚不健全。实际上，从事自然资源的开发利用工作的同时也应当承担生态保护的义务。也就是说，资源有偿使用原则所应该体现的资源生态效益价值，没有得到体现；资源保护法应将维护生态平衡纳入其立法目的，在现行的资源保护法律中，甚至存在不利于生态环境保护的规定等。

第三，自然资源保护单行法中，关于水污染赔付制度的法律法规较少。目前仅有《中华人民共和国森林法》（第 8 条）较为明确地对森林水污染赔付基金制度进行了相关规定，另外就只有《中华人民共和国自然保护区条例》（第 27 条）、《中华人民共和国草原法》（第 35、39、48 条）、《中华人民共和国野生动植物保护法》（第 24 条）中，有少量规定涉及水污染赔付问题，但更多的法律法规仅仅浮于政策层面。

第四，现行法律中，针对水污染赔付的相关规定过于宽泛，缺乏具体的系统性的规定，可操作性不强。如《中华人民共和国野生动物保护法》第 14 条关于"因保护国家和地方重点保护野生动物，造成农作物或者其他损失的，由当地政府给予补偿，补偿办法由省、自治区、直辖市政府制定"，这条规定就既不科学，也不具有操作性。原因是，野生动物资源丰富的辽河流域，是生态保护的重点区域，其经济发展因此受到制约，当地政府必然难以支付高昂的水污染赔付费用；反之，经济发达的东部地区罕见野生动物踪迹，因而，其需要承担的野生动物资源水污染赔付费用也极少，此项规定不能充分考虑客观差异在实际操作中的影响因素，不具合理性和可操作性，实施的实际效果很不理想。并且，各地制定的补偿办法没有统一的标准，有的地方甚至补偿办法空缺。

鉴于上述情况，想要实现促进西部水污染赔付机制的建立和实施的目的，现有的法律法规是亟待完善的。并且，条件适宜时，应当机立断，颁布并实施《辽河流域水污染赔付实施条例》。具体建议如下：第一，在根本大法——宪法的层次上，在坚持"自然资源是为国家和集体所有的"这个大前提之下，应该拟定相关法律，将个人、企业、中央政府和地方各级政府这几类主体，在自然资源使用和管理、生态建设和保护方面的责任、义务予以清晰、明确的界定。第二，完善我国《中华人民共和国环境保护法》的空缺，补充对生态保护行为所产生的正外部性应当进行补偿的规定。将生态保护补偿制度作为一项基本制度写入环境保护法，法制化水污染赔付制度。第三，修改、完善与生态保护有关的单行法。在《中华人民共和国水法》《中华人民共和国土地管理法》等各类法律法规中增加条目，明确界定在自然资源使用中，人开发、利用自然资源的权利和保护生态的责任义务；同时，针对实施生态保护和生态治理的个人、企业等各类主题，应制定明确、具体的规定，对这类对象进行补偿。对于《中华人民共和国森林法》《中华人民共和国草原法》《中华人民共和国野生动物保护法》《中华人民共和国水土保持法》等涉及水污染赔付制度的法律法规，应进一步修订完善，使有关规定具体化、合理化，在实际中具有可操作性。第四，在条件适宜的情况下，可由国务院颁布《辽河流域水污染赔付实施条例》，以国家行政法规的形式将这一制度确定下来。在条例中应针对辽河流域的水污染，详细规定水污染赔付的原则、目的、程序、途径、标准，对于补偿所涉及的主体、客体及双方的法律责任等方面也应明确规定。

财政是我国经济调控的重要手段之一，特别是在资源配置和国民收入分配上起着基础性作用。生态资源配置作为资源配置的一种形式，财政对其必定发挥着调控作用。为推动辽河流域生态建设的顺利进行，保障水污染赔付机制的建立和实施，也应该制定科学合理完善的财政政策与措施。经过较长时间的调查研究，笔者认为主要应包括以下政策措施。

第一，应根据生态建设所提供生态系统服务的公共性程度不同，合理划分中央和地方各级政府在生态保护和建设领域的责任。笔者建议，将促进资源可持续利，防治生态进一步破坏和退化方面的责任由县级地方政府承担。而对生态破坏和退化地区的治理责任由中央政府和辽河流域各省级政府负担，并且中央政府承担主要责任。

第二，调整财政支出结构，增加水污染赔付支出。目前，我国虽然加大了对生态项目建设的资金投入，但是在财政支出体系中，还未见有关水污染赔付的专门财政支出科目。从历年财政支出可看到，专门用于水污染赔付的资金占总财政支出的比例很小。根据相关数据，我国环境总投资仅占 GDP 的 1.3%，这其中还包括社会企业、民间投资等，即真实的财政投入资金不足 1%。依据国际经验，当环境总投资占 GDP 比例小于 1% 时，环境污染将会恶化；当处于 1%～1.5% 时，意味着可以控制环境恶化的趋势；当处于 2%～3% 时，环境污染可得到有效控制。而目前，我国对生态环境的投资水平还很低，如果仅算生态建设的投资就更低了。生态系统服务的公共物品性质和我国当前实际情况，决定了我国生态建设还得主要依靠政府，中央和地方各级政府应增加生态建设财政资金投入，进而引导社会资金的投入。因此，需要对当前财政支出结构进行调整，以增加水污染赔付支出。一方面，在财政支出科目里，可专门增设生态环境建设支出项目或者在中央的财政转移支付中增加对西部水污染赔付的财政支出项目，以保证西部生态环境建设资金有稳定的财政来源；另一方面，在国家预算中，提高生态建设资金相应的投资额，以此推动全国的生态建设。

第三，进一步完善财政转移支付制度。当前西部生态建设主要通过实施重大生态工程进行，如退耕还林（草）工程、退牧还草工程、天然林保护工程等，生态建设的补偿是针对不同工程采取不同的补偿政策，但主要都是通过中央财政转移支付方式进行补偿。具体包括对参与生态建设的农户或经营组织的直接补偿及地方财政因进行生态建设减收的补偿，所以，中央财政的转移支付是我国当前辽河流域生态建设最主要的补偿途径。然而，由于当前财政转移支付制度存在着不足，直接制约了辽河流域生态建设的发展。这些不足主要表现在以下几个方面：一是转移支付制度不规范、不稳定，补偿政策不能使生态建设的参与主体满意。如《退耕还林条例》规定，对于因灾减收的退耕还林县（市）的农业税收，中央政府在核对上级政府转移支付确实存在困难的情形下，经国务院批准，可以财政转移支付方式给予补助。而农业税因灾减收的数量、上级政府转移支付是否确有困难、困难有多大都难以确定。2006 年我国农业税全面取消，也就意味这项转移支付的取消。二是中央对辽河流域建设进行补偿的转移支付主要是专项性的转移支付方式，是根据项目情况确定具体的转移支付金额。由于转移支付目前缺乏完善的体系，程序化、公式化分配办法还未建立，且随意性较大，致使生态建设参与者产生后顾之忧，直接影响辽河流域生态建设的持续进行和生态建设成果的保存。三是省级以下政府间转移支付不规范、不完善。就笔者调查情况而言，无论何种生态建设工程，省级政府基本上都没有对县级政府以转移支付的形式予以补偿或补助。四是只建立了纵向的转移支付，即中央对地方的转移支付，而未建立横向的转移支付，即各区域之间的转移支付，如东部地区对辽河流域的转移支付、下游受益者对上游建设者的转移支付以及流域内部的转移支付等。因此，需进一步完善财政转移支付制度，一要考虑到当前西部大部分地区经济欠发达，生态建设负担重，生态建设与经济发展矛盾尖锐，当前应在保障专项性转移支付力度不减弱并适当增加的前提下，进一步加大中央对辽河流域的一般性转移支付，并使之规范化、制度化，以增强辽河流域生态建设和保护的能力。二要根据《国民经济和社会发展第十一个五年规划纲要》中的内容，要着力推进形成主体功能区，实行分区管理的区域政策为指导，以《中国生态功能区划》和《国家重点生态功能区保护规划纲要》的实施为契机，在中央与地方政府和地方各级政府之间逐步建立起规范、完善的以生态建设专项转移支付和一般性转移支付相结合的转移支付制度。三要加强基础研究，逐步建立地方同级政府间的财政转移支付制度，尤其是东辽河流域各省之间的财政转移支付制度。当前东辽河流域省际间财政补偿，可借助对口扶贫制度，以项目支持、人才输送、技术扶持、人员培训等多种形式来实现。

此外，在资金使用上，应考虑与农业综合开发资金、扶贫基金、贫困地区开发基金等专项资金捆绑使用，以进一步提高财政资金的使用效率。

财政政策与税费体制结合在一起，能有效建立生态经济。同样，辽河流域生态建设的进行和水污染赔付机制的实施只有在合理的财政政策和税收政策的协同作用下，才能取得最佳效果。

首先，应改革、调整现行税收制度。在我国现行税收制度中设计与生态和环境有关的税种主要有四种：一是消费税，我国1994年开始对生产鞭炮、烟火、汽油、柴油的单位和个人征收消费税，又从2006年4月1日开始对一次性筷子、实木地板征收消费税；二是资源税，现行资源税条例规定，对开采矿产资源和盐的单位和个人按其资源的销售量征收资源税；三是耕地占用税，对占用耕地建房或进行非农业生产的征收耕地占用税；四是土地使用税，对城市、县城、工矿区使用土地的单位和个人征收土地使用税。与生态环境有关的税收优惠主要有三类：一是增值税税收优惠，例如，对利用垃圾生产的电力实行增值税即征即退；对利用煤矿石、煤泥、油母页岩和风力生产的电力按增值税应纳税额减半征收；剩物和次小薪材为原料生产的 15 种产品实行增值税即征即退；对利用舍弃物油母页岩生产的页岩油及其他产品实行增值税即征即退；对利用废液（渣）生产的黄金免征增值税；各级政府委托自来水公司随水收取的污水处理费免征增值税；对报废汽车拆解企业拆解报废汽车免征增值税；废旧物资回收单位销售收购的废旧物资免征增值税。二是营业税税收优惠，如对相关的技术培训收入（包括病虫害防治、植物保护等）免收营业税。三是所得税税收优惠，例如，企业淘汰消耗臭氧层物质生产线而取得的赠款免征所得税；省级以上人民政府、国务院部委、中国人民解放军军级以上和外国组织、国际组织颁发的环境保护方面的奖金，可以免征个人所得税。由此可见，当前我国税收制度中，一方面，没有设计专门针对辽河流域生态建设和水污染赔付的税种和税收优惠；完全属于生态建设与水污染赔付的税种和税收优惠少。特别是在我国税收结构里关于生态收税的比例极低。另一方面，我国关于自然资源收税的法律依据尚不健全，这阻碍了资源合理配置、有效集约利用的目标达成。以调节资源开采级差收入为目的的资源税，因无论企业盈利与否普遍征收，在 1994 年分税制改革中又被划分为地方税，使其与目前对矿产品征收的自然资源补偿费的性质相似；而且，对自然资源进行收税按照其销售量而非生产量，这在很大程度上鼓励了企业对资源的滥采滥用。为此，为促进辽河流域生态建设，应对现行税收制度进行改革。具体改革措施应包括以下几个方面：一是设计辽河流域生态建设或水污染赔付专门税种及税收优惠。二是扩大征税范围，如扩大消费税和资源税中有关生态建设方面的征税范围，对森林资源、草资源、水资源开征资源税；对利用森林资源为原料的产品，如卫生纸、纸巾、铅笔、实木家具等开征消费税等。三是调整有关税种的收税标准，如资源税改为以生产量或开采量为计税依据而不应是以销售量为准。

其次，在条件成熟时，开征水污染赔付税。辽河流域水污染赔付机制的运行，西部及全国的生态状况的持续改善和生态系统服务质量的不断提高，有赖于持续的资金保障。根据国外生态建设经验，结合我国实际情况，从长远来看开征生态税费是最佳的选择。根据我国的国情，第一，征收水污染赔付税要分步实施。①对直接利用、开发生态资源或破坏生态资源活动开征水污染赔付费，如矿产资源的开采、森林资源的采伐、放牧、采药、生态旅游等。②全面开征生态税，对直接利用、开发生态资源的活动在开征水污染赔付费的基础上改征水污染赔付税；对生态受益者征收水污染赔付税，包括生态建设区内和生态建设区外的受益者。笔者的调查结果显示，绝大部分居民和企业对自身因生态建设而获益的认识明确，对开征生态税都持积极态度。尽管调查样本数量不够大，但这至少表明开征生态税具有一定的基础。受调查的居民中有 71.8% 的人表示个人与生态辽河流域生态建设有关，并且会因绿化面积增加、空气质量改善、洪涝灾害减轻等而获益；绝大部人认为全社会的个人和企业都应分担辽河流域因生态建设而蒙受的经济损失，并且有 56.2% 人赞成针对个人征收生态税费。针对企业的调查结果显示，只有 9.1% 的受访者认为辽河流域生态建设与本企业没有关系，认为有关系和关系不大的人分别占 33.1% 和 57.2%；并且有 64.8% 的人赞成国家征收生态建设专项税，但对计税依据的看法却不尽相同，赞成按产值计税者的居多。第二，要科学合理设计水污染赔付税的税制要素，主要包括纳税人、征税对象、税率、纳税环节、纳税时间、纳税地点等。第三，水污染赔付税要作为专项税管理，实行专款专用，专门作为西部生态建设资金。

辽河流域生态建设具有高投入、低产出、周期长的特点，仅仅依靠财政政策，采取财政手段筹集资金还不能满足生态建设的巨大资金需要，也不能很好地建立辽河流域水污染赔付机制。为此，还必须制定切实有效的金融政策，拓宽水污染赔付的融资渠道。

第一，制定有利于辽河流域生态建设的宏观金融政策，疏通融资渠道。主要有三个方面：首先，要实行优惠性货币调控政策。如降低流域内商业银行的法定准备金比率、金融机构认购国债的比例、第三方组织（环保机构或企业）贷款时的利率。其次，要实行导向性资本监管政策。一方面，中央银行应当加大自身的经营监管情况；另一方面，要降低流域内部设立相应金融机构的条件，协调商业性银行与社会金融机构之间的数量比例，以提高金融效率。最后，实行倾斜的利率政策。主要分为两个方面：提高存款利率以吸引用户存款以及降低贷款利率鼓励社会环保企业创立。中央财政会对存贷利差进行补贴。

第二，采取多元化的融资方式，拓宽辽河流域水污染赔付融资渠道。一是建立生态建设创业投资基金。其目的是直接对未上市公司进行资金支持，通过集合社会闲置资金对流域内发展潜力较大的生态产业进行投资。这不仅能够使流域内的生态产业得到持续稳固发展，也能为其他地区提供经验借鉴。二是资产证券化融资（以下简称 ABS 融资），是指以项目所拥有的资产为基础，以该项目未来收益为保证，在国内外证券市场上发行债券的一种融资方式。该融资方式风险、成本均较低，因而可以为各地生态建设快速筹集资金。三是 BOT 投资方式。BOT 投资方式是指政府相关部门将项目外包给私营投资者，并提供相应的特许协议。允许私营投资者能够投资建设生态项目并获取相应的利润，但在特许权期后将运营资格无偿上交政府相关部门。这在当前国家财政资金对西部生态建设投资有限的情况下，是一种较好的融资方式。四是在资本市场进行融资。将流域内的运营良好的生态环保企业进行相应的改革，促进其上市，实现资本聚集与公司扩张，以进一步增强其发展潜力。五是引进国际信贷。当今世界各国已达成共识，那就是解决生态环境问题已不是某一国的事，而是各国共同的事。因此，国家金融组织及发达国家政府都积极支持发展中国家进行生态建设投资，并愿意提供多种优惠贷款与援助。作为当前我国生态建设重点地区之一的辽河流域，应该积极推进与国外金融投资组织交流。六是建立西部生态建设专项基金。基金来源可以通过以下方式筹集，中央财政支出中投资部分资金进行基金建设，寻求国内外社会团体或个人的捐赠等。

当前我国水污染赔付实施路径与管理方式尚不清晰，类似于退耕还林、天然林保护、防沙治沙等工程均是依托项目工程来实施。在此过程中，涉及多个政府部门，包括国土资源、农业、环保等部门，由此带来的职能缺位、越位现象严重，且有扯皮风险。从资金投入角度看，资金使用分散，无法聚集，难以协调推进水资源赔付工作。西部地区是水污染赔付的重点区域，要建立完善的水污染赔付机制，就必须对其管理体制进行改革。其改革措施如下：

首先，设立生态建设与补偿的专门机构，统筹、协调推进关于生态建设的相关工作。其次，建立水污染赔付专门机构，对辽河流域地区的生态建设工作进行管理。再次，改革管理体制。明确水污染赔付管理的相关部门及其职责，避免出现职能缺位、越位现象。最后，制定生态建设与补偿规划，全面、及时、有效地针对全国生态建设展开工作，使全国与西部的生态建设与经济、社会、资源、环境协调发展。此规划可以结合《全国生态环境建设规划》和目前已通过论证的《中国生态功能区划》来制定。此外，建立生态建设与补偿工作目标责任制，并按照相应的内容考核相关领导，从而促进生态建设与补偿工作的落实。

科学的生态建设绩效评估是实现水污染赔付工作有效推进的基础和前提。在推进水污染赔付过程中，首先要完善相应的绩效评估机制，包括合理评估、核算因生态建设而导致的直接经济损失，以及因生态建设而带来的生态环境效益价值。这是辽河流域水污染赔付公平、公正的保障。

西部生态建设是一项长期、复杂的庞大工程。由于生态补偿过程中会涉及大量资金且环节多样，一旦缺乏完善的监管体制，就会造成不良后果。在现实中，确实存在类似现象，包括私自挪用专项资金、发生"寻租"行为等，均影响了项目的顺利进行。因此，建立水资源赔付资金使用考核与审计制度极为重要。通过实行相应的奖惩制度，更好地对补偿资金进行管理，促使政府对生态建设工作的有效开展。

当前影响辽河流域水污染赔付机制建立的因素很多，技术问题就是其中之一。涉及水资源赔付的技术有：生态系统服务价值测定技术、生态资源总量及其变动的测定技术、生态效益"溢出"部分的量化技术等。为建立西部水污染赔付机制，国家应提供优惠福利政策并加大对专业技术人员的培训、培养，提高他们的技术运用与推广能力。例如，国家拨出专项资金对专业技术人员提供相应的补贴、财物奖励，加大与国外部门的合作与交流等。

辽河流域水污染赔付机制作为一种利益协调机制，涉及的范围极为广泛。而利益相关方对辽河流域生态建设及补偿的认识，对生态建设受益者和利益受损者的识别，对这一机制的顺利实施具有极其重要的作用。笔者对辽河流域退耕还林农户、实施退耕还林工程的地方政府部门、企业和城镇生活居民的调查结果显示，66.4%的受访农户知道退耕还林的目的，其中九成的人知道退耕还林的目的是保护生态；尽管97%的地方政府工作人员认为生态建设极为重要和比较重要，但这并没有改变他们对地方政府政绩考核应以地方经济发展为主的总体看法。认为地方经济发展应是地方政府政绩考核首要指标的人占受访者总数的比例最高，为42.1%，远高于环境改善、粮食增收等其他各因素。

对企业的调查结果显示，有80.6%的企业管理者和员工了解辽河流域生态建设的相关内容，77.9%的人认为有必要进行生态建设，但对参与生态建设的农户和企业经济是否承受损失同样不甚清楚。仅有55.9%的受访者认为他们受到了经济损失，有31.0%的人认为没有损失，还有13.1%的人回答不清楚，并且，约三成的受访者认为，参与生态建设的农户和地区是辽河流域生态建设的受益者。

上述调查结果表明，国家不仅应积极、及时宣传生态建设的重要性和必要性，同时应让全社会了解辽河流域参与和实施生态建设的农户、企业和地方政府为全国生态建设做出的巨大牺牲，中部、东部地区及其区域内的居民、企业同样是生态建设的受益者。若能在全社会形成利益共享、成本共担的氛围，必定能够降低因社会利益冲突而造成的摩擦成本。

政策评价是政策过程的重要环节，也是政策运行科学化的重要保障，为保障西部水污染赔付政策制定科学、运行合理、效果良好，必须对西部水污染赔付政策评价体系进行研究。政策评价的主要作用和最终目的就是检验政策效果。由于政策效果在多数情况下不是直接的，而是间接的、隐蔽的和滞后的，无法一目了然，因而必须通过一定的方法和途径去揭示和描述，从而检验其效果。通过政策评价检验政策效果是属于政策的后评估，通过后评估以便对政策进行及时的反馈调节，也就是决定政策是继续执行还是进行调整或者是终止执行。一般来说，如果通过评估，实施的政策是科学、合理、可行的且达到了预期效果，就应该继续执行，延续现有政策；如果是严重不合格，政策执行无效，就应该立即终止；如果实施的政策科学、合理、可行，但没有达到预期的效果，就需要及时进行调整。可见，通过政策评价可以检验政策效果，通过对政策效果的检验，可以决定政策的未来走向。因此，为建立完善西部水污染赔付机制必须对西部水污染赔付政策进行科学评价。

政策资源的有限性决定了决策者必须合理地配置政策资源，提高资源的效率和效益，从而使资源效率效益最佳。政策评价是有效配置资源基础和条件，而政策评价的一个重要任务就是判断每项政策所具有的价值，因此，决策者可以根据各项政策价值的大小和重要程度对政策资源有效分配，使政策能够有效满足政策需要者的需要，又能达到政策效果最佳。同时，合理配置政策资源，能够促进政策制定和政策执行的科学化，因此，对西部水污染赔付政策进行评价能够合理配置政策资源，充分发挥政策的效率和效益，使西部水污染赔付政策更加科学化、民主化。

6.3.6 实效分析及启示

流域跨界水污染赔偿补偿研究是现阶段研究的一个理论热点，也是亟待解决的问题。由于跨界水污染补偿涉及人的利益关系调节，因此必须提供充分、可靠、准确的证据和理论才能支撑政策的顺畅实施。污染损失存在难计量性、滞后性、模糊性等因素制约，以及与社会经济发展密切相关，所以相关研究工作仍处于探索阶段。以辽河流域跨省界为案例，对跨界水污染赔偿补偿的一般模式和基本构架进行了探索性的研究，得出了一些研究结论。但是由于时间和水平的限制，本书的研究仍存在许多不足之处，还有许多需要完善的地方以及可以进一步深入研究的地方。

首先，本书选取的核算污染物标准为COD，但是在实际中，污染物的种类远不止这一种，是更为复杂的污染物体系，因此要想更真实地反映污染状况，就应该尽可能将更多的污染物纳入补偿核算的标的物，同时应当考虑污染物的相加、协同、拮抗等作用。

其次，本书研究的赔偿补偿支付方式是采取命令控制型手段，即通过行政命令，采取强制的手段来实现赔偿与补偿，因为我国的市场机制目前还不够完善，但是由于命令控制性手段在操作上具有成本高、不易自发形成等缺点，要想实现费用、效益的最优，最理想的方法是通过市场，市场具有可自发形成、成本低、可真实反映污染状况和赔偿与补偿需求等优点。在今后的研究中，可以尝试从市场的角度研究如何通过利用现有市场或建立新的市场等方法实现赔偿与补偿的自发形成，进而实现费用—效益最优化。

最后，本书对跨界水污染赔偿补偿的法律法规没有进行深入的研究，只是对现有法规中涉及赔偿与补偿的法律条文进行了梳理和总结，而我国目前还没有一套真正意义上针对跨界赔偿与补偿的法律法规。为了更好地实现赔偿与补偿必须有法律作为保障，依法进行赔偿或补偿，因此应当对赔偿补偿的法律法规进行深入研究，使跨界水污染补偿的法律法规尽早出台。

另外，建立前瞻性、综合性、系统性的水的环境污染控制技术体系以及水污染的环境综合整治研究方案，水的环境管理和控制传统污染的理念亟须转变。在效率和公平的原则下，流域的水环境污染赔付损失机制对社会和环境资源进行有效率的管理，适宜地配置污染物质的减少量，完成污染管制与社会经济的和谐发展，使流域内益处相关方到达"多赢"之效果，进而较佳地解决水的污染管理的问题和水的环境污染抑制。但可能有某些因素影响生态的补偿机制和水的环境污染协同控制，主要影响因素如下：

（1）水域污染控制模型以及成立条件中的信息失真。流域内益处相关方源于"个体理性"这个问题的考虑，没有向管理机构供给无误信息的推力，反倒有供给对自己的地区有利但对别的地区不利的信息的动力，致使各个地区污染物减削成本信息失真，流域管理机构依据失真信息制定的优先污染物减削方案不能确保整个流域环境的成本是最小的，同时依据这类失真信息制定的生态补偿与协同控制方案是无法确保流域内各个地区得到"多赢"。

（2）缺少有效的监管体系。应完善水流域的污染抑制技术管制系统，依据社会现在的经济发展水平，宣布和制定污染控制的相关技术约束，进一步稳固监察、监管力度，促进环境保护法、水污染防治法的义务责任的落实；通过立法赋予流域管理机构宽泛的管理权，确定成立流域管理机构组织的保障，转变流域管理机构只拥有学术性却没有权利询问地方行政以及经济事务的情况，监督流域内益处相关方认真严谨地实施流域最优水环境的生态补偿和污染控制方案。

6.4　辽河流域水污染跨部门协同机制研究

6.4.1　水污染防治的跨部门

由于水具有多种使用属性，涉及农业、工业、交通运输、水电，生活、旅游等多个行业，所以许多行业主管部门直接或间接与辽河流域水环境综合治理发生关系。由于现代行政组织按照职能分工原则设计组织结构，导致许多行业主管部门从水的不同属性来管理辽河水。如何构建高效、统一的跨部门协同机制是辽河流域水污染防治在机制层面需要解决的一个关键问题。

在单一制国家制度框架下，中央各部委承担了对全国行业管理的职能。按照《中华人民共和国国务院组织法》的规定，主管部、委员会可以在本部门的权限内发布命令、指示和规章。按照《中华人民共和国立法法》第七十条规定，国务院各部、委员会、中国人民银行、审计署和具有行政管理职能的直属机构，可以根据法律和国务院的行政法规、决定、命令，在本部门的权限范围内制定规章。从部门边界的角度看，各部委具有相对清晰的职能、资源、权力、能力和责任。但是在实践中，特别是涉及辽河水污染问题上，各部委的职能可能产生了交叉和重叠。不仅法律规定本身存在各个部门的职责交叉，而且在制度运行过程中，由于缺乏必要的载体或创新机制，导致行政资源浪费，甚至部门之间出现了矛盾和冲突情形（见表6-3）从法律规定来看，《中华人民共和国水法》规定了水行政主管部门的职责是对本功能区水质进行监测，向环境保护行政部门通报；而《中华人民共和国水污染防治法》则规定国务院环境保护部门负责统一发布国家水环境信息，会同国务院水行政等部门组织监测网络。显然，环境与水利在水质监测上谁起主导作用不明确，还可能出现冲突。

表6-3　水污染防治的主要机构职能

法律	主要机构	职能
《中华人民共和国环境保护法》	环境保护部门	对全国环境保护工作实统一监督管理
	国家海洋局、交通与运输部、农业农村部等	对环境污染防治实施监督管理
《中华人民共和国水法》	水利部门、环境保护部门	县级以上地方人民政府水行政主管部门和流域管理机构应当对水功能区的水质状况进行监测，发现重点污染物排放总量超过控制指标的，或者水功能区的水质未达到水域使用功能对水质的要求的，应当及时报告有关人民政府采取治理措施，并向环境保护行政主管部门通报
《中华人民共和国水污染防治法》	环境保护部门，交通部门水行政、国土资源、卫生、建设、农业、渔业，经济综合宏观调控等部门	县级以上人民政府环境保护主管部门对水污染防治实施统一监督管理；在各自的职责范围内，对有关水污染防治实施监督管理。防治水污染应当按流域或者按区域进行统一规划，国家确定的重要江河、湖泊的流域水污染防治规划，由国务院环境保护主管部门会同国务院经济综合宏观调控、水行政等部门和有关省、自治区、直辖市人民政府编制，报国务院批准
	环境保护部门、水利部	国务院环境保护主管部门负责制定水环境监测规范，统一发布国家水环境状况信息，会同国务院水行政等部门组织监测网络

　　由于我国环境保护还实行地方政府负责的属地化管理方式，跨部门协同还应关注中央部委与地方政府之间的协同问题。地方政府的部门设置与中央政府具有同构性，部门之间也存在着构建高效、统一协同机制的难题。跨部门协同关系的主体包括三个层次：中央政府部委之间的关系、中央政府的部委与省级政府之间的关系、地方政府的各部门之间的关系。跨部门协同机制涉及管理流程的三个方面：政策制定过程（决策过程）、政策执行、政策监督。

　　从广泛意义上说，各个部门之间差异表现在：对政策问题的认知与偏好、公共价值、政策目标、决策信息、职权与责任等。构建跨部门协同机制的核心是这些要素在部门之间的流动，形成合作型的决策方式和合作管理（collaborative management）。合作型决策和合作管理通常是用来描述一个多组织安排解决复杂问题（这些问题是单一组织没有能力解决的）的过程。

6.4.2 部门边界与跨部门的政策制定协同机制要素构成

辽河流域水污染防治跨部门协同机制构建组成要素包括主体类型、协同的邻域、政策制定的内容（见表6-4）。

表6-4 跨部门协同机制的要素构成

类别	主要内容
主体	中央部委之间的协同、中央部委与省（市）人民政府之间的协同、地方政府各部门之间的协同
领域	政策制定、政策执行、政策监督
构成	对政策问题的认知与偏好、公共价值、政策目标、决策信息、职权与责任

在单一制的政府治理框架下，中央政府与地方政府是层级关系。由于中央政府的政府治理权力与责任分解到各个部委。从权力配置的角度看，各个部委承担了全国性公共事务的管理责任。根据《中华人民共和国环境保护法》《中华人民共和国水法》《中华人民共和国水污染防治法》等法律规定，目前辽河流域水环境综合管理过程中，各部委在各自的职责范围内，各司其职。由于各个部委的职责范围是基于行业属性特性来设计的，换言之，是按照水的使用属性进行组织设计；因此它无法满足跨部门协同的需求，无法满足综合治理的需求。在水污染防治的监督管理中，权力与责任无法清晰化，导致了权责不一致，职能交叉和重叠等后果。部门利益的凸显、问责机制的缺乏等成为迫切需要解决的问题。所以跨部门协同机制显得非常重要。

6.4.2.1 部际协同方式

第一，"层级协调"方式。我国各级政府实行的是集体领导、分工负责的首长负责制。一般而言，环境保护、水利、综合经济管理是由不同的行政首长分管，但在特殊情况下，也有可能是由同一领导分管。如果这些部门是一个领导分管，那么跨部门协同采取的是层级协调方式。如果是几个领导分管的话，跨部门协同是通过上一层级集体会议或座谈会的形式来进行协调。目前最有效的协调方式是层级协调。由于我国政府职能过于庞杂，上一层级集体会议或座谈会难以及时有效地应对辽河流域水污染防治。

第二，"会同"方式。《中华人民共和国水污染防治法》规定，国家确定的重要江河、湖泊的流域水污染防治规划，由国务院环境保护主管部门会同国务院经济综合宏观调控、水行政等部门和有关省、自治区、直辖市人民政府编制，报国务院批准。

第三，"通报"方式。《中华人民共和国水法》规定，水行政主管部门对水功能区的水质未达到水域使用功能对水质的要求的，应当及时报告有关人民政府采取治理措施，并向环境保护行政主管部门通报。

第四，"联席会议制度"方式。中央政府为了解决涉及跨部门的公共事务，采取了部际联席会议制度的协调方式。目前，关于服务业统计、重特大生产安全事故责任追究沟通协调、危险化学品安全生产监管、全国地面沉降防治等领域都成立了部际联席会议制度。通过联席会议来进行重大决策的协调工作。根据国务院为牵头单位，建立了"省部际联席会议制度"，用来协调太湖流域的水环境综合治理工作中的重大协调问题。其中，有关部委承担的相应职能如表6-5所示。

表6-5　有关部委在太湖水环境综合治理中的职责

部委	主要职责
国家发展和改革委员会	组织协调推进各项治理工作，并要在产业政策、重大项目建设、循环经济和清洁生产等方面加强指导和监督，落实相关项目的中央投资补助，会同有关部门及两省一市积极推进流域水环境综合治理体制机制改革，加强太湖治理的科技研究和推广
科学技术部	加强辽河治理的科技研究和推广
工业和信息化部	加强产业政策等方面的指导和监督
财政部	完善相关财政政策，探索"以奖代补"支持方式
生态环境部	要加大环保监督执法力度，对重点行业制定更为严格的废、污水污染物排放标准，健全工业企业环保准入制度，严格排污许可制度，对未完成重点水污染物排放总量控制指标的省（市）予以公布，会同水利等部门组织监测网络，并按职责分工做好监测工作
住房和城乡建设部	指导城乡供水设施、污水及垃圾处理设施的建设，并对其运行进行监督和管理
交通运输部	做好所辖港口（码头）、装卸站点、船闸和非渔业船污染的监督和管理
水利部	做好水资源统一调配（调水引流）、水资源保护、核定各水域纳污能力等，对省界断面水质状况进行监测，加强水资源的动态监测，对重要控制性水利工程实施统一管理
农业农村部	指导农业生产者科学、合理地施用化肥和农药，控制化肥和农药的过量使用，做好农业结构调整及面源污染控制等工作
林业局	做好湿地保护与恢复、防护林建设等工作

6.4.2.2 省部际协同方式

由于我国的水污染防治实行的是分部门分层级负责制，所以带来了部委与地方政府协调的问题。从管理主体的权责范围来看，涉及水利部、吉林省、辽宁省等。因此，需要建立高效、统一的管理协调机制。太湖流域水环境综合治理省部际联席会议是由国家发展和改革委员会召集成立的，相关部委与吉林省、辽宁省为成员单位。联席会议制度是目前协同机制建设中制度化程度最高的一种方式，通过明确各成员单位的职责、分解任务、沟通信息、交流情况，提高各管理主体的整体行动能力。

为了推进专项治理，水利部会同吉林省、辽宁省政府成立了辽河流域水环境综合治理水利工作协调小组，会议明确了两省和辽河流域管理局在水源地保护、水体监测、蓝藻打捞合作机制、流域水功能区划、污染物总量控制、底泥疏、引排工程、河网整治等方面的职责分工和进度安排。

6.4.2.3 地方政府跨部门协同方式

我国水污染防治的法律框架强调以省（直辖市）、市、县（市）地方政府为责任主体。省级政府主要职责体现在政策制定、规章制度、行业标准制定、地区发展规划等方面，市、县级政府的职责体现在政策的执行和各项行动计划、方案具体落实等方面。而市与县之间层级的关系更为密切，权力运转的链条比较短、作用力比较强。因此，从政策执行的角度看，地方政府跨部门协同方式研究关注的重点是市级政府。

市级政府的跨部门协同方式有两个方面的特征：第一，按照上一层级政府的专项任务工作安排的要求，成立相应的领导小组。第二，根据地方环境事务的特点，成立专门的领导小组及其办公室。

委员会或领导小组通常是由地方党政主要领导人担任主任或组长，组成部门的领导为成员，办公室设在牵头单位，例如，江苏省太湖水污染防治委员会及其办公室、无锡市太湖水污染防治委员会及其办公室、苏州市太湖水污染防治委员会及其办公室等。领导小组及其办公室，如苏州市化工生产企业专项整治工作领导小组及其办公室，无锡市市区工业布局调整工作领导小组及其办公室。

简要地说，辽河流域水污染防治的跨部门协同机制处于起步阶段，主要依靠层级协同；省部际协同机制也处于起步阶段，依靠中央政府的强力部门（国家发展和改革委员会）的推动，相关管理主体缺少自发的动力；地方政府跨部门协同方式过多，过分依赖牵头部门（办公室所设的部门），导致协调方式之间也需要进一步协调，增加了协调成本，降低了管理效率。

6.4.3　跨部门政策监督的协同机制

辽河流域水治理方案的实施依赖各部门、各地区的推动和执行，对政策执行的有效监督成为方案能否实现阶段性目标的关键。

从广义上说，辽河流域政策监督的对象是对规划的建设项目、工程、排放标准、重大政策、执法等领域的行政监察、执法检查等。跨部门政策监督的协同机制是提升管理主体的整体行动能力，通过检查、监察等方式推进政策的执行。从狭义上说，政策监督仅局限于对特定领域政策的督察。本书是从广义上使用"政策监督"一词。

跨部门政策监督的协同机制分为三个层次：第一，部际政策监督的协同机制；第二，省部际政策监督的协同机制；第三，地方政府（市、县）政策监督的协同机制。

一般来说，部际政策监督是通过层级监督（如国务院领导、专门会议、常务会议等形式）、专门机构（监察部）监督、协调会议监督等方式来实现的。执行方案需要规定辽河流域省部际联席会议具有政策监督的职能，规定联席会议的职责之一就是监督治理方案及相关专项规划的制定和实施；定期评估治理方案执行情况，通报流域水环境综合治理工作进展情况。基于政策监督的有效性，联席会议应由国家发展和改革委员会牵头（办公室设在国家发展和改革委员会），而它自身也需要承担具体的职责，在联席会议的机制构建中必须有明确的政策监督内容。

在省部际政策监督协同机制方面，明确提出地方政府是责任主体，实行三级管理。要求"将允许排污总量逐级落实到省（市）、市、县（市）各级行政区，污染物的控制实行三级管理，地方政府是责任主体，明确各级政府的领导责任，纳入政绩考核，建立问责制"。进一步提出了"健全主要领导人目标责任制，切实落实地方各级政府对所辖行政区的水环境治理与保护的责任"。

按照管理权限，方案需对政策执行的监督限定为省（市）级政府和领导人。当下，我国对省（市）级政府及领导人的政绩考核缺乏明确的问责制度，对省部级领导的考核主要是中共中央组织部的职能，政策监督缺乏有效性和针对性。

目前地方政府的政策监督跨部门协同机制存在着以下三个问题：

第一，政策监督部门缺少专业能力做支撑，过分依赖各类报表和统计数据，未能把环境监测信息与政策执行的效果结合在一起。换言之，从各类报表和统计数据出发，即使各类工程、项目、政策和标准等目标都达成，但根据环境监测的信息，水环境的主要指标并没有达成。所以说，需要把各类政策监督与水环境综合治理的目标结合在一起考核。

第二，政策监督部门获取信息来源渠道单一，以层级监督为主，没有动员社会力量，没有发挥水平监督的作用。

第三，政策监督是以政策是否执行为主要内容，缺乏对政策有效性的评估，有可能出现政策效果偏离水环境综合治理的目标。

6.4.4 水污染防治跨部门协同机制建设的政策建议

为完善辽河流域各有关部门和两省人民政府共同治理太湖水环境工作的协调机制，促进辽河流域高层次的跨部门协调机制建立，推动地方政府的跨部门协同机制在全面推进辽河水污染防治中进一步完成。深化跨部门协同机制建设的政策建议包括以下几个方面：

第一，进一步拓展"辽河流域水环境综合治理省部际联席会议"的功能。联席会议从制定辽河流域水环境综合治理的规划向制定流域综合规划转变。综合规划包括经济、社会、空间等方面的规划，综合规划是流域专业规划的基础，是解决经济、社会与水协调度问题的关键，是推动流域水环境的末端治理向系统治理转变的关键。综合性规划既是协调各部门、各地区利益的平台，又是各方进行利益博弈的场地。

第二，进一步完善联席会议组成成员。由于联席会议带有政策监督的职能，而且力图建立起省（自治区、直辖市）、市、县（市）三级政府的责任体系和主要领导人的考核机制，因此，其组成成员应增加监察部门。适当增加重要企业和媒体等代表，发挥其议事、协调、多元利益表达等作用。

第三，强化联席会议制度的制度化建设，探索建立长效机制，应避免辽河流域水环境治理成为各部门、各地区争工程、项目和资金的工具，通过制度约束各方的利益冲动。

第四，地方政府主要是市级政府，与水污染治理相关的议事机构太多，各类委员会和领导小组名目繁多，议事机构依赖分管领导、办公室（通常设置在职能部门）进行运转，降低了管理效率，削弱了政府整体的行动能力。因此，地方政府设置带有综合职能性质的常设机构非常必要，避免经济、社会、水污染等领域

政策"打架"。综合性机构还应具有政策监督的职能，强化政策评估，提升政策
的有效性和针对性。

6.5 辽河流域社会公众参与机制

6.5.1 社会公众参与的制度安排

公众参与环境管理是当前我国环境保护领域立法趋势之一，也是构建新型环
境治理模式的一种尝试。它反映了以政府主导的单一行政机制在复杂的公共事务
管理过程中出现"失灵现象"。复杂公共事务的治理机制可以归纳为三种：行政
机制、市场机制和社会公众参与机制。在我国目前环境管理领域，政府环境管理
能力在逐步强化。《国家环境监管能力建设的"十一五"规划》以建设先进的环
境监测预警体系和完备的环境执法监督体系为重点，统筹环境监测、环境监察、
环境科研、环境信息与统计、环境宣教等各个领域。它的实施全面提高我国的环
境监管能力，我国的环境监管体系向现代化、标准化、信息化迈出了重要一步。
市场机制、经济工具已开始在我国环境保护领域进行试点和推广。尽管社会公众
参与机制已纳入环境法制建设内容，但是在运行过程中，在环境管理的不同流程
（如重视环境影响评价）、不同地区（如沿海地区），其发展呈现出不平衡的
特征。

社会公众参与既需要公民社会的成长，又需要国家提供制度保障，这是有序
参与的前提条件。相比较而言，公民参与环境保护是社会公众参与公共事务治理
最为"前沿"的阵地，它体现在三个方面：①环境领域的法律法规和规章对社
会公众参与做出明确的规定，在环境信息公开、环境影响评价和战略环境评价等
领域已制定了专门的条款或专门的规章。②在环境公共政策设计中，社会公众参
与都得到高度重视。③它是当前环境行政部门着力推进的工作重点。2008 年 4 月
24 日，原中国环境保护部部长在"中欧环境执政能力研讨会"上指出，构建新
型环境治理结构是提高环境执政能力的关键。需要通过司法保障、体制安排和政
策调控手段，明确政府、企业和公众等利益相关方的权利和义务，从而建立政
府、企业、公众协同保护环境的长效机制。他还进一步指出，通过信息公开推动

公众参与。完善公众参与和信息公开的法律保障，疏通有效的参与渠道；建立环境信息收集、整理、公开与获取的机制，形成有效的信息公开交流平台；加强环境宣传教育，强化社会监督。

由于法律法规和规章的约束力不同，制度（规则）具有层级性特征，通常是"上位法"指导"下位法"。目前，我国关于社会公众参与环境保护的制度安排散落在不同的法律法规和规章里（见表 6–6）。

表 6–6　社会公众参与环境保护的制度安排

法律法规和规章	主要内容	环境管理
《中华人民共和国环境保护法》（1989 年）	一切单位和个人都有保护环境的义务，并有权对污染和破坏环境的单位和个人进行检举和控告	环境监察
《中华人民共和国水污染防治法》（2008 年）	任何单位和个人都有义务保护水环境，并有权对污染损害水环境的行为进行检举	环境监察
《中华人民共和国环境影响评价法》（2003 年）	专项规划的草案报送审批前，举行论证会、听证会，或者采取其他形式，征求意见，建设项目进行环境影响评价的公众参与	环境决策
《环境影响评价公众参与暂行办法》（2006 年）	国家鼓励公众参与环境影响评价活动	环境决策
《环境信息公开办法》（2008 年）	维护公民、法人和其他组织获取环境信息的权益，推动公众参与环境保护	环境信息

当下，社会公众参与太湖水污染防治的规定已涉及环境意识、环境立法、环境信息公开、环境监察、环境管理的新主体等方面。它主要集中在提高社会公众的环境意识、加强环境信息的公开和促进社会公众参与环境监察等方面。其不足主要有：对社会公众要求过多，对政府要求过少；原则性过多，操作性过少；社会公众的参与还停留在充当"配角"上，没有切入环境管理过程对社会公众参与的主体、形式、评估等方面缺乏规定；对社会公众的环境知情权、监督权关注过多，对表达权关注不够。

6.5.2　社会公众参与的平台和工具设计

从国际经验来看，社会公众参与的平台和工具设计是提高参与有效性的一个重要路径。参与平台和工具的设计关注三个问题：参与的主体、参与的形式、参与的内容。主体、形式和内容是影响社会公众参与有效性的三个变量。

从广泛意义上说，社会公众是与政府（有的文献指政府和专家，本书仅指政府）相对应的一方。按照不同的标准，可以进行多重分类（见表6-7）。根据是否拥有专业知识的标准，分为专家和普通的公众。根据组织化程度的标准，分为有组织性的社会公众和无组织性的社会公众。根据行动能力分类的标准，分为有行动能力的社会公众和无行动能力的公众。根据对待参与的态度，分为积极的公众和消极的公众。根据利益相关的标准，分为利益相关的公众和利益不相关的公众。不同类型的公众所采取的参与形式和参与内容都是不同的。

表6-7 社会公众的分类

分类标准	类别	类别
专业知识	专家	普通公众
组织化	有组织性的社会公众	无组织性的社会公众
行动能力	有行动能力的社会公众	无行动能力的社会公众
参与的态度	积极的社会公众	消极的社会公众
利益相关	利益相关的社会工作	利益不相关的社会工作

参与的形式分为信息告知、意见征求、民意调查、专家咨询、座谈会、听证会、信访等。这些形式分为三个层次：信息告知、咨询和公民主导。信息告知强调环境信息的知情权和监督权，咨询强调公众环境利益的表达权（包含积极的表达和消极的表达），公民主导强调公民环境利益的参与权。从信息告知、咨询到公民主导反映了参与形式逐步深入。环境管理的目标决定了参与的形式。

参与的内容按照环境保护领域的具有高度专业性和社会性两个特征，划分出不同的问题领域（见表6-8）。不同问题领域的环境管理目标存在着差异，对参与主体和形式也有所区别。专业性包括对决策质量的要求、对决策信息的需求、对专业技术知识性要求；社会性包括涉及的利益相关者的数量、社会公众与环境行政管理部门之间的目标冲突程度、不同社会公众之间的利益冲突程度、社会公众的组织性和行动能力等。专业性和社会性从低到高，分为四种可能的情形（见图6-3），专业性低社会性低、专业性高社会性低、专业性高社会性高、专业性低社会性高。不同类型的环境问题对社会公众参与的要求不同。

表6-8 环境问题的分类

环境问题的特征	主要指标
专业性	决策的质量、决策的信息、专业知识
社会性	利益相关者的数量、目标、利益冲突、组织性、行动能力

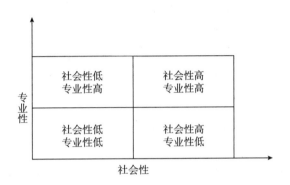

图6-3 环境领域问题类型

尽管社会公众参与太湖水污染防治已有一系列的制度安排和规定，但在实践中，社会公众仍然感觉到参与途径的不畅通。根据在无锡市进行的随机调查，在500份有效样本中，大约70%的受调查对象仍然感觉到参与辽河水环境治理没有适合的途径，大约60%的受调查对象认为当前环境主管机构所力推的环境影响评价公众参与缺乏效果，大约80%的受调查对象认为最有效的参与形式是环境信访。它反映了我国目前环境领域的社会公众参与在"制度供给"与"公众需求"方面存在着差距。造成差距的主要原因是社会公众参与的平台和参与的工具设计缺乏针对性和有效性。

从制度和规定运行角度看，目前社会公众参与辽河水环境管理的平台和工具包括以下几个方面：一是在环境治理的决策中启动了社会公众的"建言献策"，邀请技术专家全面参与；二是社会公众参与建设项目的环境影响评价按照制度规定执行；三是环境信息逐步公开，以"客观及时、信息公开、统一协调、公民参与"为原则，建立和完善治理辽河、保护水源重大事件的信息公开、公众参与宣传动员机制；四是将社会公众的组织性参与纳入环境管理过程中，开始逐步推进环保类民间组织的发展。

社会公众参与的平台和工具的设计围绕着参与主体、形式和内容三个维度。

从环境问题演变的过程来看，点源、面源污染和生态系统三类问题涉及的社会公众利益相关者的数量是不同的，利益相关者的数量多少又决定了参与的形式。总的来说，政府对社会公众参与缺少有效的操作性安排。有效的操作性安排指明确界定社会公众参与的领域、参与的形式和参与主体；社会公众的参与有助于环境问题的解决，参与的效果显著。

当前社会公众参与辽河流域水污染治理存在以下几方面的问题：

第一，社会公众参与没有嵌入水环境管理过程。在政府主导社会公众的格局下，有效操作性安排的关键点是把社会公众参与"嵌入"（embedded）行政体系内，并成为行政体系有效运转的一部分或程序规定。尽管环境影响评价方面，对社会公众参与做了原则性规定，但是对社会公众提出的建议和意见的采纳或不采纳的原因缺少规定。环境信息公开方面的规定，仅仅实现了公民的知情权。

第二，社会公众参与缺少有效的操作性制度安排。国家发展和改革委员会通过网站向社会公众征求建议和意见是一大进步，但是问题在于与水环境综合治理利益相关的公众是否有能力参与？如社会公众的网络运用能力、水环境规划能力等；社会公众所提出的建议和意见是否采纳？社会公众是否通过组织化的路径表达利益？这些都是当前制定规划时欠缺考虑的。

第三，社会公众参与的环境领域与公众的能力与知识体系不匹配。在建设项目的环境影响评价征求公众意见的设计上，存在着利益相关者界定不清晰、征求意见专业性要求过高等问题（见表6-9）。

表6-9　某物流园区征求公众意见的主要事项

序号	征求公众意见的主要事项	需要的知识
1	物流园区的建设是否有利于本地区的经济发展	经济学
2	物流园区的建设中最重要的环境问题	环境学
3	物流园区的总体布局是否合理	规划学
4	对物流园区环境质量现状的看法	环境学
5	物流园区的开发对水环境影响的最主要因素	环境学
6	物流园区的开发建设对你的生活产生的影响	环境学
7	物流园区的开发对土地资源的影响	土地资源
8	物流园区的建设对农业生态环境的影响	农学
9	物流园区的建设对渔业生态环境的影响	农学

续表

序号	征求公众意见的主要事项	需要的知识
10	物流园区的开发对基础设施的影响	道路交通等工程学
11	物流园区的建设对社会安定的影响	社会学

从表6-9可以看出，建设项目的环境影响评价公众参与所需要的知识已超出对一般专家的要求。因此，依据环境问题的社会性、专业性分类，专业性高社会性低的问题需要有组织的专业人士参与；而社会性高专业性低的问题需要广泛的社会公众参与。

第四，社会公众自发组建的环境保护类民间组织偏少，而政府发动的志愿性组织活动过多，这就削弱了民间组织对政府和企业行为的约束能力。另外，为了动员社会力量参与太湖水污染防治，地方政府组织发动了大量的环境保护志愿者活动，通过创办"绿色学校""绿色社区"，提倡"绿色生活"。由于这些活动行政化色彩过浓，造成社会公众的消极参与。由于上述原因，它限制民间组织自主成长，限制了民间组织对政府和企业行为的约束能力，限制了可供利用的社会资源。

6.5.3 流域管理机构与社会公众合作路径

当下，社会公众参与的制度设计、平台和工具的设计都是按照行政区域管理来进行的。社会公众的公共利益具有流域性特征，而太湖水污染是典型的"公用地悲剧"，因此解决"公用地悲剧"需要动员社会自主力量。在委托—代理层次上，流域管理机构代表中央政府行使行政权，具有跨部门和跨行政区的协调能力。社会公众分布在各个行政区域内，其利益的集中表达只能通过全国性机构（如全国人民代表大会及其常委会等机构）实现。如果把辽河流域的社会公众理解为委托人，那么中央政府可以理解成代理人。在行政体系内部，中央政府与地方政府又形成了新一层的委托与代理关系。在财政分权的格局下，地方政府普遍成为地方利益的维护人。在地方领导人考核制度不健全、地区间竞争制度不完善的现状面前，地方政府在辽河流域水环境治理的立场上往往与中央政府不一致。即使在中央政府—省级政府之间控制和激励机制相对完善的情形下，市（地）级、县级、乡镇政府往往也与中央政府的立场不一致。行政命令链条越长、控制机制与激励机制的效果越弱。这需要寻找一个新的代理机构，约束地方利益，解决"公用地悲剧"。

以行政为主导的水环境综合治理体系强调决策中心的领导作用，管理体系围绕着行政权威运转。社会公众与中央政府派出机构之间的合作有助于把公众的偏好、意见和建议转化为地方政府的决策，形成新的信息源。流域管理机构的职能定位为一个跨部门、跨行政区互动的平台，承担流域规划和重大决策；该机构的有效运转离不开社会公众提供环境信息、环境执法监督等。

根据行动者的目标、利益和立场，把太湖流域水环境综合治理的行动者（局中人）分为社会公众（包括民间环境保护组织）、污染制造者（企事业单位）、省级政府、地方政府（地市级及以下）、中央政府及其派出机构。中央政府是维护和实现公共利益的行动者，这是其合法性的基础，主要落实科学发展，推进可持续发展的战略。省级政府是中央政府的代理人（尽管从法理意义上说，应当是地方公共利益的代理人），两者由于行政命令链条较短，控制与激励机制作用效果明显。但由于在省一级地方政府领导的功绩与个人升迁之间因果关系不清晰，无法清晰界定其立场。从委托—代理的关系上说，地方政府理应是地方公共利益的维护者和代言人，但由于功绩制的扭曲、地区间恶性竞争等因素的作用，面临着发展与生态保护之间的两难选择，存在着机会主义的倾向。它们有时与污染制造者"合谋"（基于发展的目标），有时严格执行上级政府的行政决定，形成了一种"钟摆"现象。污染制造者力图把企业的环境成本转移，不断寻求政策的"漏洞"，通过降低或转移环境成本来提高产品竞争力，获取更多的回报。

从行动者的立场、利益和目标的博弈分析，地方政府与社会公众之间的合作关系的形成取决于许多条件的约束。这些条件有：地方政府以行政主导、工程项目优先，运动式的治理模式无法有效解决环境问题，需要寻求新的力量卷入；环境治理绩效纳入上级对下级官员的考核激励、责任追究；地方政府与污染制造者目标不一致，形成长期的高压态势；重大环境危机不时出现；新闻论保持长期的关注；主要决策者的注意力集中在环境问题上；社会公众协助地方政府解决了棘手的环境问题等。这些条件难以在环境治理的实践中同时得到满足。社会公众与中央政府及其派出机构之间的立场、利益和目标是一致的，满足了合作关系的前提条件，社会公众需要借助更高的行政权威来约束地方政府，流域管理机构（中央政府派出机构）需要社会公众提供环境信息、生产社会舆论等。

社会公众与流域管理机构合作路径的设计需考虑管理机制方面的创新、可能新成立流域管理机构的职能、已成立的华东环境保护督察中心等影响因素，设计的合作途径有以下几方面：

第一，社会公众参与的制度安排。在现行的民间环境保护组织实行双重管理的前提条件下，新的流域管理机构可以作为主管机构，民政部作为登记注册机构（跨地区）。在流域管理机构内设专门的环境服务机构，处理社会公众环境参与事务。社会公众的力量通过与流域管理专设机构的合作"嵌入"行政体系，纳入行政决策程序。同时，社会公众借助派出机构的行政权威，有效地发挥其作用。

第二，环境信息的统一与公开。太湖流域水环境综合治理涉及环境保护、水利、航运、农业等许多部门，环境信息也分布在这些部门内。由于每一个部门各自拥有的技术装备不同，监测点不同，导致环境信息存在着差异。新的流域机构重要职能之一是各方互动的平台，其前提条件之一就是共享信息，发布最具权威的环境信息。信息的公开是社会公众参与的基础性保障条件。流域管理机构通过信息的整合、储存、分类、再加工等提供给社会公众。社会公众依据这些信息作出判断，专家依据这些信息进行科学研究。

第三，社会公众的网络参与。搭建社会公众的网络参与平台是利用现代信息技术提高参与有效性的路径之一。现代信息技术的发展，尤其是网络的发展，拉近了社会公众与行政机构之间的信息"距离"，提高了行政机构对社会公众的回应性，促进了两者之间的互动性。社会公众的网络参与可以采用多种形式，如网上对话、讨论、咨询、民意调查等。提高网络参与的组织性还可以设立网上论坛，如太湖论坛，交流各方信息，给太湖流域的社会公众（民间环境保护组织、志愿组织）等提供网络参与平台。

6.5.4 社会公众参与的政策建议

社会公众的参与是辽河流域水环境综合治理模式的发展趋势。尽管环境领域已成为我国目前社会公众参与公共事务管理的最"前沿"的阵地，但是决策者对社会公众参与的长期效益还缺乏清楚的认知，社会公众力量还没有纳入环境决策、执行、监察等管理过程中。进一步推进社会公众参与的机制政策建议有以下几方面：

第一，进一步完善当前环境领域社会公众参与的制度安排。从战略环境影响评价、环境影响评价、环境信息公开、环境执法监督、环境问责、环境民间组织的发展等环节形成相对完善的制度规范。目前在环境执法监督、环境问责、环境民间组织的发展等层面需要进一步制定法规规章，把相对封闭的环境管理体系转变为信息公开、社会公众参与的开放性和包容性的体系。环境保护部门充分运用规章制定权，强化社会公众全方位、全过程的参与。

第二，进一步完善当前社会公众参与的制度安排运行机制，提高制度的有效性。从环境决策、执行、监督到社会舆论的培育等各个环节提高社会公众参与的有效性。

在专业性和社会性高的领域要充分听取各类社会公众的"声音"。辽河流域水环境综合治理的规划要充分吸纳"社情民意"，注重民意调查，听取民间环境保护组织的"声音"，听取专家的意见和建议。

在专业性低、社会性低的领域要动员利益相关者的参与，例如，建设工程项目的环境影响评价，降低其专业性要求。从机制和程序上完善利益相关者的博弈能力。

在专业性低、社会性高的领域，例如，提高全民环保意识、绿色社区、绿色生活、绿色单位等，可以发动积极的社会公众参与，发挥这些人群的示范效应，改变目前效益比较低的行政动员方式。消极的社会公众参与无助于提高社会公众参与的效益。

在专业性高、社会性低的环境领域，如"蓝藻"应急事件，提高专家的参与度，在专业知识、领导偏好之间寻求一个平衡点。

第三，进一步培育、发展和壮大民间环境保护组织的发展。地方政府可以成立环境保护基金，民间环境保护组织可以向其申请专项的活动经费。环境保护基金费用在企业排污费、超排罚款等经费中规定一定的比例来筹集。

第四，培育流域性的民间组织，通过与流域管理机构的互动来促进社会公众参与。流域性民间组织跨行政区域运行，提高社会公众的博弈能力。流域性民间组织通过与专家、媒体的合作，通过网络论坛、宣传活动等多种形式，形成维护流域公共利益的一支重要力量。

7 流域生态补偿与污染赔偿财政政策及建议

从财政意义上讲，建立流域水质目标生态补偿就是要明确各级政府在流域水质治理上的事权与财权关系，对事权财权不对称的，通过转移支付形式予以解决。

按照现行的分税制财政体制，环境治理的责任主要体现在地方政府。对地方政府的财力不足以完成其环境治理责任的，由中央政府通过转移支付解决。根据这一制度设计的基本原理以及流域水质目标，可以形成相应的财政制度安排。

财政体制是整个财政政策的核心。它包括三部分内容：一是界定各级政府在社会经济发展中的事权。二是根据其事权，确定各级政府的财权。三是通过财政转移支付制度，解决一级政府财权与事权不平衡的问题，实现财权与事权的一致。

在政府主导型的生态补偿制度下，财政制度成为流域生态补偿与污染赔偿最基础的制度：通过对各级政府事权的界定，明确各级政府在流域生态治理中的责任；通过各级政府财权的界定，明确各级政府本级财力中，可用于生态补偿和污染赔偿的资金来源；通过政府间转移支付制度，明确上级政府或同级政府弥补本级政府在流域生态治理中事权与财权的差异，实现本级政府财权与事权的一致。因此，作为流域生态补偿与污染赔偿的重要组成部分，财政体制政策需要包括以下几方面的内容。

7.1 事权：各级政府在流域生态治理中的责任

流域上下游生态责任的界定，是流域生态补偿的核心问题。在流域生态补偿与污染赔偿的实践中，流域的生态责任可以分为基础标准与补偿标准两大类①。

（1）基础标准。基础标准可以用流域上游政府应该承担的向下游提供的基础水质、水量等标准生态指标体系来体现。从技术角度讲，可以体现为跨界断面标准的基本水质、水量，如每秒 1000 立方米水量、Ⅲ类水质标准。

基础标准是上游政府确保流域达到基本生态要求、确保为下游提供基本水质水量的基础性标准，这一事权，是地方政府向社会提供基本公共产品的重要组成部分，是地方政府应有的义务。

基础标准最后是由水质、水量等一系列指标组成的。这组数据将成为衡量地方政府在流域生态治理中履行义务情况的重要依据。因此，如何确定这一标准体系，将成为确保地方政府履行义务的重要条件。由于水质水量分属环境、水利等职能部门进行管理，为了确保这一标准的公正性，需要由上游政府的上一级政府协调其下属的环境、水利部门共同确定。当生态补偿涉及两个省份时，还需要中央政府出面协调确定这一标准。目前，生态补偿还处于试点期间，这一标准一般需要通过上游的省级政府确定。

（2）补偿标准。补偿标准是指流域下游政府向上游政府提出或流域上下游政府共同商定的、上游需要提供高于基础标准的水质、水量等生态指标体系，如每秒 2000 立方米、Ⅱ类水质标准。因此，这一补偿标准的确定，需要两个基本的程序：一是由下游政府提出，并通过协商，经得上游政府的同意，双方共同商定，形成一个高于基础标准的水质水量指标体系。二是由上下游政府共同的上级政府以任务的方式提出，成为下游政府的工作。

（3）确定基础标准与补偿标准的意义。确定基础标准与补偿标准，对于流域生态补偿和强化地方政府在流域生态治理上的责任，有着十分重要的意义。生态补偿作为一项科学处理上下游政府之间分配关系的政策，必须有一个基本的计

---

① 王金南．流域生态补偿与污染赔偿机制研究［M］．北京：中国环境出版社，2014.

算指标体系。目前流域生态补偿与污染赔偿中建立起来的以断面水质水量为依据计算生态补偿与污染赔偿的方法，已经较好地解决了指标体系不足的问题。通过这套指标体系，可以分清地方政府在流域生态治理中，哪些是上游政府自身的应有责任，哪些是需要下游政府补偿的责任。这种标准的确认，可以为建立起不同层次的流域生态补偿与污染赔偿机制奠定基础。

7.2 财权：满足基本标准事权的财力保障

按照财政体制的基本逻辑，在明确了上游政府在流域生态治理上的事权后，就有必要为这一事权配备必要的财权，以确保地方政府能有足够的财力实现这些事权。

根据标准的不同，其所匹配的财权也不相同。对流域生态补偿与污染赔偿来讲配备的基本要求是：本级政府自身的财权解决部分流域环境治理所需要的财力，其不足部分，通过财力性转移支付制度解决。例如，上级政府和下游政府提供的专项移支付制度所形成的财权，用于满足上游政府履行补偿标准部分事权所需要的财力。从一般意义上讲，财权主要是指满足基础标准的财力制度设计。

为了确保流域的生态情况达到基础标准的要求，上游政府就有必要用其自身的财力来履行好对流域的生态治理责任。因此，基础标准所对应的是上游政府本身的财力。按照现行的分税制财政体制，本级政府用于流域生态补偿的财力包括以下几个方面。

7.2.1 税权

除了拥有的所属税款（包括地方税与共享税的地方部分）的支配权外，地方政府仅仅在部分小税种上有一定的征收管理权，即地方政府对地方税可以因地制宜、因时制宜地决定开征、停征、减征税、免税，确定税率和征收范围，而且地方政府的征收管理权的运行没有规范的制度可循，影响了地方税收的调控能力。

在我国现行的税制中，没有与流域生态补偿直接相对应的税制。但随着我国主体功能区规划的实施，为了确保下游地区水资源安全，一些大江大河的上游大多被划为了禁止开发和限制开发区，这些地区的经济结构将因这一规划而发生重大变化。由此产生的问题是，原来地方政府的一些主要税收收入来源将因此急剧减少，直接影响地方政府的收入，最终导致地方政府在履行流域生态责任中缺乏必要的收入来源。例如，中央地方共享税中的增值税，将因经济结构转型而出现明显地减少；地方税制中的财产类税收，也因实施主体功能区规划，而出现税源枯竭的问题，并导致地方政府难以形成足够的财力来确保流域生态环境达到基础标准。

因此，在税权划分上，需要解决以下两个问题：一是赋予地方政府更多的税权，包括立法权及执法权。在生态补偿试点阶段，不可能对全国性的税收制度进行调整，只能在一些试点地区（如禁止开发区）调整税权，使其在一些与环境保护相关的税种上拥有更宽松的调整税率或减免税的权力，以此来推动本地区的环境保护行动。二是规范地方政府税收执法权。在地方政府取得相应的税收立法权或执法权后，还必须有一个权力运用的规范制度。

要解决上述两方面的问题，需要中央层面的宏观决定。目前，流域生态补偿还处于试点阶段，解决这两方面问题的条件还不够成熟，由于税权配置不合理而产生的上游政府财力的不足，就需要通过中央对地方的转移支付来解决。

7.2.2 收费权

尽管税收与政府性收费是两种不同类型的财政收入，但为了防止乱收费，中央对非税收入的财权管理基本上参照了税收的财权管理。政府性收费的开征以及征收标准等，大部分集中在中央和有立法权的省级政府，而目前开展流域生态补偿试点工作主要由省级政府及地市以下级政府负责，作为一项单项的改革，在流域生态补偿中，对收费权进行改革还面临着一系列的制度障碍。

但从我国实践看，生态补偿更多的是通过收费形式来实现外部性的内部化，典型的如矿产资源开发领域制定了一系列的收费制度。在流域生态补偿领域，除了水利部门收的水资源费、水权交易费用等政府性非税收入项目外，基本上没有其他收费项。因此，有必要通过下放地方政府的收费权，在收费制度上进行相关的创新。从我国实践看，这种创新主要体现在以下两个方面。

一是市场化手段。流域生态补偿与污染赔偿的收费项目，很多是可以通过市场化手段，即通过价格体系增加相关的政府收费附加的形式来调整的。如上游绿色农业产品的生态标记（典型的例子是：为支援江西东江流域上游，广东省内在销售赣州地区的柑橘时额外增加了一部分价格，这个价格，既是东江上游柑橘绿色化的生态标记，也是广东对赣州地区农民的一种生态补偿。另外，新安江流域上游的农夫山泉矿泉水，每销售一瓶，即提取一分钱，作为生态补偿资金，也可以视作一种价格附加）、旅游门票附加生态补偿费（典型的例子是：黄山在旅游门票中提取一定比例用于生态补偿等。但这种价格附加，必须在政府收费权的管辖范围之下，通过政府审批制度才能形成。因此，在现行的收费权财权管理制度很难进行全面调整的情况下，可以充分利用"价格听证会"这一制度，对生态补偿试点地区需要开征的收费项目，通过听证的方式确定收费项目和收费标准）。

二是行政手段。尽管水权交易等行为被有些研究者列入了市场化手段，但从我国现行的行政管理体制看，水权交易仍然是两级政府之间的行为。目前，我国在收费制度上，仍然以纵向的管理权为主，即一级政府决定在本辖区内的行政收费。在流域生态补偿与污染赔偿的过程中，行政手段形成的收费模式，将从两个方面进行制度创新：①继续按照纵向收费的模式，在现有的政府非税收入制度中，针对流域生态补偿与污染赔偿进行制度创新。例如，我国水资源费的费率很低，据测算还有20%以上的上涨空间，为了提高生态补偿资金的筹集能力，流域相关政府可以根据生态补偿的需求，通过提高水资源费的形式，在水价中形成生态补偿与污染赔偿资金，从而获得整个流域不同政府的生态补偿资金来源。目前在南水北调中线的生态补偿研究中，就有学者采取了这种研究思路，即通过水资源费，在湖北、河南、河北、北京、天津的水价中形成不同比例的生态补偿金，来支付南水北调中线的生态补偿资金。②在我国还没有形成横向转移支付制度的前提下，两个平级政府之间通过政府收费权的形式，进行政府收费权制度的创新。目前，在流域之间开展的水权交易、排污费交易，实际上就是一种政府收费方式的改革。这种改革有力地促进了地方政府生态补偿资金的形成。

7.2.3 发债权

按照《中华人民共和国预算法》的规定，地方政府没有发债权。但随着财政政策的变动与财政制度的完善，地方债的相关问题也会得到逐步解决。例如，2009年，为了解决经济刺激计划的融资需求，中央政府允许地方政府发行总额约为2000亿元的地方债券，用于中央项目的地方配套，缓解地方资金的不足。2010年，财政部还专门成立了预算公司债务处，以提高地方发债的能力。在生态补偿试点领域，对地方债也有着特殊的需求。

为了更好地保护环境，提高生态系统服务功能，生态补偿试点地区在财力不足的情况下，可能会出现三种债务问题：第一，由于把区域的经济功能转化为生态功能，地方财政的财源受到影响，财力不足，容易出现入不敷出，这些财政赤字多数表现为隐性赤字。第二，地方政府为了加大环境保护的投入，在建设性财力不足的情况下需要通过举债开展一些环境保护和环境建设方面的综合投资。第三，在生态补偿过程中，为了提高生态补偿资金的使用效率和效益，生态补偿资金的提供方可能会通过债权形式，支持生态补偿接受方加强生态补偿资金的管理。

我国流域上下游之间经济发展的差异较大，要使流域上下游既能实现生态文明的和谐发展，又能实现社会经济发展的和谐，流域上游面临着巨大的支出压力。通过生态补偿与污染赔偿资金，从上级政府、流域下游政府和市场上取得一定的生态补偿资金之外，流域上游地方政府仍然面临着生态补偿资金的不足。因此，需要研究地方的生态建设债问题，通过中央形成规范性的管理办法，对一些符合条件的生态补偿试点地区，试行以发放地方生态建设债的方式扩大生态补偿资金的来源。

7.2.4　地方融资权

目前，我国还没有生态债，难以较好地解决生态补偿中的资金不足问题。在这种情况下，就需要充分考虑地方政府的融资权问题，通过上游政府的投融资体制来解决地方建设生态、保护流域环境的资金需要。

由于地方债务较大，已经严重增加了我国的财政风险，为此，2010 年我国下发了《国务院关于加强地方政府融资平台公司管理有关问题的通知》（国发〔2010〕19 号），对政府的投融资平台进行了整顿。此后，地方政府依靠出卖土地举债等行为得到遏制；地方政府从金融、企业等市场要素中取得资金的难度加大，直接影响到流域上游地区生态补偿资金的筹措能力。为了较好地解决这一问题，需要创新地方政府投融资管理体制。

目前，地方政府的投融资主要是通过金融信贷工具来实现的。在落实国务院19 号文件、整顿地方投融资平台的同时，地方政府需要提高投融资平台的市场化能力，利用市场化手段，形成新型的政府投融资体系，以解决地方包括流域生态建设在内的环境保护治理资金。

从现行的金融管理体制来看，政府投融资体制创新中比较合理的切入点包括以下两点：

一是充分利用金融租赁手段，提高政府筹集生态补偿资金的能力。在国际上，金融租赁是仅次于信贷、略低于资本市场的三大金融工具之一，对促进社会经济的发展，特别是先进技术与设备的应用，发挥了重要作用。我国的流域生态补偿与污染赔偿是一种政府主导型的机制，因此，需要在政府投融资体制中引进这一先进的金融工具，为生态补偿资金的筹措增加资金来源。目前，比较可行的办法包括：通过政府采购转租赁的方式，提高政府采购能力，解决好生态补偿中必需的流域断面水质水量监测设备购置能力；通过生态债转租的方式，解决上游政府生态债不足的问题；通过上游政府承租相关生态补偿所需要设备和固定资产、支付租金的形式，形成金融平台下的生态补偿新机制。

二是充分利用基金等金融工具，提高生态补偿资金的筹资能力。基金是一项目前使用比较广泛的金融工具，除了以资本市场为主要投资对象的基金外，还存在着一系列以股权投资为主的投资基金、产业基金等。通过政府引导、市场参与的方式，形成新的政府投融资渠道，解决上游政府生态补偿资金不足的问题。按照目前的金融管理体制，比较可行的办法包括：利用产业基金，上下游政府共同支持上游地区按照主体功能区规划要求实现产业转型；利用投资基金，支持上游企业实现企业发展方式转型；通过投资基金，解决政府生态建设中的重大投资项目的资金需要。

7.2.5   环境收益权

与生态补偿直接相关的一类财权是环境收益权，而环境收益权又是从环境所有权、环境管理权、环境使用处分权等派生出来的。与资源环境相关的收益权一直都是中央与地方争夺的焦点。在地方政府看来，收益应当归于资源环境的所属地，因为地方政府承担了资源环境的开发成本，没有收益的配套，地方政府无力进行相应的生态补偿，而在中央政府看来，资源环境属于国家所有，而且很多资源环境问题关系到国家安全，因此收益权理当归中央所有。中央与地方在环境收益权分配上的分歧，增加了生态补偿制度建设的困难。

在环境产权中，最根本的产权是所有权。按照《中华人民共和国宪法》规定，所有的环境资源都属于国家所有。企业的矿产资源开发，实际上行使的是环境使用处分权。取得这种使用处分权，要通过"租"的方式获得政府的许可。在这个过程中，环境收益权应该归属中央。

一是以资源税形式，体现国家对环境资源的级差收入的调节，促进环境资源的合理开发与利用。按照我国现行税制的规定，资源税是对相关资源进行调控的一项财政工具，是国家的强制性征收措施。资源特殊性质决定了资源税一般都是中央税，而且在不同国家资源税征收的目的也不尽相同。1994 年实施的分税制财政体制，把资源税列入了地方政府的财权，成为地方政府形成生态补偿和污染赔偿的重要来源。因此流域中的相关资源开发所形成的资源税，也将成为地方政府筹集生态补偿资金的重要来源之一。

二是以特别附加税体系的形式，体现环境资源的代际外部性和可持续发展要求。与所有产业一样，利用环境和生态资源作为生产资料的企业，在发展过程中，都有一个生命周期。目前，体现在矿产资源开发中的资源枯竭型城市和资源枯竭型企业，典型地反映了资源开发企业生命周期对企业自身和当地城市的影响。在流域生态补偿中，同样存在着流域以及流域周边环境和生态资源的开发问题。例如，流域本身，就存在水资源的综合利用问题；流域周边的储水区存在着矿产资源开发和农业综合利用问题。这些资源的开发，都会形成相关的税收收入。为了确保这些产业能形成整个生命周期，能够持续发展，有必要参考国际上"矿产资源储备资金"的模式，在这些税收收入中提取一定比例作为产业进入衰退期后的转型资金，以解决其代际差异问题。

地方政府的环境收益权主要是通过管理权的形式来实现的，这种管理权主要体现在政府的非税收入管理上。因此，地方政府的环境收益权的财权划分，基本上与前面所讲的非收入财权相类似。

7.3 转移支付制度：弥补基本标准事权与财权不匹配的财力保障

在公共财政向民生财政转型的背景下，本级政府对流域的生态责任，将成为政府提供基本公共产品的重要内容。因此，流域上一级政府在其本级财政中安排的财力属于基本公共产品的成本。流域上游政府维持流域生态系统，并为流域下游提供符合基础标准的水资源的事权，属于基本公共产品成本的范畴。当其本级政府的财权不足以弥补这一事权时，需要上级政府通过转移支付制度来完成。

在分税制财政体制下，我国的转移支付制度可以分为财力性转移支付制度（又称一般性转移支付制度）和专项转移支付制度两类①。其中，财力性转移支付制度，主要解决地方政府向社会提供均等化公共产品所需要的成本。因此，上游政府所承担的流域生态治理基本标准的事权，在其自身财力不足的情况下，需要通过财力性转移支付制度解决。

因基本公共产品均等化是中央政府的事权，因此，这方面的转移支付制度主要通过中央政府对地方的一般性转移支付解决。省级政府主要是根据中央对地方的一般性转移支付制度的基本逻辑，按照本省的实际，在省以下一般性转移支付制度中进行必要的调整。

7.3.1　中央对地方的一般性转移支付制度

财力性转移支付制度是按照基本公共产品均等化的要求设计的，这一制度覆盖了一般预算的全部，包括标准财政收入、标准财政支出和转移支付支出三个方面。在这一制度中，流域的生态补偿与污染赔偿内容，分散在标准财政收入（如上游划入禁止开发区后，增值税、营业税主要税种的标准财政收入变化的计算方法）、标准财政支出（如"211"科目中生态补偿相关直接支出的标准支出计算方法）、转移支付支出各个方面，因此，很难从这一财力性转移支付制度中，形成专门针对流域的转移支付。

为了能在财力性转移支付制度中更好地体现流域生态补偿与污染赔偿的内容，需要按照财力性转移支付制度设计的基本原理进行制度设计。现行的一般性转移支付制度，是通过计量经济学的办法，选择一些影响基本公共需求的因素，通过回归分析等办法，确定这些因素对转移支付额度的相关系数，最终形成一个回归模型，以此来确定转移支付额度。例如，对于车辆燃修费这一财政支出，在一般性转移支付中，就采取了如下的计算方法：

$$E_6 = K_1 + K_2 \qquad (7-1)$$

式中，E_6 表示车辆燃修费支出；K_1 表示车辆燃油费标准支出；K_2 表示车辆修理费标准支出。

$$K_1 = s \times a \times p \times q \times w \qquad (7-2)$$

---

① 盛光明，周会. 我国财政转移支付制度现状分析及对策建议［J］. 承德石油高等专科学校学报，2008，10（4）：87-90.

式中，s 表示标准车辆数；a 表示单车燃油量；p 表示燃料的单位价格；q 表示高原系数；w 表示公路运输距离系数。

$$K_2 = s \times r \times t \qquad\qquad (7-3)$$

式中，r 表示单车年维修定额；t 表示路况调整系数。

对于上述计算公式中的各项指标，财政部具体规定了公式或标准。例如，标准车辆数（s）有两种计算方法：一是按全国平均人（指标准行政人员加公检法人员）车比确定，即 s = 全国平均人车比 ×（地方实际行政人员 + 公检法人员）。二是按公式计算（人数与小汽车数均为行政部门和公检法部门的总数），即 s = 财政部掌握的实际小汽车数地方厅局上报的实际人数 × 地方厅局上报的标准人数。

按照这一思路，要在一般性转移支付制度中体现流域生态补偿的需求，就需要通过"增加因素或调整系数"的办法，对这一制度进行必要的改革和完善。为此，需要在一般性转移支付制度中，增加如下因素或系数。

（1）国土面积因素。原来的一般性转移支付制度中，只考虑了有人居住的国土面积，实际上主要体现国土面积的经济功能和社会功能。但对于体现生态功能为主体的无人居住或人口密度较低的国土面积，则没有进入一般性转移支付的范畴。2008 年，财政部调整了一般性转移支付的办法，把无人居住或人口密度较低的国土面积，也纳入了计算一般性转移支付的因素。但在具体因素的选择上，没能充分考虑这些国土面积所体现的生态功能。因此，为提高改革的可操作性，需要按照国土面积所承担的生态功能，通过国土面积计算其生态补偿系数。

不同的国土面积有着不同的生态功能。生态补偿的目标就是按照其生态功能，对该地区进行必要的补偿。补偿的内容包括该国土面积创造的生态功能。

人口密度较低的国土面积所创造的生态功能，基本上是纯公共产品，由全国甚至全人类共同享受。如藏北无人区作为世界级的高海拔生物多样性地区，它提供的生物是全人类共同的财产。因此，这些人口密度较低的国土面积实现的生态功能，要求中央政府通过一般性转移支付来购买。

照目前生态经济学的计算方法，禁止开发区、限制开发区的生态功能是一个天文数据。例如，据有关专家测算，每年西藏草地的生态系统服务功能价值为3040 亿元，每年森林生态效益估算为 4700 亿元，森林和草地的生态功能价值为7740 亿元。单位面积林地生态效益约为 2610 元/（亩·年），单位面积草地生态效益约为 253 元/（亩·年），如果按此测算，中央财政几乎不可能购买。因此，建议对现有的生态补偿政策进行必要的调整。

目前，我国已经建立了生态公益林生态补偿机制，在这一机制下，每亩生态林可获得 5 元/年的生态补偿。按照这一标准，实际只补偿了按照生态经济学理论的生态价值中的 0.19% （5/2610），参考这一补偿标准，可以计算禁止开发区、限制开发区按不同的生态功能可获得的转移支付额。

（2）生态功能区。2010 年国务院印发的《全国主体功能区规划》是实践生态文明建设的重大举措。按照这一划分，我国分为四大生态功能区，其中的禁止开发区、限制开发区主要体现生态功能。因此，在这两个生态功能区，要严格限制经济功能的发展，转而通过生态保护等手段，提高我国的生态安全。

生态功能区，实际上也是一个国土面积的概念。但它主要强调的是生态功能的建设和因此失去的经济发展机会。因此，按生态功能区划进行的生态补偿与按国土面积的地理性质进行的生态补偿，有着不同的切入点。按国土面积划分的补偿对象是这些地区产生的生态功能，而按生态功能区进行的生态补偿对象，则是这些地区保持生态功能的成本和因此失去的发展机会。

一是保持生态功能的成本。一个地区要形成良好的生态功能，必须进行必要的生态保护、生态建设和生态治理，因此需要投入一定的成本。目前，我国一般通过项目预算的办法，来弥补这些地区的生态建设成本。典型的如三江源的建设成本，就是通过国务院批准，在国家发改委立项，投资 75 亿元，对三江源自然保护区的生态建设过进行了大规模的投入。由于每个生态功能区在建设生态功能上的成本是不同的。因此，对这部分成本的弥补，用一般性转移支付制度难度较大，需要通过在中央项目预算立项的办法来进行必要的弥补。

二是生态功能区丧失的发展机会成本。生态功能区确定后，最大的问题是将因此丧失经济发展的机会，把建设的重点从以 GDP 为中心转向以生态效应为中心。这种转变，一方面需要地方政府提供必要的财力用于生态建设，另一方面又将因经济发展功能的衰退而失去大量的财政收入。这种因政策性因素导致的地方财政增支减收，需要通过中央对地方的一般性转移支付制度解决。要核定一个地区因生态功能区的划分而造成的具体增支减收数是十分困难的，因为发展机会成本是一个变量。如一个禁止开发区，由于水质好、环境好，本是建设化工生产基地的最佳地区，但由于国家将该地区列为禁止开发区，这个化工基地就不可能存在了。但不能因此就说，中央按该地区建设化工基地的税收对其进行补偿，因此，对生态功能区丧失的发展机会成本，只能通过与其自身的历史发展情况进行比较得出结果。

（3）标准财政收入的调整。标准财政收入是各项标准财政收入累加后形成的，如标准营业税收入、标准增值税收入等。某地区被划分为禁止开发区或限制开发区后，这些收入都会萎缩。若按每项税收计算，难度很大。因此，可以在现有一般性转移支付计算模型的基础上，先算出标准财政收入，再采取增加一个生态功能区系数的办法，来调整生态功能区对财政收入的影响，即生态功能区标准财政收入＝标准财政收入－生态功能区调节系数。

标准财政收入是一般性转移支付制度计算形成的，调节系数的计算，可以按照以下的办法进行：先假设某一地区在确定为生态功能区前（即基数年），已经在财政收入努力程度上达到了100%，实现了应收尽收。这就意味着，在国家还没有出台生态功能区政策前，该地区的财政收入已经达到了该地区发展水平下的最佳状态。在被划入禁止开发区或限制开发区后，它的税收下降，应为在此最佳状态基础上、考虑其适当的财政收入增长系数后之差。即对生态功能区影响的财政收入补偿＝基数年财政收入×财政收入增长系数－发生期财政收入。

按照这样的逻辑，我们可以确定一个地区的生态功能调节系数如下：假设某省划入禁止开发、限制开发地区前的财政收入为 A（即基数年收入）；2010年，全国财政收入的平均增长速度为 n_1；该省财政收入的增长速度为 n_2，则该省划入禁止开发、限制开发区前的财政收入应为：$A[1+(n_1+n_2)/2]$。

2010年，该省划入禁止开发、限制开发地区后的实际财政收入为 B，则因生态功能区的划分，导致这些地区损失的财政收入为：$A[1+(n_1+n_2)/2-B]$。

假设基数年该省划入禁止开发、限制开发地区的地方财政收入为100亿元，2010年因生态功能区划分，导致了该地区的地方财政收入减收到80亿元。按照现行的一般性转移支付制度，核定该省上述地区的标准财政收入为70亿元。2010年，全国财政收入的增长速度为15%，该省财政收入的增长速度为20%。则该省禁止开发区、限制开发区的标准财政收入为：

标准财政收入＝一般性转移支付制度计算形成的标准财政收入＋生态功能区调节系数

$$=70+\{100\times[1+(0.15+0.20)/2]-80\}$$
$$=70+(117.5-80)$$
$$=70+37.5$$
$$=107.5$$

标准财政支出的调整。划分为禁止开发、限制开发区后，地方财政支出的结构将发生重大调整，一方面，财政用于支持经济发展的支出减少；另一方面，财政用于生态建设的支出增加。因此，在地方财政支出上，主要是财政支出结构的调整，在规模上，由于已经在标准财政收入中弥补了因生态功能区导致的收入损失，因此，不必要再在标准财政支出中进行弥补。地方政府需要增加的生态建设、生态保护等成本，可以通过标准财政收入的增加以及财政支出结构的调整来取得。

（4）现代化指数。现代化指数实际上反映了一个地区经济发达的程度。由于以体现生态功能为主，因此，在一些人口密度较低的生态功能地区，其现代化水平要普遍低于全国平均水平。这里既有历史原因，更是国家宏观政策的结果（一个典型的例子是，在计划经济时期，由于我国在青海、甘肃等地建设的重大项目拉动这些地区的发展，使当时的广东等东南沿海的发展水平低于西部地区）。因此，无论是从生态功能角度，还是从财政体制的基本原则——实现基本公共产品供给的均等化角度，这些现代化指数较低地区都需要一般性转移支付的支持。

中国科学院每年都对我国不同省份的现代化指数进行分析。从 2002 年各省现代化指数表可知，我国各省份的现代化水平差距很大，现代化水平最高的上海和最低的西藏之间相差 70 个百分点。因此，对不发达地区进行转移支付是目前财政体制改革的重要任务。

把现代化指数转化为一般性转移支付制度的系数，有多种方法，其中可操作性比较强的是：在一般性转移支付额的基础上，根据各地的现代化指标确定一个系数，对现代化程度较低的地区在转移支付上进行倾斜，以提高这些地区的公共产品均等化水平。

7.3.2 省以下一般性转移支付制度

中央对地方的一般性转移支付制度的改革是一个渐进的过程，要在这一制度中，全面反映流域生态补偿与污染赔偿的要求，还需要在《生态补偿条例》出台后，经过认真的论证，逐步调整。目前，流域生态补偿与污染赔偿的改革试点，主要是在地方层面。因此，如何在省以下一般性转移支付制度中体现流域生态补偿和污染赔偿的要求，是当前亟须研究的重点。

上游政府除了通过本级财政取得流域生态治理责任这一事权相对应的财权外，需要通过上级政府或下游政府的转移支付，获得与补偿标准相适应的财权。

7.4 上级政府的专项转移支付

按照现行的财政体制，一级政府的事权主要是针对其辖区本身的事权，对于跨区域的相关事权，需要上级政府予以解决。在流域生态补偿中，上游政府经常会面临一些体现在本流域但对整个区域社会经济发展都会产生重大影响的流域生态治理的事权，这些事权具体体现在上游政府，但影响面却已经扩大到上游政府辖区之外。针对这种情况，现行的财政体制专门设计了专项转移支付制度来解决这一问题。按照流域生态环境治理责任影响面的大小，专项转移支付制度的提供者，可以是中央政府（对影响面涉及全国的一些生态治理项目，典型的如三江源的生态保护），也可以是省级政府。省级政府往往通过以下两种方式对上游政府提供必要的财政支持。

（1）流域生态治理专项资金。目前，我国在流域生态补偿过程中，已经形成了一系列专项流域生态治理专项资金。比较典型的有：三江源的生态保护专项资金，南水北调中线生态环境治理规划的专项配套资金等。这些来源于中央的流域生态治理专项资金，主要用于解决其影响面涉及全国的流域生态治理问题。

同时，各省在流域生态治理的过程中，也形成了各具特色的生态治理专项资金。这些资金，既包括水利系统的水利工程专项投入，也包括农业系统的土地植保等方面的专项投入，还包括林业系统的森林保护、沙漠治理等方面的专项投入。这些专项资金，尽管在其功能上是生态治理资金，但在其效果上，仍然是地方政府用于弥补其实现补偿标准生态治理事权的财力需要。

在生态治理专项资金中，存在一个重要的问题，就是生态补偿的要求能不能在这些专项资金中得到充分体现。这就涉及前面分析时所讲的，生态补偿政策是不是作为一项独立型的环境经济政策问题。从某种程度上讲，生态补偿政策始终是和其他经济政策紧密有效地结合在一起才能发生作用的，因此，它是一种融入型的环境经济政策。生态治理的专项资金在生态补偿这一概念出现前就已经存在。当前开展流域生态补偿与污染赔偿试点的核心，就是要通过这一试点，在这些专项资金中体现生态补偿的要求。

以三江源生态保护专项资金为例。这是中华人民共和国成立以来，针对我国大江大河上游进行流域综合治理投资量最大的一项专项资金,其期初的投资预算就达 75 亿元。但从这一预算的结构看,很多应该体现生态补偿概念的相关项目没有纳入预算,导致专项资金难以覆盖青海省履行"补偿标准"事权所需要的财力,在一定程度上影响了三江源生态保护的顺利推进。因此,在专项资金这一财政工具应用中,需要充分考虑上游政府在履行补偿标准事权方面的客观需要,把流域生态补偿与污染赔偿的相关需求纳入专项资金的预算中。

(2)专项转移支付。专项转移支付资金,是上级政府围绕着流域治理,从其本级政府财力中集中部分资金,作为一项长期的资金,按照确定的计算方法,给予上游政府一定的财力支持,以解决流域治理中跨区域的生态治理问题。

专项转移支付制度,包括中央对地方的专项转移支付制度和省级政府对省以下政府的专项转移支付政策。目前,我国已有的和流域生态补偿与污染赔偿相关的专项转移支付制度包括:中央对三江源等生态保护区专项转移支付。从 2008 年起,中央安排了三江源等生态保护区的转移支付资金,按照现行一般性转移支付办法,通过提高部分县区补助系数等方式,增加中央对地方一般性转移支付,全部用于天然林保护工程、青海三江源和南水北调中线工程丹江口库区及上游地区所辖县区。这是中央财政对重点生态功能县的支持,并要求省市两级财政逐步提高对上述生态功能县的补助水平,享受此项转移支付的基层政府要及时将转移支付用于涉及民生的基本公共服务领域,并加强监督和管理,切实提高公共服务水平。

这项制度的转移对象主要是三江源和南水北调中线,因此是比较典型的针对流域的专项转移支付制度。这一制度的核心,是在一般性转移支付已经弥补了地方政府在提供基本公共产品上财力不足的前提下,进一步补给地方政府的财力,因此是典型意义上的针对地方政府所承担的"补偿标准"事权所设计的专项转移支付制度。

省级政府形成的专项转移支付制度。为了解决省级层面流域生态补偿问题,各省份目前已经分别形成了各具特色的专项转移支付制度。其中,浙江省的制度出台时间最早、内容比较系统,在省级流域生态补偿的专项转移支付中,具有较强的代表性。

根据《浙江省生态环保财力转移支付试行办法》(浙政办发〔2008〕12 号),浙江省省本级财政将对主要水系源头所在市、县(市)的生态环保建立起财力转移支付制度。其主要内容如下:

1）转移支付的原则。按照"谁保护，谁得益""谁改善，谁得益""谁贡献大，谁多得益"以及"总量控制、有奖有罚"的原则，全面实施省对主要水系源头所在市、县（市）的生态环保财力转移支付制度。

2）转移支付的对象。浙江省财力转移支付的对象为浙江省境内八大水系（即钱塘江、曹娥江、甬江、苕溪江、椒江、鳌江、瓯江、京杭大运河）干流和流域面积100平方千米以上的一级支流源头及流域面积较大的市、县（市），并以省对市县财政体制结算单位来计算、考核和分配转移支付资金。源头地区主要是指干流和流域面积100平方千米以上的一级支流、占一级支流总面积65%以上的支流。按照这个标准，八大水系源头地区的范围覆盖全省45个市、县（市）（不含宁波地区）①。结合各地的财力状况，省财政设置不同的兑现补助系数，分档兑现补助额，27个欠发达市县兑现补助系数为1；3个发达市和3个经济强县兑现补助系数为0.3；其余12个县（市）兑现补助系数为0.7。

3）转移支付的依据。浙江省财政生态环保转移支付制度充分利用浙江省目前已经全面建立的环境监测装置，围绕水体、大气、森林等生态环保基本要素，设置生态功能保护、环境（水、气）质量改善两大类因素相关指标作为计算补助的依据，结合污染减排工作有关措施，运用因素法和系数法，计算和分配各地的转移支付金额。生态功能保护类指标共两类，省级以上公益林面积占30%，大中型水库面积占20%；环境质量改善类指标共两类，主要流域水环境质量占30%，大气环境质量占20%②。

同时，引入奖罚机制，对水体和大气环境质量设立警戒指标标准，对环境质量改善的地区，无论是上下游都实行"奖励补助"；对环境质量下降的地区，无论是上下游都实行"扣罚补助"，以此来确立正确的政策导向，并从体制层面建立激励和约束机制。

4）资金来源和使用。在考虑源头地区转移支付的资金来源问题时，省政府没有触动中下游市县的财政体制既得利益，而选择从省级财政收入"增量"中筹措安排。生态环保财力转移支付的资金总量一年一定，列入当年省级财政预算。2007年度安排生态环保转移支付资金6亿元，之后将视财力情况逐步增加。省生态环保财力转移支付资金属财力性转移支付资金，由市、县（市）政府统

---

① 李志萌. 流域生态补偿：实现地区发展公平、协调与共赢［J］. 鄱阳湖学刊，2013（1）：5–17.
② 落实科学发展观建立省内流域生态补偿机制［J］. 中国财政，2009（23）：18–20.

筹安排，包括用于当地环境保护等方面的支出。

7.5 省内上下游政府的横向转移支付制度

上游政府为提供基础标准而付出的生态建设、生态恢复等成本，在其自身财力不足的情况下，应通过中央对流域上游的转移支付来弥补，流域下游则通过与中央的财政体制来体现对维护这部分生态系统的义务。流域上游政府提供高于基础标准，或者流域下游政府要求上游政府提供高于基础标准的水资源，上游政府就有权向下游政府提出生态补偿的要求，下游政府就有义务向上游政府提供生态补偿。这种提供方式主要通过上下游政府间的横向转移支付制度来完成。

目前，我国还没有形成规范的横向转移支付制度，仅仅在对口支援西藏、新疆、四川等地区方面形成了一些专项的横向转移支付制度。在流域生态补偿中，开展上下游政府间的生态补偿与污染赔偿，需要在横向转移支付制度中形成比较规范的制度创新，并在创新中主要解决以下两方面的关键技术。

一是开展流域上下游政府生态补偿资金流程设计，按照现行的财政管理体制，形成规范、有序、透明、公开的资金管理流程，确保上下游政府共同监管生态补偿资金。

二是形成计算横向转移支付的标准模式。在这一模式下，既要考虑流域的生态价值，又要考虑上游地区生态建设、生态恢复成本和因此损失的发展机会成本，更要考虑下游地区的支付意愿和支付能力。

我国通过这试点，已经在省内的流域生态补偿试点形成了以省级政府为生态补偿交易平台，上下级政府以断面水质水量为依据，开展生态补偿和污染赔偿的横向转移支付制度。2009 年，国务院办公厅转发原环境保护部会同国家发展改革委、监察部、财政部、住房和城乡建设部、水利部制定的《重点流域水污染防治专项规划实施情况考核暂行办法》，专门对以跨界断面的水质水量为标准进行流域污染赔偿的制度，进行了具体的规定。

按照我国目前流域生态补偿与污染赔偿的试点实践，建立在跨界断面水质水量基上的生态补偿与污染赔偿横向转移支付制度，其主要内容应包括以下几个方面。

（1）补偿内容。这一横向转移支付制度，其补偿的内容是上游政府为提供符合下游政府提出的水质水量"补偿标准"事权所需要的财力，即当跨省流域水质的监测指标达到了由下游政府提出，由上级政府确认或上下游政府共同商定的标准后，下游政府按照规定的计算方式，通过省级财政划拨账户，支付一定的生态补偿资金；当跨界断面水质水量达不到"补偿标准"要求时，上游政府通过省级财政划拨账户，向下游政府支付一定的生态赔偿金。

（2）补偿和赔偿标准。横向转移支付的标准，就是下游政府提出、经上级政府批准或上下游政府共同商定的跨界断面的水质水量指标体系。这一指标体系也是上游政府履行流域生态治理的"补偿标准"事权，具体包括：跨界断面的单位水量、单位超标倍数、单位污染物排放量的补偿或赔偿资金。在核定补偿和赔偿金时，应充分考虑水质状况、污染物类型、河流流量、影响范围、河流污染物通量以及经济发展水平等因素，使得补偿和赔偿尽可能公平合理。

补偿和赔偿标准是通过水质和水量等环境指标来体现的，反映了上游政府供应标准水质水量的上游生态建设和保护成本，包括直接投入成本和机会成本。直接成本指上游地区为保护、维持或者恢复生态环境而投入的成本，是实际发生的支出和费用；机会成本指上游因失去发展机会而带来的损失。成本测算标准有投入法、机会成本法、费用效益法等。而这些成本，从某种意义上讲，是下游政府不了解或了解后难以监测的，因此，这些标准的确定，一般可以采取两种方法：

一是由下游政府提出，上级政府核定。目前开展的流域生态补偿，主要是在省内层面开展，因此，上游政府和下游政府都归一个省级政府管理。在这种情况下，下游政府提出的流域生态要求，最终需要通过省政府考虑上游政府的生态治理成本等因素，由省政府最终核定。为了使生态补偿与污染赔偿的标准更具公正性，也可以直接由政府相关部门确定。

二是由下游政府提出，并经与上游政府协商后确定。上下游政府可以形成流域环境协议，确定上游地区供给下游地区的水环境质量标准，如果上游地区供给下游地区的水质达到流域环境协议的要求，上下游都不进行补偿；如果供给水质优于流域环境协议的要求，下游地区需要对上游地区进行补偿；如果供给水质劣于协议标准，则上游地区要对下游地区进行赔偿。补偿或者赔偿标准的核定要基于污染物的治理成本来测算，根据试点流域环境主要问题，污染因子主要考虑化学需氧量、氨氮、重金属等。

根据上述标准的测算，生态补偿与污染赔偿金扣缴标准有两种：第一种是行政区域出境河流水质不差于入境河流水质；第二种是出境河流水质满足跨界断面水质控制目标的要求。具体由试点流域各地区政府协商选择其中一种或者二者相结合的方式。

以跨界断面主要污染因子浓度指标作为补偿与赔偿依据相对可操作，例如可制定四级污染物质量浓度，即低于 05 毫克/升、0.5~1 毫克/升、1~2 毫克/升、高于 2 毫克/升等。

（3）生态补偿与污染赔偿资金的确定。超过水质控制目标的断面，按照超标项目、河流水量（河长）以及商定的补偿标准，征缴超标补偿金。如果入境河流水质超标，则在出境水质超标的补偿金中扣除。根据我国河流污染的一般特征，将化学需氧量、氨氮、总磷和镉等重金属纳入超标补偿的范围。补偿金的扣缴金有单因子和多因子两种类型[①]：

单因子补偿资金 =（断面水质指标 − 断面水质补偿目标值）×月断面水量×补偿标准

多因子补偿资金 = $\sum$（断面水质指标 − 断面水质补偿目标值）×月断面水量×补偿标准

根据上述补偿金核算公式，补偿标准实际上就是单位超标污染物排放通量的补偿金额。该补偿标准可以在考虑流域的污染水平、经济发展水平等因素情况下，根据现行的污染物排放收费标准、污染物平均处理成本、污染物排放造成的平均损失成本等因素确定。

在上述计算公式中，确定补偿资金的标准是流域生态补偿与污染赔偿横向转移支付制度的核心。为了提高制度的可操作性，这一标准需要由省级财政部门根据上下游政府之间财力的差异，并考虑上游政府流域生态治理的成本最终核定。

（4）流域生态补偿资金的计算。在明确了上述计算依据后，需要最终确定流域生态补偿与污染赔偿资金的计算办法。流域生态补偿与污染赔偿资金的最终计算结果，直接影响着上下游政府之间的财力结构，因此，在计算过程中，必须保持公开和公正，并具有较强的可操作性。按照这一基本原则，流域生态补偿与污染赔偿资金的计算采取如下方法，即省政府确认流域生态补偿与污染赔偿资金计算的公式，环保部门提供水质监测的指标数据，水利部门提供水量监测的指标数据，财政部门确定单位生态补偿和污染赔偿的标准，并由财政部门根据上述取

① 徐丽媛. 试论赣江流域生态补偿机制的建立 [J]. 江西社会科学，2011（10）：154−158.

得的数据和公式进行计算，计算结果通过政务公开的渠道对社会公布。

（5）流域生态补偿资金的管理。由于在目前我国的财政制度中还没有建立起政府可以直接进行横向间资金往来的制度，因此，这种横向转移支付制度需要建立在省级政府作为交易平台的基础上。省级政府、上下游政府之间就流域生态治理、生态补偿等问题进行协商，同时，通过这一制度形成的生态补偿与污染赔偿资金也分别由上下游政府缴纳到省财政设立的专项账户，由省财政负责管理。资金的使用则由上下游政府共同提出，省财政负责审批。

7.6 完善生态补偿金额的对策建议

7.6.1 探索价值评估新方法，科学决定生态补偿资金

补偿金额的多少以及怎么确定是生态补偿中一个重要的环节，这关系到补偿主客体之间以及生态补偿实施的效率与公平。补偿标准是生态补偿的核心，因为它关系到补偿的效果和可行性，但是学术界尚未形成公认的生态补偿标准的确定方法。国内学者通常采用机会成本法、影子价格法、补偿损失法、意愿调查法和重置成本法等评估生态服务系统。

张俊以皎口—周公宅水库饮用水水源地生态保护为案例，认为投入的人力、物力和财力应纳入补偿标准的计算之中。同时，由于水库上游的居民要保护生态环境，牺牲了部分的发展权，这一部分机会成本也应纳入补偿标准的计算之中。通过直接投入与机会成本之和计算生态补偿的标准。顾岗等采用"影子价格法"，根据南水北调水源地生态功能保护区建设所削减的污染物数量来估算其带来的最低正面效益。孟立贤以矿产资源开发造成的环境价值损失作为矿山环境恢复治理保证金的依据，将生态环境价值损害的核算转换为由于矿山开发环境破坏所造成的经济损失，主要包括矿区农业、工业和服务业的经济损失和人民生活质量下降等，作为矿产资源开发的生态补偿标准。Moran 等对苏格兰地区的居民生态补偿的支付意愿进行了问卷调查，结果表明居民有较强的支付意愿以收入税的模式参与生态付费。胡熠认为，以上游地区生态重建成本作为区际补偿的依据具有测算准确、补偿金额相对公平和双重激励作用的特点。蔡海生等以鄱阳湖自然

保护区为例，通过分析土地利用变化以及相应生态承载力变化和空间分异特征，结合生态足迹效率对生态补偿进行定量分析。

虽然实践中估算生态补偿资金标准的方法很多，但是国内尚未有统一的生态补偿资金核定标准，上述方法或多或少都存在一些缺陷，如缺乏与补偿客体的交互性，空间分配不够细致，缺乏"3S"技术的支持，缺乏动态性，缺乏等级划分，缺乏幅度选择等。

在众多生态补偿标准的确定方法中，应用最多的是机会成本法和意愿调查法，应用最少的是生态系统服务功能价值法。这是因为市场法在操作上比较简单，意愿调查法在缺乏真实市场数据的情况下运用相对成熟，而生态系统服务功能价值法由于其需要大量的数据进行分析且其结果政策认同度较低。现阶段，我国没有一种确定生态补偿标准的方法具有绝对的优势，不同的方法在某一方面存在优点，同时也可能在另一些方面存在不足，应根据具体情况和客观条件对生态补偿标准的确定方法做出优化筛选（见表7-1）。

表7-1 生态价值评估标准估算方法的适用情况

类型	方法简介	适用范围
直接成本法	生态补偿标准的最低下限＝直接投入＋直接损失＋生态破坏的恢复成本	能衡量出具体投入与损失的生态功能区
机会成本法	机会成本＝土地利用的机会成本＋人力资本；土地利用的机会成本＝最佳土地利用获得的利润－环境保护费用	水源地、流域、矿产资源开发等普遍适用
意愿调查法	该方法是直接针对利益相关者进行调查，询问被调查者对于改善或者保护环境的支付意愿	补偿客体为范围较小的居民区或企业
市场法	生态系统服务功能本身的价值被涵盖于市场定价中，决定生态补偿标准的方法是按市场规律的均衡价格	水资源的生态补偿、生态产品或服务的市场交易和二氧化碳排放权交易

7.6.2 探索编制资产负债表，为制定标准提供基础

由于价值核算方法体系尚在摸索之中，基于不同替代方法估算的自然资源价值量往往差异较大，甚至不具可比性。这些问题进一步制约了自然资源的价值认同及其纳入国民经济核算的准确性，使人们产生了疑虑。党的十八届三中全会提出"探索编制自然源资产负债表，对领导干部实行自然资源资产离任审计。建立

生态环境损害责任终身追究制"，此决定明确了生态补偿的相关标准，也是国家健全自然资源资产管理制度的重要内容。

我国生态保护补偿标准的"一刀切"现象突出。"一刀切"的政策设计导致政策实施脱离实际。如在退耕还林补偿中，全国仅分南方和北方两个补偿标准，这样的补偿方式在有些地区出现了"过度补偿""低补偿"和"踩空"现象①。在生态公益林补偿金政策的执行中，一些具有重要生态服务功能的林地未得到国家有关部门认定而得不到相应的补偿。补偿标准偏低如生态公益林补贴标准是5元/亩，远低于林地所产生的经济效益（有关专家估测经济林每年平均产出为36元/亩）；又如退耕还林还草工程的补偿，规定每亩退耕地每年补助现金20元，长江流域及南方地区每亩退耕地每年补助粮食150千克，黄河流域及北方地区每亩退耕地每年补助粮食100千克。

制定自然资源资产负债表并探索其应用能为确定生态补偿资金标准提供重要技术支撑。自然资源资产负债表旨在核算自然资源资产的存量及其变动情况，以全面记录当期（期末一期初）自然和各经济主体对自然资源资产的占有、使用、消耗、恢复和增值活动，评估当期自然资源资产实物量和价值量的变化②。这可以摸清某一时点上自然资源资产的"家底"，全面反映经济发展的资源消耗、环境代价和生态效益，可以作为生态环境补偿标准设计的基础。

自然资源资产负债表编制需要越过"三道坎"。首先，人们对其战略地位的认识还不到位，自然资源资产核算相关制度安排，如相关统计法规以及自然资源资产核算与负债表编制相关技术规范、标准等基本属于空白。其次，自然资源资产核算的相关技术方法还存在一定难度。最后，支撑自然资源资产负债表编制的统计数据体系存在较大问题。解决这"三道坎"的途径主要包括：搭建跨学科、跨部门的统一工作平台，选择合适的目标模式，确定率先突破的重点与范围，构建科学完整的自然资源统计指标体系，加快开展自然资源资产负债表编制试点工作。总之，通过自然资源资产负债表的编制进一步明确各类生态补偿主体的权利与义务，从而克服"外部性"和"公共物品"等属性所导致的自然资产经济价值流失，进而明晰生态补偿标准。

---

① 安洪. 困境与出路：我国生态补偿机制的完善路径 [J]. 中共太原市委党校学报，2015（2）：58–60.

② 封志明，杨艳昭，李鹏. 从自然资源核算到自然资源资产负债表编制 [J]. 中国科学院院刊，2014（4）：449–456.

7.6.3 科学提升生态服务质量，实现生态服务均等化

基本公共服务均等化是指一国范围内的全体居民应当享有水平大致相当的基本公共服务。一方面，享受均等化的基本公共服务是一国公民应有的权利；另一方面，推进基本公共服务均等化也是现代政府的一项重要职责，推进基本公共服务均等化与公共财政制度建设密不可分①。而生态环境作为人类生存不可或缺的一部分，在享用上具有不可分割性和非竞争性，以及非排他性，具有明显的公共物品属性。为了避免市场失灵，生态环境服务必须由公共利益的代表——政府维持和提供。因此，基本生态环境服务均等化可以定义为一国范围内的全体公民享有政府提供水平大致相等的维持人类生存必不可少的生态服务。

从国外公共服务均等化的实践来看，国外推行的主要是通过财力均等化来达到服务均等化。生态环境好的地区，其生态服务可以通过生态补偿的方式实现均等化；服务质量高的地区应该能够更多地享受到好的生态补偿资金。但是需要指出的是，财力均等化并不等同于服务均等化，因为不同区域公共服务的供给成本是存在很大差异的。同时，公共服务水平提供也受制度政策及管理水平等的影响。

我国生态环境基本公共服务不均衡、不协调现象突出。从供给水平来看，我国环境保护投入长期不足，历史欠账较大，农村仍有 8000 多万人饮用水不安全，大城市灰霾天数接近全年的 30% ~50%，30% 的县城没有建设污水处理设施等。从区域来看，东部经济发达地区环境基本公共服务水平相对较高，中西部欠发达地区水平较低。从城乡来看，越往基层环境基本公共服务水平越低，尤其是农村地区。

实现基本生态环境服务均等化需要率先从立法层面上加以解决：①科学划分中央和地方的财权与事权，形成财权与事权相称的财政体制，而且应该建立省对县的财政管理体制，为乡镇基本生态环境服务提供财政保障。②改革中央对地方税收返还比例的“一刀切”政策。③提高一般性转移支付的比重。转移支付必须充分考虑该地的经济发展水平，人口以及生态环境的现状等因素，应该把更多的资金投入到农村和西部地区，增强这些地区提供基本生态环境服务的能力。④规范专项转移支付，对中央必须保留的专项用于生态环境保护的资金必须规范使用。另外，还要推进基本生态环境服务供给主体的多元化，生态环境的公益性决定了由社会主体参与供给会达到“一箭双雕”的效果。

---

① 张勤. 论推进服务型政府建设与基本公共服务均等化 [J]. 中国行政管理, 2009 (4)：49-51.

8 流域生态补偿法律法规体系

　　我国流域生态环境补偿相关法律法规建设滞后，统一的政策框架尚未形成①②③。目前，我国关于流域水生态环境补偿的法律法规文件尚没有正式形成，但在已经颁布的如《中华人民共和国宪法》、《中华人民共和国水法》、《中华人民共和国环境保护法》、《中华人民共和国水污染防治法》（2018 年修订）、《关于开展生态补偿试点工作的指导意见》、《排污费征收使用管理条例》、《中央森林生态效益补偿基金使用管理办法》、《水污染防治行动计划》（以下简称"水十条"）、《土壤污染防治行动计划》（以下简称"土十条"）等法律法规中对有关流域水生态环境补偿、水污染赔付等方面进行了规定和说明，加大了对流域上游地区水环境污染治理和生态保护补偿方面的力度，有助于流域不同地区生态环境保护与建设能力的加强④⑤⑥。近年来，国务院有关部门进一步加大了对流域生态环境补偿研究的力度，出台了关于开展生态补偿的规范性文件，如《东江源区生态环境补偿机制实施方案》、《国务院关于丹江口库区及上游水污染防治和水土保持规划的批复》等，同时将新安江流域作为研究试点，开展有关流域水环境补偿的试点工作和研究。2016 年全国各地省份政府根据《国务院办公厅关于健全生态保护补偿机制的意见》（国办发〔2016〕31 号）相继发布并实施相应的

---

　　① 李金昌. 我国资源问题及其对策 [J]. 管理世界, 1990 (6): 46 - 53.
　　② 李爱年, 彭丽娟. 生态效益补偿机制及其立法思考 [J]. 时代法学, 2005, 3 (3): 65 - 74.
　　③ 李克国. 对生态补偿政策的几点思考 [J]. 中国环境管理干部学院学报, 2007, 17 (1): 19 - 22.
　　④ 欧阳志云, 王如松, 赵景柱. 生态系统服务功能及其生态经济价值评价 [J]. 应用生态学报, 1999, 10 (5): 635 - 639.
　　⑤ 胡熠, 李建建. 闽江流域上下游生态补偿标准与测算方法 [J]. 发展研究, 2006 (11): 95 - 97.
　　⑥ 冯东方, 任勇, 俞海, 高彤, 杨姝影. 我国生态补偿相关政策评述 [J]. 环境保护, 2006 (10a): 38 - 43.

《关于健全生态保护补偿机制的实施意见》。此外，一些地方上以及部分省市，如浙江、北京、河北、山东等地区提出了一系列关于生态环境补偿的方案和政策，并开展试点工作，加大对流域生态保护补偿的研究和支持力度。

目前，我国还没有统一的生态环境保护与建设的法律法规，有关生态补偿的文字只是零星散布在不同法律和政策文件中，相关的资源环境法对生态补偿的规定缺乏内在的协调，生态补偿的政策与法律多数局限于对正外部性行为给予补偿，对负外部性行为尤其是环境污染所造成生态功能损失需要的补偿存在政策、法律缺位的问题，难以满足新形势下开展流域生态环境补偿工作的需要。

8.1　流域水生态环境补偿的法律法规及政策

目前现行的一些文件对流域生态环境补偿政策等进行了间接规定，如《中华人民共和国宪法》、《中华人民共和国环境保护法》、《中华人民共和国水法》、《中华人民共和国水污染防治法》、《排污费征收使用管理条例》、2015年国务院最新颁布的《水污染防治行动计划》等，具体内容见表8-1。其核心思想即为：水、生态环境等自然资源属于国家所有，所有破坏、污染生态环境的个人和企业应当赔偿相应的损失，即实行污染者对受害者进行赔偿，并通过这种方式将部分外部环境成本内部化。那么，对流域水生态环境补偿而言，作为流域生态环境补偿的基础，污染者对受害者赔偿则是面向全流域的污染者，任何污染实施者都应该按照法律法规的要求对污染受害者给予赔偿。

表8-1　我国颁布的与流域生态环境补偿相关的法规和政策内容

有关法律法规	与流域生态环境补偿相关的内容
《中华人民共和国宪法》	第九条　国家保障自然资源的合理利用，保护珍贵的动物和植物。禁止任何组织或者个人用任何手段侵占或者破坏自然资源。
《中华人民共和国民法通则》	第八十一条　国家所有的森林、山岭、草原、荒地、滩涂、水面等自然资源，使用单位有管理、保护、合理利用的义务。
《中华人民共和国环境保护法》	第十八条　在特别保护的区域内，不得建设污染环境的工业生产设施；建设其他设施。第二十八条　排放污染物超过国家或者地方规定的污染物排放标准的企业事业单位，依照国家规定缴纳超标准排污费，并负责治理。

续表

有关法律法规	与流域生态环境补偿相关的内容
《中华人民共和国水法》	第二十条　兴建水工程或者其他建设项目。第三十一条　调蓄径流和分配水量。
《中华人民共和国水污染防治法》	第五十七条　在饮用水水源保护区内，禁止设置排污口。第六十一条　县级以上地方人民政府应当根据保护饮用水水源的实际需要，在准保护区内采取工程措施或者建造湿地、水源涵养林等生态保护措施，防止水污染物直接排入引用水体，确保饮用水安全。第六十五条　在风景名胜区水体、重要渔业水体和其他具有特殊经济文化价值的水体的保护区内，不得新建排污口。在保护区附近新建排污口，应当保证保护区水体不受污染。第八十五条　因水污染受到损害的当事人，有权要求排污方排除危害和赔偿损失。
《中华人民共和国水污染防治法实施细则》	第十条　县级以上地方人民政府环境保护部门根据总量控制实施方案，审核本行政区域内向该水体排污的单位的重点污染物排放量，对不超过排放总量控制指标的，发给排污许可证。第二十三条　禁止在生活饮用水地表水源二级保护区内新建、扩建向水体排放污染物的建设项目。第四十八条　缴纳排污费。
《国家环境保护"十一五"规划》	按照全国主体功能区划的要求，对四类主体功能区制定分类管理的环境政策和评价指标体系，逐步实行分类管理。
《排污费征收使用管理条例》	第十二条　排污者应当按照下列规定缴纳排污费。（二）依照水污染防治法的规定，向水体排放污染物的，按照排放污染物的种类、数量缴纳排污费；向水体排放污染物超过国家或者地方规定的排放标准的，按照排放污染物的种类、数量加倍缴纳排污费。（三）依照固体废物污染环境防治法的规定，没有建设工业固体废物贮存或者处置的设施、场所，或者工业固体废物贮存或者处置的设施、场所不符合环境保护标准的，按照排放污染物的种类、数量缴纳排污费；以填埋方式处置危险废物不符合国家有关规定的，按照排放污染物的种类、数量缴纳危险废物排污费。
《国务院关于落实科学发展观加强环境保护的决定》	（八）促进地区经济与环境协调发展。 （十一）以饮水安全和重点流域治理为重点，加强水污染防治。
《中央森林生态效益补偿基金管理办法》	第二条　补偿基金是对重点公益林管护者发生的营造、抚育、保护和管理支出给予一定补助的专项资金，由中央财政预算安排。第三条　中央补偿基金的补偿范围为国家林业局公布的重点公益林林地中的有林地，荒漠化和水土流失严重地区的疏林地、灌木林地、灌丛地。第四条　中央补偿基金平均补助标准为每年每亩5元，其中4.5元用于补偿性支出，0.5元用于森林防火等公共管护支出。

续表

有关法律法规	与流域生态环境补偿相关的内容
《中华人民共和国水土保持法》	第31条 国家加强江河源头区、饮用水水源保护区和水源涵养区水土流失的预防和治理工作多渠道筹集资金，将水土保持生态效益补偿纳入国家建立的生态效益补偿制度。第32条 开办生产建设项目或者从事其他生产建设活动造成水土流失的应当进行治理，生产建设项目在建设过程中和生产过程中发生的水土保持费用，按照国家统一的财务会计制度处理。

资料来源：宋建军等．流域生态环境补偿机制研究［M］．北京：中国水利水电出版社，2013．

但是，由于流域作为一个开放的、以水为载体的系统，实行污染者对受害者赔偿的方式并不能完全解决流域生态环境补偿的全部问题，水量和水质是并存于系统内的两个主要问题，而实行"污染者付费"赔付很难实现供水数量或者说稳定供水问题的有效解决[1][2][3]。因此，很有必要推行相关的政策以保障流域内各类经济主体对水资源的合理需求，实现上下游水量合理分配，保护流域水生态环境。一般而言，在流域上游地区往往分布着一些重要的水源涵养区、生态功能区、自然保护区等，而流域中下游地区则是大量的工业和城镇分布，这种布局或分布往往会引发一系列关于水资源保护与利用之间不匹配、地区产水量与用水量之间不匹配的问题等。通过对损害（或保护）生态环境的行为收费（或补偿），使行为主体减少（或增加）因其行为带来的外部不经济性（或外部经济性）。其实质是通过政策措施内化生态保护的外部性，使生态保护的"受益者"在流域水污染整体治污区域缴纳相应的费用，弥补生态建设和保护者的损失。"受益者"补偿机制和方案的引入在一定程度上可以有效地解决这些不匹配的问题，即实行流域中下游地区对流域上游地区进行补偿，尤其是对水源涵养区、重要生态功能区补偿，实现外部收益内部化。

我国在这方面也进行了如退耕还林、退牧还草、天然林保护工程、"三北"防护林体系建设工程、"三江源"保护与建设工程等一些尝试，取得了显

---

① 曹明德．论生态法的基本原则［J］．法学评论，2002（6）：60－68．

② 邢丽．谈我国生态税费框架的构建［J］．税务研究，2005（6）：42－44．

③ 杨喆，石磊，马中．污染者付费原则的再审视及对我国环境税费政策的启示［J］．中央财经大学学报，2015（11）：14－20．

著效果①②③④。此外，中央森林生态效益补偿基金、《国家环境保护"十一五"规划》、《关于在西部大开发中加强建设项目环境保护管理的若干意见》、《国务院关于落实科学发展观加强环境保护的决定》（国发〔2005〕39 号）、《国家环境保护总局关于开展生态补偿试点工作的指导意见》（环发〔2007〕130 号）均与供水数量有直接或者间接的关系，这些政策措施有助于缓解水资源供应总量问题，还远未涉及水量在不同地区（甚至不同使用单位）的分配问题，对一些跨流域调水生态和环境补偿问题尚缺乏统一的政策和法规。《中华人民共和国水污染防治法》（2018 年修订）首次为水环境生态保护补偿机制立法。2013 年发改委主任徐绍史指出，将进一步加强生态补偿力度，鼓励开展跨流域调水生态补偿试点，充分应用经济手段和法律手段探索多元化生态补偿方式。由于我国目前还没有相关的法律法规对水权界定进行明确规定，致使流域生态环境补偿缺乏相应的计量基础，流域中下游地区（受水地区）对上游地区（供水地区）生态环境补偿标准难以确定和核算。

法律政策是体现政府为实现生态保护目标的决心，并就赔偿等保护措施做相应原则性和结论性的规定。目前，建立我国生态补偿机制最重要的是构筑国家生态补偿战略框架⑤⑥⑦。生态补偿的原则需求首先体现在制度设计上，项目运作是政策实施过程比较有效的方式。生态补偿实质上是一种利益协调，同时也是一种矛盾协调。流域生态环境补偿的政策手段可分为两种类型：一种是约束性政策手段，它与"损害者污染者"赔偿相适应。上述提及的各类法律法规则多为约束性手段，尤其是对水环境的污染防治主要采取了排污收费和超标罚款。对于长江、淮河等重点流域，国务院委托原国家环保总局与各省签订了协议，规定重点流域必须要达到某类标准，对于中小流域并没有严格明确的规定和标准。另一种是激励性政策手段，它与"受益者"补偿相适应。约束性政策手段主要包括：

① ［苏］图佩察. 自然利用的生态经济效益［M］. 金鉴明，徐志鸿译. 北京：中国环境科学出版社，1987.

② 侯元兆，王琦. 中国森林资源核算研究［J］. 世界林业研究，1995（3）：51－56.

③ 李梅. 森林资源保护与游憩导论［M］. 北京：中国林业出版社，2004.

④ 栾建国，陈文祥. 河流生态系统的典型特征和服务功能［J］. 人民长江，2004，35（9）：41－43.

⑤ 曹明德. 对建立我国生态补偿制度的思考［J］. 法学，2004（3）：40－43.

⑥ 王健. 我国生态补偿机制的现状及管理体制创新［J］. 中国行政管理，2007（11）：87－91.

⑦ 孙新章，周海林，张新民. 中国全面建立生态补偿制度的基础与阶段推进论［J］. 资源科学，2009，31（8）：1349－1354.

排污收费、超标排污罚款、总量控制、排污配额许可证管理以及停止新项目审批等。激励性手段主要包括转移支付、投资补助、专项资金等。《国家环境保护总局关于开展生态补偿试点工作的指导意见》（环发〔2007〕130 号）中提出，根据出境水质状况确定横向补偿标准，搭建有助于建立流域生态环境补偿机制的政府管理平台，这被称为纵横双向补偿机制。横向补偿机制即针对跨行政区域的河流，如果出境水不达标，上游给下游补偿；反过来，如果出境水达标或者优于标准的，下游要给上游补偿。纵向补偿机制，即国家向地方政府、上级地方政府向下级地方政府进行流域水环境保护的补偿，谁做贡献谁得到资金补偿，这种属于激励性手段。

此外，跨流域调水是一项复杂的大规模人为配置水资源的系统工程，生态补偿是影响调水工程经济效益和社会效益的关键因素，在此过程的复杂因素包括水量失控、水质变污及生态失衡等，调水沿线各方利益协调困难，生态补偿面临的形势极其严峻，但现今我国缺乏跨流域水生态环境补偿的法律制度和政策。目前，我国出台了一些相关的政策，如 2006 年《国家环境保护总局关于开展生态补偿试点工作的指导意见》规定：加强与有关各方协调，多渠道筹集资金，建立促进跨行政区流域水环境保护专项资金。《东江源区生态环境补偿机制实施方案》提出：从 2005 年到 2025 年，由国家协调建立流域上下游区际生态效益补偿机制，广东省每年从东深供水工程水费中安排 1.5 亿元资金用于水源区生态环境保护。《国务院关于丹江口库区及上游水污染防治和水土保持规划的批复》第 6 条规定：南水北调工程建设中必须认真落实水污染防治和水土保持建设资金。2007 年颁布的《节能减排综合性工作方案》（国发〔2007〕15 号）明确要求：开展跨流域生态补偿试点工作，跨流域调水生态补偿成为生态补偿的重要内容。

8.2 地方性法律法规及政策措施

除了国家层面的一些法律法规文件外，我国的一些地方性立法也对流域水生态环境补偿机制进行了积极的响应，在一些经济发达地区，如浙江、广东、山东、北京等省（市），开始了流域生态环境补偿试点，并出台了一些地方政策性文件，如浙江省的《关于进一步完善生态补偿机制的若干意见》、福建省的《江河下游地区对上游地区森林生态效益补偿方案》和天津市的《引滦水源保护工程专项资金项目管理暂行办法》等。

8.2.1 浙江省

2005 年浙江省《关于进一步完善生态补偿机制的若干意见》确立了建立生态补偿机制的基本原则，即"受益补偿、损害赔偿；统筹协调、共同发展；循序渐进、先易后难；多方并举、合理推进"。2005 年 5 月，杭州市发布《关于建立健全生态补偿机制的若干意见》，要求建立生态补偿专项资金，整合现有市级财政转移支付和补助资金。明确支持欠发达地区的生态环境保护工程，结合环保与生态建设年度责任考核成果安排项目。2005 年以来，杭州市财政在原有 10 项生态补偿 1.5 亿元上新增 5000 万元，共 2 亿元用于生态补偿。生态补偿的重点领域包括城市大气污染综合治理，钱塘江、太湖水环境治理及七个重点环境监理区和八大重点产业为主要内容的"1278"工程，推进"1250"生态示范工程，百村示范，千村整治和"生态公益林建设"等，加强水质自动监测系统建设和重点污染源自动监测系统建设。实施财税分类管理政策，对江河源头区、饮用水涵养区、自然保护区、森林和生物多样性保护区等欠发达乡镇减免税，并实行基本财政保障制度和生态保护专项财政补助政策。

德清西部地区是重要水源涵养区和生态林集中分布区。县政府于 2005 年实施《关于建立西部乡镇生态补偿机制的实施意见》。德清县对生态补偿资金进行专户管理，主要从 6 个渠道筹措资金：县财政资金支持 100 万元、从水资源费中提取 10%、河流水库原水资源费、提取土地出让金的 1%、提取排污费中的 10% 和提取农业发展基金中的 5%，共 1000 万元。资金的使用包括：生态公益林的补偿；以日常生活垃圾处理为主的环境保护投入；西部地区环境保护基础设施建设；对河口水源的保护；因保护西部环境而关闭或外迁企业的补偿；其他经县政府批准的用于西部生态环境保护事业的补偿。建立乡镇财政基本保障制度：一是县财政通过转移支付补足因中央税收改革西部乡镇减少的财政收入；二是县财政增加生态保护补偿预算资金补偿西部乡镇在保护生态环境上的牺牲，使西部乡镇工作人员的工资达到全县乡镇平均水平。

8.2.2 福建省

福建省《闽江、九龙江流域水环境保护专项资金管理办法》中，"两江"流域上下游各设区市通过协商、签订协议等方式，以保护流域水环境、改善水质、保障生态需水量为考核要求，明确上下游双方的补偿责任和治理任务。2007 ~ 2010 年，闽江流域、龙江流域将分别成立九年水环境保护专项资金 5000 万元和 2800 万元。2007 年福建省全面建立起区域性生态补偿机制，下游城市补偿上游地区森林生态效益。根据 2005 年城市工业用水量和生活用水量，综合考虑确定每个城市的补偿金额。如泉州市 2000 万元、福州市 2700 万元、厦门市 2100 万元。福建省按照 2 元/亩补偿 4294.3 万亩生态公益林，共 8590 万元下拨各设区市和省属林业单位，并入中央和省级森林生态效益补偿基金统一管理。

《江河下游地区对上游地区森林生态效益补偿方案》中：各设区市政府以 2005 年城市工业和生活用水量为依据，按福建省测算的标准从财政中支出森林生态效益补偿资金，上缴省财政专户，统一标准对上游地区为保护生态功能和水土资源做出贡献的农民进行补偿。2003 年，在 10 个水库开展水源地水土保持生态建设试点。目前水库水源地生态建设取得初步成效，水质监测达到 Ⅱ 类，环水库农村人居环境明显改善。

8.2.3 山东省

按照"谁污染，谁付费；谁破坏，谁赔偿；谁保护，谁受益"的原则，对生态保护的实施主体及受损主体支付一定的经济补偿，建立一套多排污多出钱、少排污少出钱、达到水质要求不拿钱的机制。山东省在南水北调黄河南段及省辖淮河流域、小清河流域的 12 个市 69 个县区实施生态补偿试点，支付生态保护实施主体和受损主体经济补偿，推进节能减排，确保南水北调工程水质。生态补偿资金由山东省和试点市县共同筹集，省级额度原则上不少于各市安排的补偿资金。涉及农业面源治理、水土保持以及利用世界银行、外国政府贷款等省财政资金也重点向试点地区倾斜，以提高生态补偿的综合效益。《南水北调工程沿线区域水污染防治条例》（2006 年）中对跨流域调水突破性引入生态补偿机制，依据沿线区域对南水北调工程水污染防治实际付出和有益贡献，规定了调水沿线区域水污染防治生态补偿机制，以维护沿线区域社会稳定和群众合法权益。

8.2.4 河北省

为加快改善全省水环境质量，河北省积极探索实施了对流域跨界污染"生态补偿机制"，组建了子牙河、白洋淀环境保护督察中心，在河北污染最为严重、污染纠纷最为集中的子牙河流域率先实施跨界断面水质与财政挂钩的生态补偿机制，以遏制上游污染下游现象。具体操作是：在子牙河流域 5 个设区市的主要河流跨市断面，每月由省环境监测中心站负责将各考核断面化学需氧量指标向有关设区市政府和省直有关部门通报，汇总每季度的监测结果并计算确定每月和季度扣缴资金总额。

广东省在东江流域采取生态补偿方法，省财政对东江上游实施财政转移支付。1994 年以来广东省枫树坝水电站提取 0.5 厘/度用于库周河源市、各县的水土保持和山区扶贫开发，2000 年粤电公司所辖 7 个水电站提取 0.5 厘/度，2003 年已提至 1 厘/度。天津市 2006 年指出将引滦水源保护工程专项资金纳入水利工程供水收入，作为水利工程供水价格的重要组成部分。2009 年辽宁省在《大伙房水库输水工程保护条例》中指出，建立该工程上游地区水环境生态补偿机制，通过财政转移支付等方式形成补偿资金来源，政府依据财政状况另行制定补偿标准及补偿办法。2012 年江苏省在《徐州市南水北调水环境质量区域补偿实施方案（试行）》中指出，通过水环境污染损害补偿机制，全力打造南水北调清水廊道。这些地方立法对促进流域生态补偿的有效运行发挥了重要作用。

与国家立法相比，地方流域生态环境补偿更多采取激励政策，为实施生态环境保护和区域建设提供金融和产业支持，包括财政转移支付或整合资金渠道，或同级政府间横向转移支付、水权交易、"异地开发"等。水权交易不仅可以优化配置水资源，也有利于实现生态环境保护的价值，所以可成为生态补偿的市场手段之一。但水权转让不是纯粹的市场行为，有很多条件限制，并从立法上加以规范。我国南水北调工程建设与管理的体制是"政府宏观调控，准市场机制运作，现代企业管理，用水户参与"，肯定了政府在此过程中的作用。

地方实践主要在城市饮用水源地保护和行政辖区内中小流域上下游间的生态补偿，因其中有较明确的受益受损关系，经济发展水平相对较高，区域经济社会发展的水资源保护问题日益突出，如北京市与河北省之间的水资源保护协作、广东省对东江上游、浙江省对新安江流域、山东对小清河流域、河北对子牙河流域的生态补偿等，这些补偿主要集中在用水量的补偿。

8.3 我国现行法律法规和政策的不足

8.3.1 法律规定尚不完善和成熟，未形成完善的流域生态补偿制度体系

我国目前尚没有形成完善的关于流域生态补偿的法律法规体系，而且水资源的权利情况尚不清晰，因此市场对水资源没有实现足够的调节功能。虽然法条规定水资源归国家所有，单位和个人对水资源享有用益物权，但未规定各地政府对水资源的权利，没有充分实施水资源初始分配制度，生态补偿的主客体不明确，市场机制作用无法充分发挥。

此外，我国以前颁布的与生态环境相关的法律法规和生态补偿之间的联系薄弱，不能成为其法律依据。现行的一些文件多数是规范性文件，操作性不强，无法作为流域生态环境补偿的法律法规依据。因此，有必要逐步制定相关法律法规，配合推动主体功能区形成，引导流域上下游建立生态补偿机制和流域生态环境补偿体系。

8.3.2 地方性的流域生态补偿政策区域性色彩严重，缺乏可持续性

尽管我国一些地区制定了一些流域生态补偿政策法规，对生态环境补偿进行了有益的尝试，但是地方性的管理一般采用多部门分头管理的模式，在生态补偿政策的制定上，不同的部门分别从各自的利益出发，以强烈的地方利益色彩制定和实施生态补偿政策。此外，政策实施的效果基本上在短时期有效，无法实现政策设计的初衷，缺乏生态补偿政策的可持续性。

8.3.3 流域生态补偿政策工具缺乏独立性，涉及内容和范围相对不广泛

我国流域生态环境补偿政策缺乏相对独立的政策工具，大多借用环境污染防治和水资源管理。取水收费、企业排污收费、取水和排污许可证制度、水量总量控制制度都属于水环境和水资源的行政经济手段，但通过这些工具筹集的资金并不用于或者不完全用于流域上游地区生态环境保护与建设，与流域生态环境补偿的关系还比较疏远。因此，我国目前缺乏直接针对流域生态补偿的政策工具。

并且，不同地方规定的补偿标准基本上是以跨行政区断面的水质为依据，即实际水质与目标水质的差距来确定补偿标准。有些是将水质和水量结合起来，根据达到目标水质的供水数量进行补偿，但是，这种流域生态环境补偿相对狭窄，对生态环境保护与建设的激励作用是非常有限的。跨流域生态补偿在政策上是分散的，由于缺乏一致性，很容易使跨地区、跨流域在生态补偿法律适用与政策上有冲突，对实施产生不利影响，并不利于跨流域生态补偿实践的进一步发展。

9   国内外流域生态补偿分析

9.1   国外流域生态环境补偿实践

"生态补偿"从不同视角看定义不同。就目前而言，"生态服务付费"（PES）或"生态环境付费"（PEB）的叫法在国外比较普遍[1][2][3]。按类型划分，一般包括以下四种：①直接公共补偿，以生态系统服务的土地所有者及其他提供者为对象，政府直接向其进行补偿的则是直接公共补偿。②限额交易计划，限额交易计划的关键在于"阈值"（或称"限额"或"基数"）（生态系统退化或一定范围内允许的破坏量）的设定，这一般由政府或管理机构设定。对于超出"阈值"部分，机构或个人可以选择遵守规定来履行自己的义务或资助其他生态保护者来弥补造成的损失，以此抵消措施的"信用额度"交易，最终达到补偿目的。③私人直接补偿，又被称为"自愿补偿"或"自愿市场"，是指购买者在没有任何管理动机的情况下进行交易。④生态产品认证或生态标记，它是指间接支付生态服务价值，既包括经过认证的生态友好型商品，还包括由商品生产者所提供的相应生态服务。

①   Wunscher T，Engel S. ，Wunder S. Opportunity Costs As a Determinant of Participation in Payments for Ecosystemservice Schemes［J］. General Information，2011，39（9）：1997 – 2006.

②   Paul Dolan，Aki Tsuchiya. The Social Welfare Function and Individual Responsibility：Some Theoretical Issues and Empirical Evidence［J］. Journal of Health Economics，2009（28）：210 – 220.

③   R. ，Cattaneo A. ，Johansson R. Cost – effective Design of Agri – environmental Payment Programs：U. S. Experience in Theory and Practice［J］. Ecological Economics，2008，65：737 – 752.

美国田纳西州流域管理计划被视为国外流域管理与规划的典型，也是关于流域生态补偿的最早研究之一。一般认为，国外生态流域补偿最早源于流域管理和规划①。在国外，市场化形式的产品被认为是流域生态服务的一种重要形式，而科学界定流域生态服务的市场化产品是流域生态补偿非常重要的一个环节，表9－1为生态服务市场化服务产品。

表9－1　流域生态服务的市场化产品一览

类别	内容
合同和契约类产品	鲑鱼栖息地修复合约；流域保护合约
信用类产品	盐分信用；鲑鱼栖息地信用；水质信用
产品标记	生态树种种植；鲑鱼安全生产；喜盐产品
其他产品	流量减少许可证；水权；流域土地租赁

在国外，定义流域服务商品，首先要明确什么商品有市场需求。以下四类商品是可作为交易流域服务功能的商品：①合同及契约类产品；②信用类产品；③产品标记；④其他类型的产品等。

上述生态服务产品的简要解释如下：

最优管理措施合同。最优管理措施合同是指"最优管理措施"协议的签订。流域内下游受益区利益相关者与土地所有者会就"最优管理措施"签订协议，由此实施的内容以替代支付费用。

鲑鱼栖息地修复合约。鲑鱼栖息地修复合约是指土地所有者与那些希望保护鲑鱼栖息地的人之间签订的协商合同，通过制定详细的栖息地修复办法以及实施维护栖息地的行动来代替制定破坏栖息地行为应赔偿金额。

流域保护合约。其对象是流域内下游受益区利益相关者与土地所有者，该合约就流域管理行动进行详细的说明，并基于此来设定赔偿金额。

盐分信用。盐分信用是指以商业化来运作森林对土壤及水的盐分控制功能。由于种植树木会导致地下水位降低继而造成表层土地水体盐化，因而很多国家将盐分减排作为其生态保护计划，并着力开发相应产品。点源污染者可以通过盐分信用来抵消过量排放的盐分。具体地，可通过种树等方式来进行操作。

---

① 中国21世纪议程管理中心. 生态补偿的国际比较：模式与机制 [M]. 北京：社会科学文献出版社，2012.

鲑鱼栖息地信用。使森林为鲑鱼提供栖息地的作用商业化。它提出商品应该限定在一定系统内，即要求指定的鲑鱼栖息地的土地拥有者来保护林区，如河边缓冲带。区域内则根据作为鲑鱼栖息地的价值大小分区。相对于比较脆弱的栖息地区域，在不太敏感的区域，允许土地所有者在任何时候通过购买鲑鱼栖息地信用来建设拓展栖息地。

蒸腾信用。蒸腾信用是指在蒸腾作用和地下水位控制方面的功能商业化应用在森林中，这种信用在澳大利亚使用广泛，尤其是在集水区特定地点的树木种植中使用。

水质信用。水质信用是指通过商业化的运作方式来维护森林水质功能，包括通过森林减少水体中的营养物富集、降低沉淀物等。作为维护水质的管理措施之一，这种商品已经在美国出现。部分源头污染（如工业设施）将被针对性地分发污染许可。非点源污染减排的投资（如通过流域保护）将使这些污染者可以超过其配额进行排放。一些提高水质的行动将会用更多的水质信用来补偿，以此抵消超出的污染量。

生态树种种植。生态树种种植是指通过商业化的运作方式来推广种某些树去除、降低污染的能力，特别是白杨树具备过滤、吸附污水能力。此过程被称为"生态修复"，Ecolotree 这一美国企业率先将其引入市场。其中，废水处理厂、垃圾填埋站以及肥料生产企业是最主要的消费群体。

鲑鱼安全生产。为森林鲑鱼栖息地保护功能而支付的费用通过销售农产品而得到回报。投资于鲑鱼敏感土地管理的农民将因其努力获得资金回报。

喜盐产品。喜盐产品是指通过出售现有的产品而弥补控制盐分付出的成本。

流量减少许可证。流量减少许可证是指为那些以地面为基地进行的向下游使用者削减供水量的行动的许可证，主要应用于南美区域。

水权。水权是指将财产权授予在水资源的利用。水权是确保用水方支付流域保护费的媒介。

流域土地租赁。下游受益者租赁流域土地以此来保证流域保护行动的实施。

依据流域生态服务的商业化产品类型划分，流域生态保护服务补偿可以被归纳为水质补偿、水量补偿以及洪水控制三大类。一般来说，尽管以上服务类别相关性较强，但拥有不同的受益人，并将通过不同的土地利用惯例而进行深化。因此，上述类别几乎是所有流域生态补偿市场的关键所在。对水质和水量的私人补偿以及对上述三类流域服务种类的公共补偿，都具有发展成为利于经济基础薄弱群体的流域服务补偿重要领域的潜力。

国外生态环境补偿实践案例分析如下：

9.1.1 德国易北河流域生态补偿

德国是欧洲地区较早开展生态补偿国家，资金到位、核算公平是其补偿机制最显著的特点。德国补偿机制资金支出主要是通过横向财政转移支付，即在转移支付金额经过复杂程序进行计算确定之后，直接由发达地区转移支付给落后地区。横向转移支付的资金主要包括两种组成方式。方式一，扣除划归各州25%的销售税，其余按各州居民人数直接进行分配；方式二，根据相应的统一标准，由财政较富裕的州拨付补助金给贫困州。这种支付方式能够协调地区间利益分配，均衡地区间公共服务水平。

捷克和德国两个国家被易北河所贯穿，德国位于易北河的中下游。20世纪80年代，易北河流域生态环境遭到破坏，水质恶化，水污染现象严重。90年代后，德国、捷克两国就合作开展整治易北河行动达成协议。在整治行动中，8个机构小组（见表9-2）多维度开展整治工作，目的是实现农用灌溉用水质量的长期改良与提高、生物多样性的维持与保护以及流域两岸污染物的尽可能减排，清除污染源。

表9-2　德国和捷克共同整治易北河的机构设置

专业小组名称	职能责任
行动计划组	确定监测参数目录、监测频率、建立数据网络
技术研究小组	研究保护环境应该采取的经济、技术、教育等手段
流域保护小组	主要考虑物理方面对环境的影响，并加以解决
灾害预警组	解决化学污染事故，预警污染事故，使危害减少到最低限度
水文监测小组	负责收集、分析水文资料及数据，形成系统档案
宣传公示小组	以年为期，报告公示双边工作组织工作开展情况
公众参与小组	负责组织、发动公众参与，全面提高公众参与度
法政保障小组	负责相关政策、法律研究，为整治实施提供政法保障

资料来源：赵玉山，朱桂春. 国外流域生态补偿的实践模式及对中国的借鉴意义［J］. 世界农业，2008（4）：14-17.

根据相关数据，德国在易北河流域建立了 7 个国家公园，占地面积达 1500 平方千米的开发设立了约 200 个自然保护区。与此同时，配套法律及规定也被建立起来，如禁止在自然保护区内修建房屋、开办企业等对生态环境造成破坏的活动。到目前为止，经济及社会效益已经初见成效。

对于生态环境整治方面，生态服务经费主要来源于财政贷款、研究津贴、排污费、下游受益区对上游的经济补偿费用四部分。2000 年，两国交界处修立了污水处理厂，建厂耗费的 900 万马克全部由德国的环保部提供。双方在满足各自发展要求的同时，实现了互惠互赢。

9.1.2 哥伦比亚流域生态补偿

9.1.2.1 国家支付流域生态补偿计划

哥伦比亚政府高度重视生态流域环境保护与治理。1993 年，政府层面率先开展国家支付流域生态补偿计划。自此，国家环境系统被正式引入哥伦比亚。同年，有关机关着手对环保资金的源头实施分散化管理。依照哥伦比亚政府的有关法令及条例，以贯彻执行环保政策为主的区域环境自治公司的独立性大大加强。5 年之后，该类公司的投资成为环境保护投资比例最高的来源，高达 62%，紧随其后的是中央政府、国家基金和国际资助。

此外，政府还为区域环境自治公司下拨专款，通过专款专用确保环境政策的实施能够获得持续资助，流域森林服务资助就是其中的典型。而专款主要源于以下三个层面的资助：一为超过 10000 千瓦的电力公司水电厂必须提供资助。区域环境自治公司以及水电厂所在流域内的市政府将各收到水电厂毛收入的 3% 纳入各自基金。区域环境自治公司基金必须用于流域保护，而市政府基金则投入改善区域环境和保障市民身体健康的基础设施中。二为与水有关的投资者的资助。区域环境自治公司将以项目监督的形式将与水有关的投资项目的 1% 用于实施流域保护。三为省、市政府的资助。1993 ~ 2002 年，为保护流域水源，市政府的财政预算必须要有 1% 支付在土地上。

除森林流域服务资助外，哥伦比亚还通过社区引导协会开展流域生态补偿。

9.1.2.2 通过社区引导协会开展流域生态补偿

(1) 情况简介。考卡河流域位于哥伦比亚，覆盖区域广大，辐射人群众多。卡利市是仅次于其首都的第二大城市，其粮食主产区就位于此流域。1959 年考卡河流域公司（以下简称 CVC 公司）由哥伦比亚政府设立，管理考卡河上游流域的土地及分配户主用水。20 世纪 80 年代后期，卡利市的工农业得到大大发展，城市化速度不断加快，流域内 500 万人口陷入旱季缺水、雨季洪涝的旱涝灾害困境，而 CVC 公司却缺乏足够的财力来应对该困境。基于日益严重的水资源短缺和公共财政资金不足的现状，哥伦比亚创办成立了多家水资源利用协会，协会成员主要是 Valle del Cauca 的农民，筹措的资金主要用于上游流域的生态保护。首家协会是"Guabas 河水资源利用协会"（Asoguabas 协会），后续阶段，地方甘蔗种植者及加工者、政府的考卡河（Rio Cauca）区域自治公司介入支持。为确保农业生产用水，农户自发成立了灌溉者协会，自愿在原水费基础上增缴 1.5 ~ 2 美元，将其列入独立基金，交由 CVC 公司分配，用来补偿上游林主鼓励其施行均衡河流流量的必要活动。与此同时，CVC 公司用灌溉者缴纳的费用购买水文脆弱区域的土地所有权，以推行利于流域管理的活动。目前，项目面积覆盖 100 万公顷，涉及 9.7 万个家庭。

（2）成效及推行。多种多样的保护行动在哥伦比亚的流域进行推广与实现，如植物再种植以实现土壤稳定性、脆弱区域及地带禁止放牧等，但关键还是在于地方社区的持续有效参与。此外，必须严格遵守流域区域保护规划的相关规定。

随着时间的推进，流域内受益者对提供者的生态补偿机制也在不断完善。起初，Guabas 河水资源利用协会通过购买上游易受侵蚀的土地进行相应的工作。随着机制不断完善，该协会已经与相关土地所有者签订了一系列条约，并通过收取费用、对资金进行管理等方式对土地所有者支付报酬。

Asoguabas 协会也持续受到其他的农民团体（如葡萄种植业者协会、葡萄供应协会）的支持与帮助。此外，这些团体还成为哥伦比亚推广流域服务付费理念的宣传者。与此同时，哥伦比亚的其他流域也出现了相似的协会。

协会开展流域生态补偿的理念会根据当地情况发生相应变化，Daguas River 等公司的成立就是很好的例子。在水资源利用协会的基础上，有的地方还酝酿成立了哥伦比亚用水户联盟。

9.1.2.3 澳大利亚的流域生态补偿实践

就澳大利亚而言，"灌溉者支付流域上游造林"项目的推广与施行属于较成功案例[①]。在流域区域内，上游的林业部门以及私有土地所有者作为主力，都做

---

① 李胜，黄艳. 美澳两国典型跨界流域管理的经验及启示 [J]. 中北大学学报（社会科学版），2013, 29（5）：12 - 16.

出了巨大的贡献。

2005 年，通过反向拍卖的方式，流域管理机构曾以最低的成本来改变上游的土地利用方式，目的是减少威默拉流域 28000 公顷盐碱含水层的再次补给。反向拍卖是指，流域管理机构对给予土地所有者的现金补偿进行核实、再确定。新南威尔士州则通过盐分信用的形式控制土壤盐分。拥有上游土地所有权的州林务局，通常利用树木的种植或者其他植物的种植来获得蒸腾作用或减少盐分的信用。下游用水户通过每年多蒸腾的水量计算相应价格以此购买盐分信用，即如果每公顷森林每年可以蒸腾的水量是 500 万升，那么按每百万升水应付金额计算。现在农场则主要按 17 澳元蒸腾 100 万升水的价格缴纳，或者每年 85 澳元补偿每公顷土地。

9.1.3 厄瓜多尔基多水资源保护基金

9.1.3.1 概况

厄瓜多尔的基多水资源保护基金成立于 1998 年。该水资源保护基金的成立意味着厄瓜多尔已建立信用基金补偿制度保护流域。基金成立的主要推动力主要包括两个方面：激烈的水资源竞争；农业、牲畜、水电以及旅游的发展对土地施加的与日俱增的压力。

基多水资源保护基金的组成成员众多，主要是由董事会等专业机构进行管理。其中，董事会由生态保护专家、社区、社会第三方（NGO）、政府相关部门构成。该水资源基金于 2000 年开始正式运营。基金虽不隶属于政府，但也需要与政府的相关政策规划相统一，并由专业人士进行确认。

9.1.3.2 基金的实施及效果

生活用水户及工、农业用水户缴纳的水费成为基金费用的初始经费来源，其他经费来源还包括用户成立的协会给基金进行的捐款。其中，取水用户以基多排水系统企业为主，每周使用 1.5 万立方米的饮用水，每月直接缴付约 1.2 万美元。除了受益方需要支付费用外，国家及国际组织等也将对其投资费用进行补充。

以供方视角分析，流域保护投资将提高供水质量。基多周围的 Cayam – be – Coca（40 万公顷）和安提萨那山生态保护区（12 万公顷）是初始投资区域，该地区的冰川水量存储大，高达 1400 万立方米，用来提供区内近 3 万人的农业和数量巨大放牧牲畜的日常用水。为流域保护获得资金投资活动的有：生态脆弱区域进行土地认购，监督与实施农业最优管理行动，教育与培训。

9.1.4 印度流域生态环境补偿

9.1.4.1 概况

流域治理在印度的实践案例众多，收获经验也比较丰富。其中，协作的方式效果显著，甚至超出集中的、政府的领导。协作方式主要是指增加地方的所有权，减少或避免政府的过多干扰，这些都是与参与方式有关的几个优点。

虽然参与式流域治理方案常常被归为一类，但也各有差异。一般来说，主要是通过交错的层级来进行管理，包括通过分配相应的责任来开展工作。其中，市场手段的作用也不可小觑，通常在协调方面扮演了重要角色。

9.1.4.2 Sukhomajri 河的流域合作案例

Sukhomajri 村是印度最早参与流域治理的地区之一，地理位置是 Haryana 州喜马拉雅山山麓。1979 年，为了缓解及彻底解决水资源短缺的问题开始实施协作方案。这是昌迪加尔市 Sukhomajri 流域下游居民的主要水源地，其生活常年受到极大困扰。水资源保护研究培训协会曾对沉淀负荷进行过详细分析，确认 Suhkomajri 是沉淀物负荷最多的地区，其中，Sukhna 湖的沉淀物的八成至九成仅有 20% 来自蓄水区。

1982 年成立用水户协会，促进解决 Suhkomajri 河流过度淤积、旱季缺水的难题，活动主要包括流域管理、大坝管理、水费收取等。在各方资助下，Suhkomajri 的居民开展了修建挡水大坝和流域管理活动。水库的修建大大提高了农户的参与积极性，但是在 Suhkomajri 村，每个农户的受益也是非均等的。有土地居民的利得要远大于无土地居民。水库下游的土地所有者获得了充足的灌溉水，而无土地居民仅畜牧业受益。为了改善这种利益不均现状，利益分享系统被引入，即在总量控制下进行水权交易。

9.1.5 德国水源保护区的建设和补偿

9.1.5.1 加强法律法规及行业规章建设

德国非常注重水源保护区的建设与管理，已经建立并形成了一套相对完整的法律法规和规则体系，为保护水资源的合理使用提供了法律依据。在欧洲水框架的指导下，德国颁布了《德国水管理法》，各州也制定了州立水法和州立水源保护区规定，一些行业协会和研究机构也制定了相关规定，如德国燃气与水工业协会的饮用水水源保护区规定、污水协会规定、德国标准研究所的相关规定。

1996年通过的《德国水管理法》第19条对水源保护区的建设与补偿提出了明确要求，即为了公共利益，保护水源免受不利影响，增加地下水、预防水土流失和水体污染，可以设立水源保护区。在水源保护区，因保护水源所采取的措施对土地所有者和经营者造成了不利影响，要给予补偿；造成的损失，要给予赔偿，如果产生争议，要通过法律的途径予以解决。这就从法律上解决了水源保护区的利益补偿的依据与方式。

各州水法中也明确规定了对水资源的保护和补偿。例如，《下萨克森州水法》第48条规定，地下水保护区要避免化肥和杀虫剂污染；第51条规定，对于因规定的禁止性活动造成的经济损失要给予补偿；又如在耕地中不使用有机化肥和杀虫剂、长期使用绿肥，不砍伐森林等行为，要给予补偿。

9.1.5.2 加大对水源保护区建设和保护的相关补偿力度

德国水源保护区的补偿力度是比较大的。设立水源保护区以后，为了保护地下水源，水源保护区的农民积极调整了农作物种植结构，扩大森林面积，防止地下汇水区域硝酸盐污染，减少甚至杜绝使用化学肥料、除草剂，开发了新的农业机具，改进农业生产技术。下萨克森州水价大约在4～4.5欧元/立方米，其中有0.5欧元为水资源费，每年征收的水费约3000万欧元，其中有300万欧元用于水源保护区的保护投入。同时，水源保护区域内居民的收入水平高于周边非水源保护区的居民，以保障了水源保护区的基本利益，使水源保护区范围具有相对稳定性，区域内的居民对保护水源也有很高的积极性。

9.1.5.3 注重利益相关者的参与

德国在流域水资源特别是地下水资源保护中，非常注重利益相关者的参与。下萨克森州水源保护的利益相关者包括区域政府的水管理部门、地方供水企业、农业部门、农民代表、咨询服务者。这些利益相关者为农业、林业和市场培育提供免费咨询服务，为实施地下水资源保护措施进行自愿协商等。总体来看，可持续地保护水资源需要利益相关者的参与，利益相关者的参与促进水资源的有效保护，切实保障相关者的利益。

9.1.5.4 水源保护地划分注重具体化和指向性

德国水源保护地划分一般较为具体，同我国水源保护地的范围广、面积大等相比，其水源保护地数量多、分布面积小，边界确定清晰。下萨克森州有150个水源保护区，总面积4400平方千米，占下萨克森州总面积的12.5%。水源保护地的细化程度高和指向性强，比较有利于水源保护地的生态保护与建设；与水源保护地保护关联的人（家庭）、事（活动）、经济影响（经济损失）等明确界定范围和测算的基础及条件，包括补偿对象、标准和途径等在内的、合理可行性的生态补偿方案较易提出和被执行。

9.1.6　美国流域生态补偿

流域生态补偿机制在美国的实行大大提高了流域上游地区的生态保护积极性，这些补偿机制是指下游利益既得区的政府和居民给上游地区居民提供货币补偿，感谢他们做出的生态保护行动。以责任主体自愿为基础，引入竞争机制，在补偿标准确定的情况下，美国政府确定合适的租金率以期与各地自然和经济条件相匹配。该补偿标准本质上是各方责任主体与政府博弈的成果，潜在的矛盾在博弈过程中得到了化解。

9.1.6.1　美国流域市场中的协作与合谋

美国的水质信用市场是随着 1996 年环境保护署在公布流域交易草案后发展的。1972 年，"洁水行动"的开展引入了"国家污染减排制度"和"日最大负荷标准"。后者确认最大污染负荷与联邦水质标准相一致。此外，州政府在环保署的帮助下进行交易方案的设计，使其以更经济的方式遵守国家水质标准。

（1）Trade 制度划分。Trade 制度划分主要由两大板块组成：一为上限交易制度。这是指盆地内污染排放的上限总量标准在专家的监测及帮助下制定。在限制以内，实施总量控制交易，并且在当日限额的基础上，分配交易许可证。二为抵消制度。在相应的减排条例基础上，点源污染者在国家污染减排制度管理下，点源污染者通过购买点源或面源的污染信用，来与过量排放部分进行削减。信用市场中也将市场竞争机制引入抵消制度中，用以减少购买信用的成本。但这一市场尚不成熟，甚至有反竞争的行为倾向开始出现。

（2）Tar - Pamlico 流域的交易。Tar - Pamlico 流域是卡罗莱纳州中部、东部8 个城镇的水源来源，给流域生活区居民提供饮用水。但随着城市的发展，营养富集问题形势严峻。富集程度较高的（尤其是氮、磷）流域由于海藻的疯狂繁殖，溶解氧含量大大降低，导致了流域内鱼类的大面积死亡率以及水生植物的大面积患病和损失。据研究发现，非点源污染的排放是富营养化不断增加的原因，尤其是农业污水的排放，如化肥在农业生产中的大量使用。而流域上游地区的大面积森林未受到影响的时候，低地的伐木业却已开始。

1989 年，该流域因为严重的营养富集，被确定为营养敏感水域。相关的流域环境保护行动被施行，严格的氮、磷污染物排放标准被引入。其中氮排放最多夏季为 4 毫克/升，冬季为 8 毫克/升，磷的富集更是被限定为全年 2 毫克/升。此标准将逐步采用，第一阶段（1991 ~ 1994 年）实现 28% 的营养减量，其中主要是氮的减量。

（3）协作为主的交易方式。为了能够有效控制非点源污染的排放，最小化排放成本，在 Tar – Pamlico 流域协会的倡议下，实行了营养排放交易的控制方式。这种方式是指在排放者之间自行交易，又或是排放者购买排放信用来为超出污染部分埋单。交易资金移交给流域所属相关部门开展相应的投资活动，确保实现优化管理，并且首先考虑将资金投资于富营养化污染物的减排。一般来说，信用有效期为 10 年。

从 1991 年开始，流域协会向抵消制度管理委员会提供的资金数额达 150000美元。除此之外，信用捐款也在逐年增加。但从 1994 年始，抵消排放信用降至29 美元/千米，通过总量控制与市场交易的方式能够实现经济利益的最大化，与之前相比，协会每年至少节约 600 万美元。

600 万美元虽然数额可观，但这些收入的分配与利用处理仍然隐藏着现实的公平问题。协会具备压低价格的垄断能力，因为是该信用的唯一卖家。而流域协会的积极作用在于，可以为降低信用交易成本提供有价值的运作机制，形成一种成熟的模式。不得不考虑的是，在后期阶段，协会的这种市场分配权力也将阻碍市场的发展。

9.1.6.2 美国流域保护中的票据交换所贸易

1996 年，美国环保署发布了《流域贸易草案》，目的是帮助美国各州建立健全流域贸易制度。文件内容包括建立一批可以促进贸易流通并最小化交易成本的支付制度，文件着重强调了点源和非点源污染贸易对于疏通水道的重要性。其中，流域银行业是可以应用于实践的最成熟的方法。

流域银行业本质上是一个票据交换所系统，交换内容其实就是信用。污染减排信用的提供者进入该系统，根据自身需求进行信用挂出和销售，以此获得资金。流域银行则将污染排放限量超出者出售这些信用。这样，流域银行实际上就在此交换过程中充当了第三方平台的重要中介作用。以博伊西河下游贸易系统为例，下面将对美国流域保护中的这种票据交换所贸易业务进行简单介绍。

（1）流域贸易市场的特征。博伊西河下游排污贸易示范工程于 2000 年 9 月的最终报告中，详细列出流域生态环保措施建议，这具有一定的实用价值。其中，水质信用的产生方式有两种：①点源污染者的排污量超出排污上限；②面源污染者选取了最优管理行动。选取行动在被认可明细中产生，包括可计算（直接测量）和可量化（公式计算）两种信用额度。

最优管理行动的施行所受限制复杂。行动实施既要遵循已成文规则，还要遵循资深专家制定的规划计划。"减排信用证书"的转换只有在代表特定时段被确认和计量的污染减排时，才会形成信用额度并进行相应的市场售卖。此外，信用额度都需先进行详细精准的核算以及双份备案。

（2）票据交易所的责任。票据交易所的责任主要为对"爱达荷州清洁水合作组织"进行监督与保障实施。该协会主要确保贸易的公平，成员来自私营的、非营利的、多方面利益相关者，其承担的责任有：接受和登记非点源"减排信用证书"、确保交易通告买卖双方的共同签署、维护中心交易数据库、撰写月流域交易总结、提供额外帮助等。

此外，私营买卖者担当的责任更是不容小觑。在向相关活动组织提交减排信用证书前，不得开展任何交易活动。一旦进行交易，必须严格遵循国家相关的减排制度规范，而监督工作由环保署和环境质量局负责开展。土壤保护委员也充当着重要角色，组织当场确认后期面源污染信用。一旦发现信用是假的，点源污染将被追究法律责任。

9.1.6.3　美国纽约市的 Catskills 的流域管理

美国的水资源利用是集流域管理与保护于一体的。基于对 17 个采用流域治理方式的用水区的经验，美国环境保护署十分重视创新型的伙伴关系和被用水区采用的转变机制，包括用水区与土地拥有者代表之间的伙伴关系、土地交换协议、保留的地役权以及土地管理协议。水资源使用者如想掌握非点源污染情况，与土地拥有者的协调与协商必不可少。在这种背景下，一些用水单位开始与农户和协会进行协商。可能有文献记录的最好的有关用水单位与农户之间伙伴关系的案例就是纽约市的 Catskills 和 Croton 的流域管理（包括森林管理）。

纽约市的 Catskills 的流域管理。纽约市的流域覆盖 1900 平方英里，Catskills/Delaware 蓄水区被分成两部分，提供纽约市 90% 的饮用水，其余 10% 的饮用水是由 Croton 蓄水区提供的。住在纽约以及纽约附近的 900 万居民每年消费大约 14 亿加仑的水资源。1989 年，美国环境保护署提出，建立水的过滤净化设施在供水系统中必不可少，尤其是源于地表水的供水，水质能达到相应要求的情况除外。在这种情况下，纽约市进行了粗略的核算。一种方法基于水过滤净化设施的净化建立，另一种方法是从水源着手解决。前者需要投资60亿~80亿美元，算上每年3亿~5亿美元的运行成本，总成本保守估计在60多亿美元。后者需要在上游Catskills流域投入为期10年的10亿~15亿美元，用以改善水质，达到供水要求。在一系列的考量之后，市政府选择通过投资购买上游Catskills流域的生态环境服务，进行水质达标供水标准。政府决策的施行方案包括：①相关部门针对流域上下游之间的责任范围划定补偿标准；②对相关用水单位征收相应的税费；③补偿款项用于补偿上游地区从事环保工作的主体，激励其采取利于环境友好型生活方式，以改善Catskills流域的水质状况。

经过相关部门的不懈努力，美国已经启动了以下方案：

（1）农业休耕项目。1994年始，农户要解决非点源污染可向联邦生态环保区提出改善生态环境的申请，通过行使地役权，农户可以实现环境敏感地区土地的休耕。

（2）协议签订项目。1997年始，14亿美元将在10年内投入该项目用以开展土地认购、保留地役权、流域保护等伙伴项目。

（3）森林评估项目。1997年始，项目主要针对蓄水区内未得到保护的森林实施保护，尤其是对没有得到保护的森林实施加强保护。森林在流域中覆盖面积最广，占比高达75%，该项目就是对于森林过滤水资源的能力和减少水资源中富营养化成分的能力进行评估。

对于流域森林项目，通过成本分享的方式对土地拥有者采用认可的活动进行支持，并对伐木工人开展培训与教育。建立森林管理示范区，通过免费原料投入（如道路铺设）、廉价租金（如可移动桥）以及其他经济开发活动来减少私人森林的压力。要获得资助，林场主必须获得纽约市的批准，并且在成本分享方面，林场主必须提交计划以及雇用获得许可的操作员工，这些都可获得资助。土地所有者必须拥有超过10英亩的土地才符合资助规定。成本分享付费通过监督实施。

此外，有三种新的活动在森林项目中可以获得帮助：一是保护区改善项目，于1998年启动，通过成本分享协议，鼓励土地拥有者对于流域缓冲区的土地进行休耕，这个项目持续5年，旨在建立165英里的缓冲区。二是全部农场地役权试点项目于1998年启动，帮助土地拥有者资助实施全部农场计划。三是河边森林缓冲项目于1999年启动，通过建立专业网络和资金保护河边缓冲区修复来推进纽约保护区改善项目的实施。

在上述项目中，森林项目的资助主要来自纽约市环境保护署，其余的帮助来自农业森林服务局、Catskills 森林协会、纽约环境科学与森林国立大学、纽约国立森林与环境保护局、纽约森林产品协会等。这些帮助主要是通过技术援助以及建议的形式实现。

9.1.7　法国毕雷矿泉水公司为保护水质付费机制

20 世纪 80 年代，由于法国农业的快速发展以及农业活动的大范围扩展，其东北部的 Rhin – Meuse 流域水质污染严重。因此，一方面该区域以天然矿泉水为主的矿泉水公司必须要做出抉择，通过设立水资源过滤工厂或者重新寻找新水源地进行厂房迁移；另一方面就是从源头出发，重新恢复该地区的高质水源。于是，毕雷矿泉水的保护水质付费机制应运而生。

毕雷威泰尔矿泉水公司作为生产商，经过一系列的测量与分析，确定流域保护的领域与区块。最终确立补偿区域为 Rhin – Meuse 流域腹地，补偿对象为建立于其间的 40 平方千米的奶牛场。90 年代早期，作为天然矿物质水的最大生产商之一的毕雷威泰尔认为，只有保护水源才是最佳选择。随后，矿泉水公司就如何降低水土流域、减少农药的使用与农民签订了相关协议。然而，这项协议并没有通过政府渠道，并不属于公共协议，因而政府出资补助很少。除国家政府部门和水资源管理机构提前支付的费用外，其余皆由毕雷威泰尔矿泉水公司自行提供。此时，私人和公共部门之间分工明确，建立正式的合作关系。

协议具体内容的实施有：①农民减少牧牛等畜牧业活动；②改进牲畜粪便的降解方式；③放弃谷物等农作物的种植并禁止使用农药等化学产品。作为回报，公司向做出此举的农场提供报酬。此举目的在于恢复土地的天然净化功能，因为农用化学品、动物粪便等中含有硝酸盐、硝酸钾等。此外，公司还向农民支付因使用新技术造成的风险成本以及导致的超高额和长时间的损失。

9.1.8　新南威尔士的环境服务投资基金

新南威尔士自 2008 年起持续受到土地盐碱化问题的威胁。其水土保护部为保护其流域土地，公布截至 2010 年，河流和土地盐度必须得到大幅度降低的"盐度战略"。而这一战略的提出受众广大，并且与范围更广的默里—达令盆地盐度战略相一致。从数据统计上看，新南威尔士私有土地的四成旱地盐碱化严重，造成的生产影响恶劣，私有土地所有者叫苦不迭。到项目计划实施为止，盐度已经影响多达15%的土地灌溉，此外，还有70%~80%的土地受到严峻挑战。

土地和水的盐碱化是指地下水盐分补给量超过流出量，水位上升到表面形成土壤和水质的破坏。新南威尔士地区的治理手段主要包括以下几种：①保护和管理本土植物的种植；②提高水资源利用效率；③提高受盐碱化影响的土地的利用率等一系列行动。

当地政府着手于将市场化工具引入管控性措施，市场与管控相结合。新南威尔士的环境服务投资基金为实现目标，通过限定流域盐分排放额度以及控制减排许可证的数量分配，赋予污染者盐分排放的权力，以许可证交易的形式进行。那些有剩余盐分排放许可的排放者可以将其出售给那些超标的污染者。此外，相关的土地所有者手中也可售出盐分抵消盐分信用，从而使盐分信用成为有效的商品在商场进行交易，实现经济效益和实惠效益的最大化。

为此，环境服务投资基金中票据交易所得以建立，用来管理盐分排放许可交易以及确保盐度控制行动。通过这项基金，土地所有者出售信用许可并提供给买方。票据交易所作为第三方中介平台提供相关信息。

交易利率在交易的实现中是一个非常关键的概念。在一个拍卖过程实施前，因不同的措施及其盐度产生的影响差异，交易利率也会不同。因此，在对气候变化以及土壤盐分控制的基础上，联邦科学与工业研究组织（CSIRO）构想并建立了针对不同土地利用的补给影响模型。以此为依据，盐度信用可以根据不同土地利用"深排影响"确定。但据实际经验，这一步骤确定之前，最好有个50%的安全缓冲区。以该区域为例，每损失一个单位的盐度控制就有1.5个单位的信用补偿。

9.2 国外流域生态环境补偿特点与启示

9.2.1 国外流域生态环境补偿的特点

在传统意义上，政府是生态环境服务主要的购买者或资助者，所以其具有公共物品性质。在生态环境服务上，人们在政府购买模式出现经济学中所谓政策失灵时，探索出了许多新的手段。在上述案例中，国外流域生态环境补偿主要有政府与市场两种手段，有时以政府补偿为主，有时以市场补偿为主，或者是二者相互融合。

（1）政府在推动流域生态环境补偿市场化中扮演十分重要的角色。保护重要水源历来是政府的责任，但在政府主导的公共财政政策不能有效发挥作用时，推动建立流域生态补偿机制就显得非常有必要，而在推进流域生态补偿市场化进程中，政府的作用又是十分明显的，因为政府有能力将所有的公共企业连为一个共同体，政府部门还是流域生态补偿最重要的购买者，政府也会通过政策有效地引导私人企业、土地拥有者、国际非政府组织和社团在提供水源保护和筹资等方面发挥重要作用。这些政府部门通常包括：水利部门、电力供应部门和旅游部门，它们通常都有一个很明确的意愿，那就是希望维持流域的水环境质量。政府既是流域资源的最主要拥有者，又是流域资源的主要供给者。

（2）以政府主导的公共财政政策在流域生态环境补偿市场化中发挥了重要作用。德国易北河流域生态补偿的实践可以证明，这种横向财政转移支付在流域生态补偿中扮演了重要角色，发挥了重要的作用，并取得了非常好的效果，这种横向转移支付的补偿方式有利于实现生态保护与区域发展的公平。

（3）较多案例开展了一对一补偿方式的探索。一对一交易的双方在原则上是不会发生变化的，只有一个或少量潜在的类似于某一个中小流域的卖家，同时只有一个或少数潜在的类似于某城市市政供水企业的买家。交易的双方直接协商，或者通过中介来帮助达成协议，该中介可能是政府部门、非政府组织或者咨询公司。这些构成了这种支付方式的突出特点。一对一交易是一对一补偿方式的一个很重要的前提。它常用于小的流域上下游之间，受益方较少并指向性强，容易组织起来的小规模团体。

（4）交易费用是决定选择哪种生态补偿方式的关键因素。交易费用是以市场为依托的支付方式中的一个重要因素，在小规模的流域生态环境服务中，由于交易双方明确且数量较少，使交易费用就越小，所以极易成功。当交易涉及的流域较大且交易成本较高时，会阻碍交易活动的顺利开展。市场贸易需要市场基础设施建设，包括市场硬件和市场交易制度、生态环境服务的标准化和认证等。

（5）基于市场的生态环境补偿与政府主导下的生态环境补偿适用性分析。选择使用公共支付或是基于市场的支付方式，在一定程度上会受到购买对象特点和性质的限制。在小规模的流域上下游之间，当受益方少且不改变，提供方的数量在可控制的范围内时，基于市场的支付方式如一对一的交易方式展现出了优势。

流域保护市场的关键不是竞争而是合作，流域生态功能不能和购买者分离至关重要。加之在补偿市场化实践中，发现国外极其重视补偿方式的透明还有灵活度，为保证补偿工作有序、有效开展，还出台对应的法律制度保障和相关政策配套支撑。

9.2.2 国外经验对我国开展流域环境生态补偿的启示

（1）建立流域生态环境补偿机制。由于各流域尺度不同，主体之间的权责关系也会有差别。因此，应当根据流域尺度的不同建立相应的生态补偿机制。根据流域尺度进行机制设计主要包括以下几个方面：一是确定流域尺度；二是确定相关的利益主体；三是根据上游从事生态环保工作投入的成本以及丧失的经济发展机会来测算环境补偿标准；四是选择符合实际情况的补偿方式；五是制定相应的补偿政策。

（2）选择适宜的补偿方式。在今后相当长的一段时期内，公共支付还将是主要生态补偿方式，建议建立三个层次流域生态环境补偿基金：①横向省份之间的跨区域流域生态环境补偿基金。设立专门的资金转移账户，共同对流域的生态补偿工作进行治理，国家和上下级政府对所有项目进行专门监督。②同省不同市的流域生态环境补偿基金。设立专门的补偿资金账户，共同对流域的生态补偿工作进行治理，市区之间横向政府对所有项目进行专门监督。③市内流域生态环境补偿基金。各市按国民经济发展水平来承担相应的投入资金，用于生态环保建设工作，并且有上级政府进行全面监督。

（3）逐步探索流域水权交易。随着我国社会经济的不断发展，政府对流域生态环境补偿机制与生态补偿方式中干预过多，根据我国国情，建议国家根据特定区域设立不同层次水权交易的生态补偿方式。

（4）加强流域水环境功能管理。流域上游和下游地区对水资源的保护有着同样的权利和义务。上下游通过行政管理手段和经济手段多措并举保护流域水环境，通过检测控制目标水质对流域内各区域采取补贴或者惩罚手段。

（5）建立流域上下游协商平台和仲裁制度。为了保护大江大河在全国的生态意义，对于中小尺度流域，以保护流域生态功能为目标，在上级政府的监督下，建立上下游之间的协调平台，便于进行相关事情的协商。要建立跨省、跨市等层级的流域环境保护仲裁制度。一旦发生水资源纠纷，先由上级政府相关部门组织相应的机构进行协商解决。

9.3 国内流域生态补偿实践

9.3.1 国内流域生态补偿案例

在我国，国家拥有自然资源产权，因此不能适用国际上通行的以市场化方式推动流域生态服务的模式，由此造成的环境服务产权不清是实施此机制的重要障碍[1][2]。由于中国在生态方面需要这种新机制，特别是在流域面积较小、地方经济发达、市场机制较健全的地区，虽然中国的流域生态服务补偿机制目前依然存在许多障碍，但是很多地方已经初步构建起了具有一定地方特色的流域生态补偿机制。如浙江、山东、广东等省开展的试点研究，主要集中在行政辖区内中小流域上下游之间的水环境和水源地保护补偿，而省际间的流域生态环境补偿则刚进入起步阶段。从各地已开展的流域生态环境补偿实践看，大致可分为两种类型：一类是政府主导型，以中央和地方财政转移支付为主的补偿；另一类是准市场型，主要是水资源使用权交易和排污权交易。对于跨省流域而言，上下游间生态利益与经济利益的矛盾较为突出，上游地区利益不明显，热情衰减，致使该机制不能得到有效执行，水资源短缺和水环境污染形势日趋严峻。

我国在流域生态环境补偿方面进行了不少有益的探索，浙江、福建、山东、广东等省已有成功的案例。但已有的流域生态环境补偿实践主要集中在行政辖区内中小流域上下游之间的水环境和水源地保护补偿，省际间的流域生态环境补偿还刚刚起步。省域内流域生态环境补偿主要包括流域上下游之间涵养水源、保持水土、净化水质等水生态服务成本补偿，上级政府或同级政府可以将财政收入转移向被补偿地方政府，也可以在被补偿地方环境保护和生态建设上整合资金集中补偿；局部地区探索了基于市场机制的水资源交易模式。对于跨省流域而言，流域上下游责任和收益部不对称。上下游间生态利益与经济利益的矛盾较为突出，

① 郑海霞，张陆彪. 流域生态服务补偿定量标准研究 [J]. 环境保护，2006（1）：42 – 46.

② 马永喜，王娟丽，王晋. 基于生态环境产权界定的流域生态补偿标准研究 [J]. 自然资源学报，2017，32（8）：1325 – 1336.

上游地区迫切要求下游提供生态补偿，而下游地区往往采取回避态度。由于上游地区的生态服务成本难以得到回报，提供生态服务的积极性受到挫伤，最终导致流域水生态服务功能下降甚至部分功能丧失，水资源短缺和水环境污染形势日趋严峻。

9.3.1.1　政府主导型的流域生态补偿模式

从近几年浙江、福建等省开展的流域生态环境补偿的实践看，大致可以分为两种类型[①]：一类是政府主导型以财政转移支付为主的补偿；另一类是准市场型的水资源交易和排污权交易。

（1）浙江省内跨地市和跨县流域生态环境补偿。浙江是我国由省政府牵头构建通过多种途径促进生态补偿实践进程的第一个省份。"十五"期间，全省财政对环境保护累计投入 255 亿元，其中用于安排生态补偿转移支付 225 亿元，占环保总投入的近 90%。2005 年，杭州、台州、湖州、衢州等市政府发布了所在地区建立健全生态补偿机制的指导性意见，并积极推进实施。迄今为止，浙江已建立省、地、县三级生态补偿体系。

2008 年 2 月，浙江省明确了财力转移支付的基本原则，按照生态功能保护、环境（水、气）质量改善两大类因素确定财力转移支付分配办法。此外，浙江在探索准市场调节型的流域生态环境补偿方面也先行一步，积极推进水资源使用权交易、排污权交易等多种形式的生态环境补偿。

1）钱塘江源头区的生态补偿。浙江省政府计划在钱塘江流域建立生态补偿机制，旨在通过此机制深化污染防治、改善该流域水源涵养功能。钱塘江流域省级财政专项补助资金筹措和分配的方法：一是在流域内确定主要范围，以各辖区水质功能确定的水质标准为依据，通过全流域水质出入境监控，将水质情况反馈省环保部门；二是将各级政府流域内水质情况按其不同断面的水质标准确立指标，以检测数据和社会满意度为参考，建立考核制度，成绩直接与各区域的生态补偿挂钩；三是建立生态补偿专项资金，该资金一部分来自原来和环境保护相关的专项资金，另一部分来自财政新增资金。

2）杭州市以污染防治为重点的生态环境补偿。杭州市生态补偿的具体做法：一是设立生态补偿专项资金；二是明确补偿重点领域；三是建立补偿行政责任机

---

①　程艳军. 中国流域生态服务补偿模式研究——以浙江省金华江流域为例［D］. 中国农业科学院，2006.

制；四是制定生态补偿产业发展政策。

（2）福建以流域水环境保护为重点的生态环境补偿。

1）闽江流域生态环境补偿。闽江流域面积约为6万平方米，占福建省陆域面积的一半，流域经济总量和人口分别占全省的40%和33%。随着经济的发展和资源的不合理配置，流域上下游因水污染问题的矛盾纠纷日益增加。

2）九龙江流域生态环境补偿。九龙江是福建第二大河流，发源于龙岩。上游的龙岩经济相对落后，面对生态治理有较大的压力；中下游的漳州生态环境较好，但存在着经济发展和生态保护的矛盾；下游的厦门经济发达，但是会受到上游影响。

2003年福建省在九龙江流域实施生态环境补偿的首个试点。2007～2010年，九龙江流域水环境保护专项资金增加到2800万元，重点用于工业污染防治、规模化畜禽养殖污染整治、饮用水源保护等基础环保设施项目的建设。

3）晋江流域生态环境补偿。晋江是福建第四大河流，年径流量48亿立方米。泉州市政府出台了《晋江、洛阳江上游水资源保护补偿专项资金管理暂行规定》。

闽江、九龙江和晋江流域生态环境补偿机制的建立是福建省首个成功案例。其改正了人们以往忽视生态环境的误区，改善了生态环境。该机制还可以为流域城市提供补偿资金，极大地调动了流域城市的积极性。

（3）广东东江流域以水源涵养和水质保护为重点的生态环境补偿。东江是广州、深圳、惠州、东莞、河源等地的主要供水水源，同时担负着向香港供水的重任，总供水人口超过3000万。近年来，经济地位高速发展，使东江流域需水量剧增，水环境和河流生态受到威胁，严格保护东江水资源刻不容缓。

1）东江流域概况。东江发源于江西省赣州市寻乌县的桠髻钵山，流经广东省的河源、惠州、东莞三市汇入珠江。东江干流长562平方千米，流域面积2.7万平方千米。东江从江西进入广东河源市境内254千米干流长度范围内，相当于东江的中上游段，占流域全长的45.5%。河源市总面积1.58万平方千米，人口330多万，其中87%的市域面积属于东江流域。东江流域的惠州和东莞属于下游地区，干流长度170千米左右。

2）东江流域生态环境补偿的主要做法。近几年，广东省在保护东江中上游河源市的生态环境和整个流域的水质方面，在制度层面制定了一系列保护东江流域生态环境和促进补偿机制落实的法律法规，颁布了《广东省东江流域水资源分配方案》《广东省东江水系水质保护经费使用管理办法》等法规，组织开展了十几项的相关研究项目。

（4）山东重点流域生态补偿。

1）流域生态补偿范围。南水北调黄河以南段及省辖淮河流域的 51 个县（市、区）；小清河流域所包括的 18 个县（市、区）。

2）流域生态补偿试点的目标任务和主要原则。建立激励措施和惩罚措施并举的长期机制，瞄准生态保护，促进重点目标治理，到"十一五"末交出完美答卷。坚持"保护者受益，破坏者赔偿"的责任原则，补偿为保护环境的个人、企业、地区；相反，对造成环境污染的给予惩罚。坚持"政府主导、市场推动"的组织原则，将市场化引入资金分配和利益调整等方面中。

3）流域生态补偿资金筹措。生态补偿资金的污染物治理成本测算根据当地排污总量和国家环保部门公布的数据为准。各级政府积极统筹共作，确保补偿资金筹措及时，并且使用得当。

（5）水源涵养区生态补偿。

1）福建省水库水源区生态补偿概况。保持水库水源地生态环境至关重要，但是部分水库生态环境破坏，饮用水水质情况不容乐观。饮用水安全问题进入社会各界的视野。2003 年，福建省首创水源地生态补偿机制。按照"谁受益、谁出钱"的原则，为水源地生态建设拓宽了资金渠道，推动了水源地生态保护工程建设。

2）福建东圳水库生态补偿试点。东圳水库，号称"莆田的大水缸"。东圳水库水源地生态建设试点以来，东圳水库水质改善明显，试点成绩显著，2007 年上半年水质达到 II 类标准，周边人民生活质量有所改善。

3）辽宁水源涵养区生态保护补助。辽宁省在建立水源涵养区生态补偿方面做了有益的尝试。全省设立了东部山区水源涵养林和水土保持补助资金。在水土保持方面，从 2004 年开始，平均每年投入 1200 万元用于水源涵养区水土流失治理，并逐年加大投入力度，补助范围为上述 9 个重点县外加铁岭县；从 2005 年起，每年补助东部山区大型水库上游水源涵养区生态环境治理资金 2000 万元。

辽宁省财政厅、省环保部门从 2005 年开始，投入了省级环保专项资金 1800 万元，用于大伙房水库环境安全及污染综合整治工程。通过建设生物有机肥厂及生态污水处理厂，重点解决大伙房水库的污染问题。

4）浙江德清县水源涵养区的生态补偿。德清县生态补偿的主要做法：①明确生态补偿资金渠道和使用方向；②建立乡镇财政保障制度。

9.3.1.2 准市场型的水资源和水环境补偿模式

准市场型的水资源补偿是补偿双方通过协商与谈判，就水资源利用与补偿达成协议①。准市场型的水资源补偿在我国还处于探索阶段，相关的实践不多。

（1）浙江省内流域上下游的水资源使用权交易。

1）东阳和义乌的水资源补偿。金华江的上下游东阳和义乌，水资源保护程度却极不一样。义乌土地面积 1103 平方千米，总人口 66 万人，耕地 2.3 万公顷，水库总水量仅 1.5 亿立方米。虽然人均水资源占有量 1130 立方米，但由于受地形、污染等因素的影响，水则成了限制地区发展的重要因素，20 世纪末，义乌地下水污染严重，很多人都买桶装矿泉水回家做饭。而与义乌同属钱塘江重要支流的金华江流域的东阳，位于上游。境内拥有两座大型水库，水资源总量16.1 亿立方米，人均水资源占有量 2126 立方米。东阳不光水资源丰富，而且居于水源上游，水质较好。多年前，就有人提议到东阳引水，随着经济发展、人民生活水平的提高，喝清纯甘甜东阳水的渴望更为强烈。

2005 年 1 月 6 日，一股清水从东阳市的横锦水库出发，流向毗邻的义乌市，国内第一个水权交易项目正式运行。表面来看，义乌需要 4 元买 1 立方米水，但如果在义乌建设水库，每立方米水至少要投入 6 元；东阳在此项目中不仅可以获得 2 亿元的资金，每年还有 500 万元的综合管理费收入，这就是"双赢"。

2）绍兴汤浦水库与慈溪市的水资源补偿。慈溪是浙江经济十强县级市，但水资源紧缺，特别是优质水源奇缺。虽然想尽了不少办法引水，包括 1999 年和邻县余姚市达成的水权转让协议，从余姚梁辉水库引水供应慈溪，规划在 15 年内投资 40 亿元建设骨干河网。但是，如果需水量还是以 20% 速度增长不变，那么在没有新水源注入情况下，水资源将成为本市制约经济发展的一大因素。绍兴市汤浦水库有限公司与慈溪市自来水公司签署了一份《供用水合同》，该合同为使汤浦水库发挥正常效益，解决慈溪部分优质水源匮乏的需求。

（2）江苏太湖流域水环境污染损害补偿。江苏省政府办公厅发布了《江苏省环境资源区域补偿办法（试行）》（以下简称《办法》）和《江苏省太湖流域环境资源区域补偿试点方案》，先期选择胥河、丹金溧漕河、通济河、南溪河、

---

① 胡陈莹，马佳. 太湖流域双向生态补偿支付意愿及影响因素研究——以上游宜兴、湖州和下游苏州市为例［J］. 华中农业大学学报（社会科学版），2017（1）：16－22＋140－141.

武宜运河、陈东港等河流开展试点。《办法》第三条规定，各社区的市人民政府应当根据省人民政府下达的污染物排放总量控制计划，采取有效措施削减污染物排放总量，确保断面水质达到规定的控制目标。第十条规定，按照水污染防治的要求和治理成本，环境资源区域补偿因子及标准暂定为：化学需氧量 1.5 万元/吨；氨氮 10 万元/吨；总磷 10 万元/吨。单因子补偿资金 =（断面水质指标值 − 断面水质目标值）×月断面水量×补偿标准。补偿资金为各单因子补偿资金之和。通过试点，力图在流域上下游之间，形成"谁污染、谁付费补偿"机制。

（3）江苏太湖流域水污染物排污权有偿使用和交易试点。2008 年 1 月，江苏省物价局、省财政厅和省原环境保护厅联合印发《江苏省太湖流域主要水污染物排放指标有偿使用收费管理办法（试行）》的通知，对 COD 等主要水污染物实行有偿使用作出了明确规定。江苏省还制定了《太湖流域主要水污染物排放指标有偿使用试点方案》，确定 2008 年在江苏省太湖流域率先开展化学需氧量（COD）排污权初始有偿出让；2009 年在太湖流域适时推进氨氮、总磷排污权有偿使用试点；2008 ~ 2010 年逐步建成排污权动态数字交易平台，即建立排污权交易平台，也就是企业与企业之间的交易市场。

2008 年 8 月，国家财政部、原环保部和江苏省政府在无锡市举行仪式，正式启动太湖流域主要水污染物排污权有偿使用和交易试点工作。此次试点范围包括太湖流域内的苏州市、无锡市、常州市和丹阳市的全部行政区域，以及句容市、高淳县、溧水县行政区域内对太湖水质有影响的河流、湖泊、水库、渠道等水体所在区域。试点对象为太湖流域国控及省控工业废水重点污染源，接纳污水中工业废水量大于等于 80% 的污水处理厂，以及从试点方案实施起，报批环评报告书的新增排污量的新、改、扩建项目排污单位。江苏省制定的初始排放指标具体收费价格，COD 为 4500 元/（年·吨）［污水处理厂为 2600 元/（年·吨）］。沿太湖的苏州、无锡、常州、南京、镇江 5 家排污企业与沿湖 5 市环保部门签订了共计购买 817 吨化学需氧量排污指标的申购合同。这 5 家企业将以每吨化学需氧量指标 4500 元的价格（首批申购执行 80% 优惠价），向当地财政部门支付 295 万元的有偿使用金，标志着环境资源有偿使用时代的开启。

9.3.2   我国流域生态补偿工作的重点

通过对我国流域生态环境补偿案例剖析，透过各案例所取得的成功经验和遇到的难点和障碍，可归纳总结出推进流域生态环境补偿工作需重点解决的几个问题。

（1）界定流域生态环境补偿主体和补偿对象。从上面的案例分析可以看出，明确补偿主体与补偿对象，即解决"谁补偿谁"的问题是建立流域环境生态环境补偿机制的关键。必须明确界定哪些地区、行业和群体是流域水环境的受益地区和受益主体；哪些地区、行业和群体是流域生态保护的贡献地区和主体；哪些地区、行业和群体是流域生态破坏的地区和主体。只有明确补偿主体和受偿主体，政策设计才具有针对性。由于流域生态服务功能的外部效应具有公益性，生态服务消费具有非竞争性和非排他性，上游地区实施生态建设，整个干流经过地区的企业、居民和政府都是流域受益主体。对于受益主体较多，且不容易界定主要受益者的生态环境补偿，应发挥财政政策的力量；对于有明显受益主体和客体的，可通过市场交易的方式，政府给予必要的引导和扶持来建立流域生态环境补偿机制。

（2）明确补偿双方的责任、权利和义务。如果上游的水环境符合相应功能区的要求，且为下游的水资源符合规定，下游就要对上游进行补偿。如果上游水资源不符合规定，下游可依据要求上游赔偿。因此，流域生态环境补偿机制将补偿主体和受偿主体的权利和责任统一在一起。建立流域生态环境补偿机制必须明确补偿双方的责任、权利和义务。

（3）实施流域生态环境补偿的绩效评估。建立明确的流域水生态保护标准，作为生态环境补偿的基础。按照水生态保护标准进行考核，作为生态环境补偿（赔偿）的依据。建立明确的流域水生态保护标准，作为生态环境补偿的基础。按照水生态保护标准进行考核，作为生态环境补偿（赔偿）的依据。

（4）完善建立流域生态环境补偿长效机制的法律和政策。我国只有《中华人民共和国森林法》和《中华人民共和国水污染防治法》中涉及有关生态补偿的内容，缺乏生态环境补偿的综合性立法。以福建为例，闽江、晋江和九龙江三个流域的生态环境补偿试点由于没有法律法规的有效支撑，难以保证能够长期坚持下去。因此，必须以法律的形式来保障生态环境补偿长效机制的建立和完善。

（5）积极探索市场化生态环境补偿模式。我国的流域生态环境补偿以政府主导型为主，多数由政府埋单，给国家和地方政府带来一定的压力。要积极探索市场化生态环境补偿模式，着力培育水权市场。要明晰水权（水资源使用权），这是进行交易的前提条件。水权的初始分配涉及地区间、使用者之间的公平问题，需要多方协商，统筹考虑。

参考文献

［1］ Ariely D. , Bracha A. , Meier S. Doing Good or Doing Well? Image Motivation and Monetary Incentives in Behaving Prosocially ［J］. American Economic Review, 2009 (99): 544 –555.

［2］ Costanza R. , Farley J. Payments for Ecosystem Services: From Local to Global ［J］. Ecological Economics, 2010, 69 (11): 2060 –2068.

［3］ Engel S. , Pagiola S. , Wunder S. Designing Payments for Environmental Services in Theory and Practice: An Overview of the Issues ［J］. Ecological Economics, 2008, 65 (4): 663 –674.

［4］ Engel, S. , S. Pagiola, and S. Wunder. Designing Payments for Environmental Services in Theory and Practice: An Overview of the Issues ［J］. Ecological Economics, 2008, 65 (4): 663 –674.

［5］ Hein L. , Meer P J V D. REDD + in the Context of Ecosystem Management ［J］. Current Opinion in Environmental Sustainability, 2012, 4 (6): 604 –611.

［6］ Hoekstra A. Y. , Chapagain AK. Water Footprints of Nations: Water Used by People As a Function of Their Consumption Pattern ［J］. Water Resources Management, 2007, 21: 35 –48.

［7］ Holden E. , Linnerud K. , Banister D. Sustainable development: Our Common Future Revisited ［J］. Global Environmental Change – human and Policy Dimensions, 2014, 26 (1): 130 –139.

［8］ Huber R. , Briner S. , Peringer A. , et al. Modeling Social – Ecological Feedback Effects in the Implementation of Payments for Environmental Services in Pasture – Woodlands ［J］. Ecology & Society, 2013, 18 (2): 247 –261.

［9］ Levrel H. , Pioch S. , Spieler R. Compensatory Mitigation in Marine Ecosystems: Which Indicators for Assessing the "No Net Loss" Goal of Ecosystem Services and Ecological Functions? ［J］. Marine Policy, 2012, 36 (6): 1202 – 1210.

［10］ Lu, S. B. , Bao, H. J. , Pan, H. L. Urban Water Security Evaluation Based on Similarity Measure Model of Vague Sets ［J］. International Journal of Hydrogen Energy, 2016, 41 (35): 15944 – 15950.

［11］ Lu, S. B. , Shang, Y. Z. , Li, W. , Peng, Y. , Wu, X. H. Economic Benefit Analysis of Joint Operation of Cascaded Reservoirs ［J］. Journal of Cleaner Production, 2018, 179: 731 – 737.

［12］ Lu, S. B. , Shang, Y. Z. , Li, Y. W. A Research on the Application of Fuzzy Iteration Clustering in the Water Conservancy Project ［J］. Journal of Cleaner Production, 2017, 151: 356 – 360.

［13］ Moran D. , McVittie A. , Allcroft D. J. , et al. Quantifying Public Preferences for Agrienvironmental Policy in Scotland: A Comparison of Methods ［J］. Ecological Economics, 2007, 63 (1): 42 – 53.

［14］ Paul Dolan, Aki Tsuchiya. The Social Welfare Function and Individual Responsibility: Some Theoretical Issues and Empirical Evidence ［J］. Journal of Health Economics, 2009 (28) : 210 – 220.

［15］ R, Cattaneo A, Johansson R. Cost – effective Design of Agri – environmental Payment Programs: U. S. Experience in Theory and Practice ［J］. Ecological Economics, 2008, 65: 737 – 752.

［16］ Sara J. Scherr et al. Developing Future Ecosystem Service Payment in China ［J］. Lessons learned from international experience, 2006: 89 – 92.

［17］ Shibao Lu, Shang Yizi, Li Wei. Basic Theories and Methods of Watershed Ecological Regulation and Control System ［J］. Journal of Water and Climate Change, 2018, 9 (2): 293 – 306.

［18］ Shibao Lu, Xuerui Gao, Pute Wu, Wei Li, Xiao Bai, Miao Sun, Ai Wang. Assessment on Domestic Sewage Treated by Vertical – flow Artificial Wetland at Different Operating Water Level ［J］. Journal of Cleaner Production, 2019 (208): 649 – 655.

［19］ Shibao Lu, Xuerui Gao, Wei Li, Shuli Jiang, Li Huang. A Study on the

Spatial and Temporal Variability of the Urban Residential Water Consumption and its Influencing Factors in the Major Cities of China ［J］. Habitat International, 2018 (78)：29 - 40.

［20］ Shibao Lu, Jinkai Li. Analysis of Standard Accounting Method of Economic Compensation for Ecological Pollution in Watershed ［J］. Science of the Total Environment, 2020 (737)：138 - 157.

［21］ Wunscher T., Engel S., Wunder S. Opportunity Costs As a Determinant of Participation in Payments for Ecosystemservice Schemes ［J］. General Information, 2011, 39 (9)：1997 - 2006.

［22］ Xiong G. B., Jiang M. The Research Progress and Enlightenment of Ecological Compensation Mechanism Based on Ecosystem Service Value ［J］. Advanced Materials Research, 2012, 518 - 523：1710 - 1715.

［23］ 艾佳慧. 回到"定分"经济学：法律经济学对科斯定理的误读与澄清 ［J］. 交大法学, 2019 (4)：72 - 72.

［24］ 安洪. 困境与出路：我国生态补偿机制的完善路径 ［J］. 中共太原市委党校学报, 2015 (2)：58 - 60.

［25］ 白燕. 流域生态补偿机制研究——以新安江流域为例 ［D］. 安徽大学, 2011.

［26］ 毕岩, 孙作青. 浅谈辽宁省辽河流域生态补偿机制的建立 ［J］. 沈阳建筑大学学报 (社会科学版), 2010, 12 (4)：424 - 428.

［27］ 才惠莲. 我国跨流域调水生态补偿法律制度的构建 ［J］. 安全与环境工程, 2014, 21 (2)：10 - 13.

［28］ 才惠莲. 我国跨流域调水水权生态补偿的法律思考 ［J］. 中国地质大学学报 (社会科学版), 2009, 9 (4)：45 - 49.

［29］ 曹国华, 蒋丹璐, 唐蓉君. 流域生态补偿中地方政府最优决策——微分对策应用 ［J］. 系统工程, 2011 (11)：63 - 70.

［30］ 曹明德. 对建立我国生态补偿制度的思考 ［J］. 法学, 2004 (3)：40 - 43.

［31］ 曹明德. 论生态法的基本原则 ［J］. 法学评论, 2002 (6)：60 - 68.

［32］ 邢丽. 谈我国生态税费框架的构建 ［J］. 税务研究, 2005 (6)：42 - 44.

［33］ 常亮. 基于准市场的跨界流域生态补偿机制研究——以辽河流域为例

［D］．大连理工大学，2013．

　［34］常杪，陈青．中国排污权有偿使用与交易价格体系现状及问题［J］．环境保护，2014，42（18）：28－31．

　［35］陈东风，张世能，徐圣友．新安江流域生态补偿机制的对策研究与实践——以新安江上游休宁县为例［J］．黄山学院学报，2013，15（4）：24－28．

　［36］陈磊．新安江流域生态补偿研究［D］．宁波大学，2013．

　［37］陈瑞莲，胡熠．我国流域区际生态补偿：依据、模式与机制［J］．学术研究，2005（9）：71－74．

　［38］杨丽韫，甄霖，吴松涛．我国生态补偿主客体界定与标准核算方法分析［J］．生态经济（学术版），2010（1）：298－302．

　［39］陈尉，刘玉龙，杨丽．我国生态补偿分类及实施案例分析［J］．中国水利水电科学研究院学报，2010，8（1）：52－58．

　［40］陈玉清．跨界水污染治理模式的研究［D］．浙江大学，2009．

　［41］郑海霞．中国流域生态服务补偿机制与政策研究［M］．北京：中国经济出版社，2010．

　［42］程蔚．新安江流域生态补偿机制的健全与完善研究［J］．安徽科技，2015（4）：15－17．

　［43］程艳军．中国流域生态服务补偿模式研究——以浙江省金华江流域为例［D］．中国农业科学院，2006．

　［44］邓娟．城市水务供水预警机制的研究——合川区供水水量预警机制的建立［D］．重庆：重庆交通大学，2010．

　［45］邓宗豪．基于两种产权观的我国自然资源与环境产权制度构建［J］．求索，2013（10）：235－237．

　［46］华章琳．生态环境公共产品供给中的政府角色及其模式优化［J］．甘肃社会科学，2016（2）：251－255．

　［47］丁四保，王昱．区域生态补偿的基础理论与实践问［M］．北京：科学出版社，2010．

　［48］董战峰，侯超波，裘浪，喻恩源．中国流域生态补偿标准测算方法与实践研究［C］//中国环境科学学会环境经济学分会2012年年会，2012．

　［49］刘璐璐．生态补偿在流域治理中的应用及其补偿方式选择分析［D］．东北财经大学，2013．

［50］董正举，严岩，段靖，王丹寅．国内外流域生态补偿机制比较研究［J］．人民长江，2010，41（8）：36－39.

［51］杜万平．完善西部区域生态补偿机制的建议［J］．中国人口·资源与环境，2001，11（3）：119－120.

［52］毛显强，钟瑜，张胜．生态补偿的理论探讨［J］．中国人口·资源与环境，2002，12（4）：38－41.

［53］段靖，严岩，王丹寅．流域生态补偿标准中成本核算的原理分析与方法改进［J］．生态学报，2009，30（1）：221－227.

［54］段靖．流域水源地生态补偿标准核算研究——以南水北调中线工程十堰市为例［D］．中国科学院生态环境研究中心，2009.

［55］范志刚．辽河流域生态补偿标准的测算与分配模式研究［D］．大连理工大学，2011.

［56］武中波，孙秀玲，王鹤．浅析改善招苏台河吉辽跨省界断面水质措施［J］．科技创新与应用，2016（29）：165－165.

［57］方大春．生态资本理论与安徽省生态资本经营［J］．科技创业月刊，2009，22（8）：4－6.

［58］封凯栋，吴淑，张国林．我国流域排污权交易制度的理论与实践——基于国际比较的视角［J］．经济社会体制比较，2013（2）：205－215.

［59］封志明，杨艳昭，李鹏．从自然资源核算到自然资源资产负债表编制［J］．中国科学院院刊，2014（4）：449－456.

［60］冯东方，任勇，俞海，等．我国生态补偿相关政策评述［J］．环境保护，2006（10a）：38－43.

［61］冯彦．跨界流域水资源竞争利用与协调管理对策——以官厅水库流域为例［J］．云南地理环境研究，2005，17（6）：9－13.

［62］付意成．流域治理修复型水生态补偿研究［D］．中国水利水电科学研究院，2013.

［63］高敏雪．《环境经济核算体系（2012）》发布对实施环境经济核算的意义［J］．中国人民大学学报，2015，29（6）：47－55.

［64］葛颜祥，吴菲菲，王蓓蓓，梁丽娟．流域生态补偿：政府补偿与市场补偿比较与选择［J］．山东农业大学学报（社会科学版），2007，9（4）：48－53.

［65］顾圣平，林汝颜，刘红亮．水资源模糊定价模型［J］．水利发展研

究，2002，2（2）：9 - 12.

[66] 郭少青. 论我国跨省流域生态补偿机制建构的困境与突破——以新安江流域生态补偿机制为例 [J]. 西部法学评论，2013（6）：23 - 29.

[67] 宏观经济研究院国地所课题组. 横向生态补偿的实践与建议 [J]. 宏观经济管理，2015（2）：45 - 48.

[68] 侯元兆，王琦. 中国森林资源核算研究 [J]. 世界林业研究，1995（3）：51 - 56.

[69] 胡陈莹，马佳. 太湖流域双向生态补偿支付意愿及影响因素研究——以上游宜兴、湖州和下游苏州市为例 [J]. 华中农业大学学报（社会科学版），2017（1）：16 - 22 + 140 - 141.

[70] 胡东滨，刘辉武. 基于演化博弈的流域生态补偿标准研究——以湘江流域为例 [J/OL]. 湖南社会科学，2019（3）：114 - 120.

[71] 胡蓉，燕爽. 基于演化博弈的流域生态补偿模式研究 [J]. 东北财经大学学报，2016（3）：3 - 11.

[72] 胡文会. 会同县林业生态补偿存在的主要问题及原因分析 [J]. 民族论坛（时政版），2014（3）：66.

[73] 胡仪元，杨涛. 南水北调中线工程汉江水源地生态保护及其对策调研 [J]. 调研世界，2010（11）：26 - 28.

[74] 胡仪元. 流域生态补偿模式、核算标准与分配模型研究——以汉江水源地生态补偿为例 [M]. 北京：人民出版社，2016.

[75] 胡熠，李建建. 闽江流域上下游生态补偿标准与测算方法 [J]. 发展研究，2006（11）：95 - 97.

[76] 黄宝明，刘东生. 关于建立东江源区生态补偿机制的思考 [J]. 中国水土保持，2007（2）：45 - 46.

[77] 黄德春，郭弘翔. 长三角地区跨界水污染生态补偿机制构建研究 [J]. 科技进步与对策，2010，27（18）：108 - 110.

[78] 黄湘，陈亚宁，马建新. 西北干旱区典型流域生态系统服务价值变化 [J]. 自然资源学报，2011（8）：1364 - 1376.

[79] 贾本丽，孟枫平. 省际流域生态补偿长效机制研究——以新安江流域为例 [J]. 中国发展，2014，14（4）：24 - 28.

[80] 姜如来. 水资源价值论 [M]. 北京：科学出版社，1998.

［81］孔凡斌．江河源头水源涵养生态功能区生态补偿机制研究——以江西东江源区为例［J］．经济地理，2010，30（2）：299 – 305．

［82］［美］蕾切尔·卡森．寂静的春天［M］．张白桦译．北京：北京大学出版社，2015．

［83］冷雪飞．大伙房水库上游地区生态补偿标准研究［J］．中国环境管理，2015（5）：61 – 66．

［84］李昌峰，张娈英，赵广川，莫李娟．基于演化博弈理论的流域生态补偿研究［J］．中国人口·资源与环境，2014，24（1）：171 – 176．

［85］李超显．我国流域生态补偿的要素分析［J］．低碳世界，2018（10）．

［86］李国英．流域生态补偿机制研究［J］．中国水利，2008（12）：1 – 4．

［87］许凤冉，阮本清，王成丽．流域生态补偿理论探索与案例研究［M］．北京：中国水利水电出版社，2010．

［88］李怀恩，庞敏，史淑娟．基于水资源价值的陕西水源区生态补偿量研究［J］．西北大学学报（自然科学版），2010，40（1）：149 – 154．

［89］李怀恩，尚小英，王媛．流域生态补偿标准计算方法研究进展［J］．西北大学学报（自然科学版），2009，39（4）：667 – 672．

［90］李慧明．环境资源价值探讨［J］．河北学刊，2001，21（4）：13 – 16．

［91］李嘉竹，刘贤赵，李宝江，郭斌．基于 Logistic 模型估算水资源污染经济损失研究［J］．自然资源学报，2009，24（9）：1667 – 1675．

［92］李金昌．生态价值论［M］．重庆：重庆大学出版社，1999．

［93］李金昌．我国资源问题及其对策［J］．管理世界，1990（6）：46 – 53．

［94］李爱年，彭丽娟．生态效益补偿机制及其立法思考［J］．时代法学，2005，3（3）：65 – 74．

［95］李克国．对生态补偿政策的几点思考［J］．中国环境管理干部学院学报，2007，17（1）：19 – 22．

［96］李磊．我国流域生态补偿机制探讨［J］．软科学，2007，21（3）：85 – 87．

［97］赵光洲，陈妍竹．我国流域生态补偿机制探讨［J］．经济问题探索，2010（1）：6 – 11．

［98］李梅．森林资源保护与游憩导论［M］．北京：中国林业出版社，2004．

［99］李宁，王磊，张建清．基于博弈理论的流域生态补偿利益相关方决策行为研究［J］．统计与决策，2017（23）：54-59.

［100］李宁．漓江流域生态补偿机制研究［D］．桂林理工大学，2014.

［101］张乐．流域生态补偿标准及生态补偿机制研究——以浉史杭流域为例［D］．合肥工业大学，2009.

［102］李宁．长江中游城市群流域生态补偿机制研究［D］．武汉大学，2018.

［103］李胜，黄艳．美澳两国典型跨界流域管理的经验及启示［J］．中北大学学报（社会科学版），2013，29（5）：12-16.

［104］李小云．生态补偿机制：市场与政府的作用［M］．北京：社会科学文献出版社，2007.

［105］李璇．辽宁省辽河流域生态补偿现状分析及策略思考［J］．才智，2013（14）：134-134.

［106］李永根，王晓贞．天然水资源价值理论及其实用计算方法［J］．水利经济，2003，21（3）：30-32.

［107］李志萌．流域生态补偿：实现地区发展公平、协调与共赢［J］．鄱阳湖学刊，2013（1）：5-17.

［108］林惠凤，刘某承，熊英，等．流域水资源保护补偿标准研究——以京冀"稻改旱"工程为例［J］．干旱区资源与环境，2016，30（3）：7-12.

［109］刘承毅．我国流域水污染问题的政府管制研究［D］．浙江财经大学，2011.

［110］刘春兰，裴厦，王海华，等．京津冀之间生态环境关系与生态补偿机制研究［M］．北京：中国水利水电出版社，2015.

［111］刘桂环，文一惠，张惠远．流域生态补偿标准核算方法比较［J］．水利水电科技进展，2011，31（6）：1-6.

［112］刘俊鑫，王奇．基于生态服务供给成本的三江源区生态补偿标准核算方法研究［J］．环境科学研究，2017，30（1）：82-90.

［113］刘力，冯起．流域生态补偿研究进展［J］．中国沙漠，2015，35（3）：808-812.

［114］刘韶斌，王忠静，刘斌，张鸿星．黑河流域水权制度建设与思考［J］．中国水利，2006（21）：21-23.

［115］刘薇．市场化生态补偿机制的基本框架与运行模式［J］．经济纵横，2014（12）：37-40.

［116］刘晓红，虞锡君．基于流域水生态保护的跨界水污染补偿标准研究——关于太湖流域的实证分析［J］．生态经济（中文版），2007（8）：129-135.

［117］刘玉龙，马俊杰，金学林，等．生态系统服务功能价值评估方法综述［J］．中国人口·资源与环境，2005，15（1）：88-92.

［118］刘玉龙，许凤冉，张春玲，等．流域生态补偿标准计算模型研究［J］．中国水利，2006（22）：35-38.

［119］刘云中，潘文轩．我国财政转移支付对地区间财力平衡的影响［J］．发展研究，2010（7）：63-66.

［120］刘尊梅．我国农业生态补偿发展的制约因素分析及实现路径选择［J］．学术交流，2014（3）：99-104.

［121］卢小志．华北地区跨流域生态补偿机制研究［D］．石家庄经济学院，2012.

［122］卢亚卓，汪林，李良县．水资源价值研究综述［J］．南水北调与水利科技，2007，5（4）：50-52.

［123］栾建国，陈文祥．河流生态系统的典型特征和服务功能［J］．人民长江，2004，35（9）：41-43.

［124］落实科学发展观　建立省内流域生态补偿机制［J］．中国财政，2009（23）：18-20.

［125］麻智辉，高玫．跨省流域生态补偿试点研究——以新安江流域为例［J］．企业经济，2013（7）：145-149.

［126］马庆华，杜鹏飞．新安江流域生态补偿政策效果评价研究［J］．中国环境管理，2015，7（3）：63-70.

［127］马永喜，王娟丽，王晋．基于生态环境产权界定的流域生态补偿标准研究［J］．自然资源学报，2017，32（8）：1325-1336.

［128］马中．环境与自然资源经济学概论（第二版）［M］．北京：高等教育出版社，2006.

［129］孟浩，白杨，黄宇驰，王敏，等．水源地生态补偿机制研究进展［J］．中国人口·资源与环境，2012，22（10）：86-93.

[130] 孟雅丽，苏志珠，马杰，等．基于生态系统服务价值的汾河流域生态补偿研究 [J]．干旱区资源与环境，2017，31（8）：76 – 81.

[131] 欧阳志云，王如松，赵景柱．生态系统服务功能及其生态经济价值评价 [J]．应用生态学报，1999，10（5）：635 – 639.

[132] 排污权交易：为节能减排探新路 [EB/OL]．中国石化新闻网，https：//newenergy. in – en. com/html/newenergy – 1674539. shtml，2012 – 12 – 26.

[133] 蒲志仲．自然资源价值浅探 [J]．价格理论与实践，1993（4）：6 – 11.

[134] 马传栋，初晓京．生态建设和环境保护的价值实现及其补偿机制 [J]．东岳论丛，2001，22（4）：20 – 24.

[135] 乔旭宁，杨永菊，杨德刚．流域生态补偿研究现状及关键问题剖析 [J]．地理科学进展，2012，31（4）：395 – 402.

[136] 邱宇等．基于排污权的闽江流域跨界生态补偿研究 [J]．长江流域资源与环境，2018，27（12）：2840 – 2847.

[137] 曲富国，孙宇飞．基于政府间博弈的流域生态补偿机制研究 [J]．中国人口·资源与环境，2014，24（11）：83 – 88.

[138] 阮本清，许凤冉，张春玲．流域生态补偿研究进展与实践 [J]．水利学报，2008，39（10）：1220 – 1225.

[139] 沈满洪．水权交易制度研究 [M]．杭州：浙江大学出版社，2006.

[140] 盛光明，周会．我国财政转移支付制度现状分析及对策建议 [J]．承德石油高等专科学校学报，2008，10（4）：87 – 90.

[141] 石广明，王金南，董战峰，张永亮．跨界流域污染防治：基于合作博弈的视角 [J]．自然资源学报，2015，30（4）：549 – 559.

[142] 史淑娟．大型跨流域调水水源区生态补偿研究——以南水北调中线陕西水源区为例 [D]．西安理工大学，2010.

[143] 李彩红．水源地生态保护成本核算与外溢效益评估研究 [D]．山东农业大学，2014.

[144] 宋建军．流域生态环境补偿机制研究 [M]．北京：中国水利水电出版社，2013.

[145] 丁四保．主体功能区的生态补偿研究 [M]．北京：科学出版社，2009.

[146] 罗宏斌，陈一真．我国流域污染治理的体制机制创新研究 [J]．学

术界，2009（5）：188-192.

[147] 宋鹏臣，姚建，马训舟，吴小玲．我国流域生态补偿研究进展［J］．资源开发与市场，2007，23（11）：1021-1024.

[148] 孙新章，周海林，张新民．中国全面建立生态补偿制度的基础与阶段推进论［J］．资源科学，2009（8）：1349-1354.

[149] 谭秋成．资源的价值及生态补偿标准和方式：资兴东江湖案例［J］．中国人口·资源与环境，2014，24（12）：6-13.

[150] 唐国建．共谋效应：跨界流域水污染治理机制的实地研究——以"SJ边界环保联席会议"为例［J］．河海大学学报（哲学社会科学版），2010，12（2）：45-50.

[151] 唐萍萍，胡仪元．南水北调中线工程汉江水源地生态补偿计量模型构建［J］．统计与决策，2015（16）：42-45.

[152] 图佩察，金鉴明，徐志鸿．自然利用的生态经济效益［M］．北京：中国环境科学出版社，1987.

[153] 王浩，陈敏建，唐克旺．水生态环境价值和保护对策［M］．北京：北京交通大学出版社，2004.

[154] 王浩，阮本清，沈大军．面向可持续发展的水价理论与实践［M］．北京：科学出版社，2003.

[155] 王慧．新安江流域生态补偿机制的建立和完善［D］．合肥工业大学，2010.

[156] 王佳伟，张天柱，陈吉宁．污水处理厂COD和氨氮总量削减的成本模型［J］．中国环境科学，2009，29（4）：443-448.

[157] 王健．我国生态补偿机制的现状及管理体制创新［J］．中国行政管理，2007（11）：87-91.

[158] 王金南，万军，张惠远．关于我国生态补偿机制与政策的几点认识［J］．环境保护，2006（10a）：24-28.

[159] 王金南，王玉秋，刘桂环，赵越．国内首个跨省界水环境生态补偿：新安江模式［J］．环境保护，2016，44（14）：38-40.

[160] 王金南．流域生态补偿与污染赔偿机制研究［M］．北京：中国环境出版社，2014.

[161] 王晋．效率与公平兼顾的流域生态补偿制度研究——以新安江流域为

例［D］. 浙江理工大学，2016.

［162］王军锋，侯超波. 中国流域生态补偿机制框架与补偿模式研究［J］. 中国人口·资源与环境，2013（2）：23－29.

［163］王钦敏. 建立补偿机制保护生态环境［J］. 求是，2004（13）：55－56.

［164］李克国. 生态环境补偿政策的理论与实践［J］. 环境与可持续发展，2000（2）：8－11.

［165］王彤，王留锁. 水库流域生态补偿标准测算方法研究［J］. 安徽农业科学，2010，38（26）：14555－14557.

［166］王毅，汪海燕. 自然资源保护生态补偿法律机制研究［J］. 鄱阳湖学刊，2018（6）：48－54＋126.

［167］王玉明，王沛雯. 城市群横向生态补偿机制的构建［J］. 哈尔滨工业大学学报（社会科学版），2017（1）：112－120.

［168］韦林均，包家强，伏小勇. 模糊数学模型在水资源价值评价中的应用［J］. 兰州交通大学学报，2006，25（3）：73－76.

［169］吴保刚. 小流域生态补偿机制实证研究——兼论水资源保护开发和污染治理［D］. 西南大学，2006.

［170］陈颖，廖小平. 论利益衡平视域下湘江流域生态补偿［J］. 时代法学，2013，11（6）：27－35.

［171］吴超. 财政视角下的流域水环境生态补偿研究［D］. 东北财经大学，2012.

［172］吴江海. 新安江皖浙跨省生态补偿探索双赢之路［J］. 徽州社会科学，2011（4）：18－19.

［173］吴娜，宋晓谕，康文慧，等. 不同视角下基于 InVEST 模型的流域生态补偿标准核算［J］. 生态学报，2018，38（7）：2512－2522.

［174］吴园园. 新安江流域生态补偿机制效果分析与完善研究［D］. 安徽大学，2014.

［175］向莹，韦安磊，茹彤，等. 中国河湖水系连通与区域生态环境影响［J］. 中国人口·资源与环境，2015（S1）：139－142.

［176］肖加元，潘安. 基于水排污权交易的流域生态补偿研究［J］. 中国人口·资源与环境，2016，26（7）：18－26.

［177］肖健. 基于外部性理论的流域水生态补偿机制研究［D］. 江西理工

大学，2009.

［178］徐大伟，常亮，侯铁珊，赵云峰．基于 WTP 和 WTA 的流域生态补偿标准测算——以辽河为例［J］．资源科学，2012，34（7）：1354 - 1361.

［179］徐大伟，常亮，孙慧，段姗姗．流域生态补偿标准核算及其财政转移支付研究：以辽河为例［C］．中国水污染控制战略与政策创新研讨会，2010.

［180］徐大伟，常亮．跨区域流域生态补偿的准市场机制研究［M］．北京：科学出版社，2014.

［181］徐大伟，涂少云，常亮，等．基于演化博弈的流域生态补接利益冲突分析阴［J］．中国人口·资源与环境，2012（2）：8 - 14.

［182］徐丽媛．试论赣江流域生态补偿机制的建立［J］．江西社会科学，2011（10）：154 - 158.

［183］徐琳瑜，杨志峰．基于生态服务功能价值的水库工程生态补偿研究［J］．中国人口·资源与环境，2006，16（4）：125 - 128.

［184］徐绍史．国务院关于生态补偿机制建设工作情况的报告——2013 年 4 月 23 日在第十二届全国人民代表大会常务委员会第二次会议上［J］．中华人民共和国全国人民代表大会常务委员会公报，2013（3）：466 - 473.

［185］薛达元．自然保护区生物多样性经济价值类型及其评估方法［J］．生态与农村环境学报，1999，15（2）：54 - 59.

［186］杨爱平，杨和焰．国家治理视野下省际流域生态补偿新思路——以皖、浙两省的新安江流域为例［J］．北京行政学院学报，2015（3）：9 - 15.

［187］杨光梅，闵庆文，李文华，甄霖．我国生态补偿研究中的科学问题［J］．生态学报，2007，27（10）：4289 - 4300.

［188］杨国霞．丹江口水库调水工程生态补偿标准初步研究［D］．山东师范大学，2010.

［189］杨晓露．我国流域水资源生态服务的市场化机制研究［D］．湖北大学，2014.

［190］杨欣，蔡银莺，张安录．农田生态补偿横向财政转移支付额度研究——基于选择实验法的生态外溢视角［J］．长江流域资源与环境，2017，26（3）368 - 375.

［191］杨屹，加涛．21 世纪以来陕西生态足迹和承载力变化［J］．生态学报，2015，35（24）：7987 - 7997.

［192］杨喆，石磊，马中．污染者付费原则的再审视及对我国环境税费政策的启示［J］．中央财经大学学报，2015（11）：14-20.

［193］姚丽婷．首都跨界水源地生态补偿与合作调控模式研究——以官厅水库为例［D］．首都经济贸易大学，2015.

［194］叶文虎，魏斌．城市生态补偿能力衡量和应用［J］．中国环境科学，1998，18（4）：298-301.

［195］于成学，张帅．辽河流域跨省界断面生态补偿与博弈研究［J］．水土保持研究，2014，21（1）：203-207.

［196］于成学．辽河流域跨省界断面生态补偿共建共享帕累托改进研究［J］．干旱区资源与环境，2013，27（8）：125-130.

［197］于术桐，黄贤金，程绪水，等．流域排污权初始分配模式选择［J］．资源科学，2009，31（7）：1175-1180.

［198］俞海，任勇．流域生态补偿机制的关键问题分析——以南水北调中线水源涵养区为例［J］．资源科学，2007，29（2）：28-33.

［199］宋红丽，薛惠锋，董会忠．流域生态补偿支付方式研究［J］．环境科学与技术，2008，31（2）：144-147.

［200］禹雪中，冯时．中国流域生态补偿标准核算方法分析［J］．中国人口·资源与环境，2011，21（9）：14-19.

［201］禹雪中，李锦秀，骆辉煌，吴金萍．河流水污染损失补偿模型研究［J］．长江流域资源与环境，2007，16（1）：57-61.

［202］禹雪中，杨桐鹤，骆辉煌．河流水环境补偿标准计算模型研究［C］．中国水污染控制战略与政策创新研讨会，2010.

［203］袁汝华，朱九龙，陶晓燕．影子价格法在水资源价值理论测算中的应用［J］．自然资源学报，2002，17（6）：757-761.

［204］袁伟彦，周小柯．生态补偿问题国外研究进展综述［J］．中国人口·资源与环境，2014，11（7）：76-82.

［205］张春玲，阮本清．水源保护林效益评价与补偿机制［J］．水资源保护，2004，20（2）：27-30.

［206］张洪军．生态规划——尺度、空间布局与可持续发展［M］．北京：化学工业出版社，2007.

［207］张惠远，刘桂环．流域生态补偿与污染赔偿机制［J］．世界环境，

2009（2）：34 - 35.

［208］张乐：流域生态补偿标准及生态补偿机制研究——以潕史杭流域为例［D］．合肥工业大学，2009.

［209］张乐勤，荣慧芳．条件价值法和机会成本法在小流域生态补偿标准估算中的应用——以安徽省秋浦河为例［J］．水土保持通报，2012，32（4）：158 - 163.

［210］张兴国，张婕，杨柳娜．流域生态补偿标准中机会成本核算研究［J］．北方经贸，2011（10）：58 - 59.

［211］张利静，余麟，刘红琴，等．辽河源头区跨界污染输入响应模型的建立［J］．科学技术与工程，2012，12（23）：5952 - 5955.

［212］张靓．辽河流域生态补偿与污染赔偿研究［J］．城市与区域生态国家重点实验室，2010.

［213］张落成，李青，武清华．天目湖流域生态补偿标准核算探讨［J］．自然资源学报，2011，26（3）：412 - 418.

［214］张勤．论推进服务型政府建设与基本公共服务均等化［J］．中国行政管理，2009（4）：49 - 51.

［215］张燕．论水权交易制度的建立——以张掖黑河流域为例［J］．河西学院学报，2012，28（6）：40 - 43.

［216］张翼飞，陈红敏，李瑾．应用意愿价值评估法，科学制订生态补偿标准［J］．生态经济（中文版），2007（9）：28 - 31.

［217］赵云峰．跨区域流域生态补偿意愿及其支付行为研究［D］．大连理工大学，2013.

［218］张志强，徐中民，程国栋，苏志勇．黑河流域张掖地区生态系统服务恢复的条件价值评估［J］．生态学报，2002，22（6）：885 - 893.

［219］张志强，徐中民，程国栋．条件价值评估法的发展与应用［J］．地球科学进展，2003，18（3）：454 - 463.

［220］张志强，徐中民，王建，程国栋．黑河流域生态系统服务的价值［J］．冰川冻土，2001，23（4）：360 - 366.

［221］赵成章，王小鹏，任珩．黑河中游社区湿地生态恢复成本的 CVM 评估［J］．西北师范大学学报（自然科学版），2011，47（1）：93 - 98.

［222］赵进．流域生态价值评估及其生态补偿模式研究［D］．南京林业大

学，2009.

[223] 赵青，许皞，郭年冬. 粮食安全视角下的环京津地区耕地生态补偿量化研究 [J]. 中国生态农业学报，2017，25（7）：1052-1059.

[224] 赵若伊. 贵州省排污权交易管理系统的分析与设计 [D]. 云南大学，2013.

[225] 赵文会，谭忠富，高岩等. 基于双层规划的排污权优化配置策略研究 [J]. 工业工程与管理，2016，21（1）：72-78.

[226] 赵云峰. 跨区域流域生态补偿意愿及其支付行为研究——以辽河为例 [D]. 大连理工大学，2013.

[227] 郑菲菲. 我国水权交易的实践及法律对策研究——以东阳义乌、漳河、甘肃张掖、宁夏的水权交易为例 [J]. 广西政法管理干部学院学报，2016，25（1）：84-89.

[228] 郑海霞，张陆彪. 流域生态服务补偿定量标准研究 [J]. 环境保护，2006（1）：42-46.

[229] 郑海霞. 中国流域生态服务补偿机制与政策研究 [D]. 中国农业科学院，2006.

[230] 中国21世纪议程管理中心. 生态补偿的国际比较：模式与机制 [M]. 北京：社会科学文献出版社，2012.

[231] 中国生态补偿机制与政策研究课题组. 中国生态补偿机制与政策研究 [M]. 北京：科学出版社，2007.

[232] 周晨，李国平. 流域生态补偿的支付意愿及影响因素——以南水北调中线工程受水区郑州市为例 [J]. 经济地理，2015，35（6）：38-46.

[233] 周健，官冬杰，周李磊. 基于生态足迹的三峡库区重庆段后续发展生态补偿标准量化研究 [J]. 环境科学学报，2018，38（11）：4539-4553.

[234] 周亮，徐建刚. 大尺度流域水污染防治能力综合评估及动力因子分析——以淮河流域为例 [J]. 地理研究，2013，32（10）：1792-1801.

[235] 周映华. 流域生态补偿及其模式初探 [J]. 水利发展研究，2008，8（3）：11-16.

[236] 王蓓蓓. 流域生态补偿模式及其创新研究 [D]. 山东农业大学，2010.

[237] 程滨，田仁生，董战峰. 我国流域生态补偿标准实践：模式与评价

［J］．生态经济，2012（4）：24 – 29.

［238］朱鹏飞，包青．能源使用、环境保护与经济发展的关系——基于排污权的区域协调研究［J］．华东经济管理，2018，32（7）：120 – 125.

［239］庄大雪．流域生态补偿标准及生态补偿机制研究［J］．环境与发展，2019，31（2）：209 – 210.

后 记

　　水资源作为生态环境的控制性要素是人类赖以生存和发展的重要物质基础，同时也是支撑社会经济可持续发展的基本保证。随着我国工业化和城市化进程的不断发展，流域之间水资源的开发利用与保护协调性差、流域内一定质量和数量水资源的开发利用存在不同程度竞争性的现象，使水资源遭到过度地开发，水污染与水土流失的现象严重，流域水生态系统日益恶化，而流域内不同区域之间的利益分配，使生态环境问题日益严峻。本书在综合考虑生态保护成本、发展机会成本和生态系统服务价值的前提下，提出使生态保护者得到适当的补偿，这是对生态保护者与受益者权利义务的明确界定，也是生态保护经济外部性内部化的公共制度安排。本书提出的建议为流域水资源开发和保护提供了一定的指导。本书是国家社科基金资助成果。在研究过程中，感谢老师和同事的帮助，特别是在数据采集过程中付出了大量艰辛工作的老师和同事。笔者多次组织专家会议，在研究内容、研究思路、研究方法和技术路线等方面做了多轮修改。感谢国家哲社办匿名评审专家给予的意见。本书的研究成果受到多位专家的参与和支持。感谢魏明华、林彩云老师撰写了第一章内容，廉志端、赵辰老师撰写了第七章内容。由于水平和能力有限，错误难免，恳请读者批评指正。

　　最后向本书所引用文献的全部作者表示感谢！

鲁仕宝

2020 年 11 月